U0183935

2021 年版全国二级建造师执业资格考试高频考点精析

建设工程施工管理高频考点精析

全国二级建造师执业资格考试高频考点精析编写委员会　编写

中国建筑工业出版社

中国城市出版社

图书在版编目（CIP）数据

建设工程施工管理高频考点精析 / 全国二级建造师
执业资格考试高频考点精析编写委员会编写. —北京：
中国城市出版社，2021.1
 2021年版全国二级建造师执业资格考试高频考点精析
 ISBN 978-7-5074-3334-0

Ⅰ. ①建… Ⅱ. ①全… Ⅲ. ①建筑工程-施工管理-
资格考试-自学参考资料 Ⅳ. ①TU71

 中国版本图书馆CIP数据核字（2020）第253065号

 责任编辑：田立平
 责任校对：芦欣甜

2021年版全国二级建造师执业资格考试高频考点精析
建设工程施工管理高频考点精析
全国二级建造师执业资格考试高频考点精析编写委员会　编写
*
中国建筑工业出版社、中国城市出版社出版、发行（北京海淀三里河路9号）
各地新华书店、建筑书店经销
北京红光制版公司制版
天津翔远印刷有限公司印刷
*
开本：787毫米×1092毫米　1/16　印张：17　字数：412千字
2021年1月第一版　　2021年1月第一次印刷
定价：**45.00**元
ISBN 978-7-5074-3334-0
（904313）

前　　言

　　全国二级建造师执业资格考试高频考点精析系列图书由教学名师编写，是在多年教学和培训的基础上开发出的新体系，能有效帮助考生快速掌握考试内容，特别适宜那些没有时间和精力深入系统学习指定教材的考生。

　　本系列图书秉承"极简极不同"的理念，将理论化、系统化和学科化的考试用书进行再加工，去粗（低频考点）取精（高频考点），删繁就简。创新运用图示和表格的形式精心编排一部内容全面而又重点突出的辅导用书，节省了考生进行自我总结和查找各方面资料的时间和精力，真正实现了考生自学也能快速通过考试的目的。考生只要能系统掌握本辅导教材的知识点，决胜考场将成为易如反掌之事。

　　本系列图书以真题为基石，重在应考能力的提升。辅导教材的编写体系遵循如下思路：

　　【近年考点统计】精确到每一节每一题，考试重点清晰洞察。在每一节中，都用表格的形式清晰地展现了本节的分值和每一节近年真题的题目序号，考生可以直观看到近年考试的试题分布，加深对高频考点的认识和有针对性地学习。

　　【高频考点总结】图表结合讲解，高频考点简明总结。全书创新运用图示和表格的形式，通过数百幅图表简单明了地总结和归纳了考试涉及的知识。高频考点一目了然，省却了考生进行总结的过程，达到事半功倍的复习效果。

　　【近年真题精析】讲练解析结合，考试规律深刻发掘。全书每一节后面都编排了该节涉及的近五年真题，并进行了精确的讲解。这有利于考生在学习过基础知识后，实现知识的运用和消化吸收。

　　鉴于近年考试用书修改比较频繁，有些题目和答案已与最新的考试用书不一致，为了体现考试真题的权威性、系统性和真实性，近年真题的答案和解析都是依据考试当年的应试用书编写，如与高频考点总结的内容不一致，请以高频考点总结内容为准，特此说明。

　　本系列图书作为建造师执业资格考试的辅导教材，既源于考试用书，同时又有自身鲜明特色。是对考试用书的整理和总结，是考生考前复习的必备用书。相比较传统意义上的辅导教材，本系列辅导教材更加符合考生的学习规律和考前心理，能帮助考生从模拟试卷的题海中脱离出来，摒弃盲目押题和无凭据的猜题做法，以回归书本的认真态度，严谨细致地编排工作，实现与考生的共同成长。

　　本系列图书的作者都是一线教学和科研人员，有着丰富的教育教学经验，同时与实务界保持着密切的联系，熟知考生的知识背景和基础水平，编排的辅导教材在日常培训中取得了较好的效果。

　　本书由胡成建主编，曹玲玲任副主编，在编写过程中，参考了大量的资料，尤其是考试用书和历年真题，限于篇幅恕不一一列示致谢。在编写的过程中，立意较高颇具创新，但由于时间仓促、水平有限，虽经仔细推敲和多次校核，书中难免出现纰漏和瑕疵，敬请广大考生、读者批评和指正。

目　　录

《建设工程施工管理》近五年试题及分值一览表

章　节	题　号					合计分值
	2020 年	2019 年	2018 年	2017 年	2016 年	
2Z101000　施工管理						95
2Z101010　施工方的项目管理						10
高频考点 1　建设工程项目管理的类型	1		1	1	1、2	5
高频考点 2　施工方项目管理的目标和任务	2	1、2	2	2		5
2Z101020　施工管理的组织						19
高频考点 1　项目结构分析在项目管理中的应用	73		71		71	6
高频考点 2　组织结构在项目管理中的应用	4	3	4		3	4
高频考点 3　工作任务分工在项目管理中的应用						
高频考点 4　管理职能分工在项目管理中的应用		77	3	3、71	4	7
高频考点 5　工作流程组织在项目管理中的应用	3			4		2
2Z101030　施工组织设计的内容和编制方法						15
高频考点 1　施工组织设计的内容	75	4		5、72	5、72	9
高频考点 2　施工组织设计的编制方法	5	71	5、72			6
2Z101040　建设工程项目目标的动态控制						9
高频考点 1　项目目标动态控制的方法	7	5、6	6	6		5
高频考点 2　动态控制方法在施工管理中的应用	6			7	6、7	4
2Z101050　施工项目经理的任务和责任						27
高频考点 1　施工项目经理的任务	8、71	57	8、73	73	8、74	12
高频考点 2　施工项目经理的责任	67、80	83	9、74	8、9、74	9、73	15
2Z101060　施工风险管理						5
高频考点 1　风险和风险量	9			10		2
高频考点 2　施工风险的类型			10	10		2
高频考点 3　施工风险管理的任务和方法		33				1
2Z101070　建设工程监理的工作任务和工作方法						10
高频考点 1　建设工程监理的工作任务	51	23	12			3
高频考点 2　建设工程监理的工作方法	42	55	11	11、12	11、12	7
2Z102000　施工成本管理						115
2Z102010　建筑安装工程费用项目的组成与计算						15
高频考点 1　建筑安装工程费用项目组成	38、60、78	82	13、19	13	13、14、75	13
高频考点 2　建筑安装工程费用计算		22				1

章　节	题　号					合计分值
	2020 年	2019 年	2018 年	2017 年	2016 年	
高频考点 3　增值税计算		68				1
2Z102020　建设工程定额						21
高频考点 1　建设工程定额的分类	45					1
高频考点 2　人工定额的编制	21	16、95	15	15、76	15	9
高频考点 3　材料消耗定额的编制		64	76		16	4
高频考点 4　施工机械台班使用定额的编制	84		16	16	17、76	7
2Z102030　工程量清单计价						10
高频考点 1　工程量清单计价的方法	16	40	14、75	14		6
高频考点 2　投标报价的编制方法	69	52		75		4
高频考点 3　合同价款的约定						
2Z102040　计量与支付						22
高频考点 1　工程计量		11	17、18	17		4
高频考点 2　合同价款调整	72	10		18、19	18、19	7
高频考点 3　工程变更价款的确定		48				1
高频考点 4　索赔与现场签证	39		21	20	20	4
高频考点 5　预付款及期中支付	61		20		21	3
高频考点 6　竣工结算与支付		92				2
高频考点 7　质量保证金的处理		9				1
高频考点 8　合同解除的价款结算与支付						
2Z102050　施工成本管理的任务、程序和措施						15
高频考点 1　施工成本管理的任务和程序	33	32	23	21、77	22	7
高频考点 2　施工成本管理的措施	53、74	73		22	77	8
2Z102060　施工成本计划和成本控制						23
高频考点 1　施工成本计划的类型	26				23	2
高频考点 2　施工成本计划的编制依据和程序						
高频考点 3　施工成本计划的编制方法		51	22	23	24	4
高频考点 4　施工成本控制的依据和程序	44		82		25	4
高频考点 5　施工成本控制的方法		46	26、78	24、25、26、78	26、27、78	13
2Z102070　施工成本核算、成本分析和成本考核						9
高频考点 1　施工成本核算的原则、依据、范围和程序	22					1
高频考点 2　施工成本核算的方法						
高频考点 3　施工成本分析的依据、内容和步骤						

章 节		2020年	2019年	2018年	2017年	2016年	合计分值
		题 号					
高频考点4 施工成本分析的方法		55	17、88	24、25			6
高频考点5 施工成本考核的依据和方法				77			2
2Z103000 施工进度管理							86
2Z103010 建设工程项目进度控制的目标和任务							18
高频考点1 建设工程项目总进度目标		68、93	63	7、27、79	27、28、29、79	28、79	16
高频考点2 建设工程项目进度控制的任务		57	21				2
2Z103020 施工进度计划的类型及其作用							11
高频考点1 施工进度计划的类型				80			2
高频考点2 控制性施工进度计划的作用		85		28		29	4
高频考点3 实施性施工进度计划的作用		37			80	80	5
2Z103030 施工进度计划的编制方法							40
高频考点1 横道图进度计划的编制方法			19	29		30	3
高频考点2 工程网络计划的类型和应用		14、24、46、64、92	26、42、49、61、75、81、86	30、31、32、33、34、37、81	30、31、32、33、81	31、32、33、34、35、81	37
高频考点3 关键工作、关键路线和时差							
2Z103040 施工进度控制的任务和措施							17
高频考点1 施工进度控制的任务		43、95	41、65			82	7
高频考点2 施工进度控制的措施		36	74	35、36	34、35、82	36	10
2Z104000 施工质量管理							98
2Z104010 施工质量管理与施工质量控制							20
高频考点1 施工质量管理和施工质量控制的内涵		19	70			37	3
高频考点2 影响施工质量的主要因素		11	8、93	38	83	38	8
高频考点3 施工质量控制的特点与责任		76		39、83	36、37	83	9
2Z104020 施工质量管理体系							22
高频考点1 工程项目施工质量保证体系的建立和运行		17	60	40、49、84	38、84	84	11
高频考点2 施工企业质量管理体系的建立和认证		23、59、94	50、78	41	39、40	40	11
2Z104030 施工质量控制的内容和方法							17
高频考点1 施工质量控制的基本环节和一般方法		28	34				2

续表

章　节	题　号					合计分值
	2020 年	2019 年	2018 年	2017 年	2016 年	
高频考点 2　施工准备的质量控制	12	15、43		41、42	41、42	7
高频考点 3　施工过程的质量控制		24	42	43	43、44	5
高频考点 4　施工质量验收	40		43、44			3
2Z104040　施工质量事故预防与处理						19
高频考点 1　工程质量事故分类		18、84	45	85	45、46、85	10
高频考点 2　施工质量事故的预防						
高频考点 3　施工质量事故的处理	30、91	31	46、85	44	39	9
2Z104050　建设行政管理部门对施工质量的监督管理						20
高频考点 1　施工质量监督管理的制度	34、90	44		45、86	86	9
高频考点 2　施工质量监督管理的实施	50	25、76	47、48、86	46	47、48	11
2Z105000　施工职业健康安全与环境管理						75
2Z105010　职业健康安全管理体系与环境管理体系						18
高频考点 1　职业健康安全体系与环境管理体系标准	20、63、81		50		50	6
高频考点 2　职业健康安全与环境管理的目的和要求		67	87	87	49	6
高频考点 3　职业健康安全管理体系与环境管理体系的建立和运行	56、85			47	87	6
2Z105020　施工安全生产管理						23
高频考点 1　安全生产管理制度	29、82	7、39、94	88	48、88	51、88	15
高频考点 2　危险源的识别和风险控制	56	62	52	49		4
高频考点 3　安全隐患的处理	70		51	50	52	4
2Z105030　生产安全事故应急预案和事故处理						22
高频考点 1　生产安全事故应急预案的内容	49	58	54		53	
高频考点 2　生产安全事故应急预案的管理	58	59		51、52	54	5
高频考点 3　职业健康安全事故的分类和处理	31、83	91	53、89	53、89	89	13
2Z105040　施工现场文明施工和环境保护的要求						12
高频考点 1　施工现场文明施工的要求	15	66	55、56	54	55、56	7
高频考点 2　施工现场环境保护的要求	41	14	57	55、56		5
2Z106000　施工合同管理						116
2Z106010　施工发承包模式						22
高频考点 1　施工发承包的主要类型	47、86	37	59	57、90	57、59	10

章 节	题 号					合计分值
	2020 年	2019 年	2018 年	2017 年	2016 年	
高频考点 2　施工招标与投标	52	45、72	58、90	58、59	58、90	12
高频考点 3　施工总包与分包						
2Z106020　施工合同与物资采购合同						27
高频考点 1　施工承包合同的主要内容	18、62、77	47	91	60、91	60、61、62、91	15
高频考点 2　施工专业分包合同的内容		28、53	60	61、62		5
高频考点 3　施工劳务分包合同的内容	27	38、80	61	63		6
高频考点 4　物资采购合同的主要内容			62			1
2Z106030　施工合同计价方式						23
高频考点 1　单价合同	13	13	63	64	92	6
高频考点 2　总价合同	88	20、89	92	65、92	63	11
高频考点 3　成本加酬金合同	25	69	64、65		64、65	6
2Z106040　施工合同执行过程的管理						18
高频考点 1　施工合同跟踪与控制		54	93	93	66	6
高频考点 2　施工合同变更管理	54、89	12、79	66	66、67	67、93	12
2Z106050　施工合同的索赔						22
高频考点 1　施工合同索赔的依据和证据	10、66	87	69、94	68、94	94	12
高频考点 2　施工合同索赔的程序	48、87	27、29	67、68	69	68、69	10
2Z106060　建设工程施工合同风险管理、工程保险和工程担保						4
高频考点 1　施工合同风险管理	35	35				2
高频考点 2　工程保险						
高频考点 3　工程担保	65	30				2
2Z107000　施工信息管理						15
2Z107010　施工信息管理的任务和方法						4
高频考点 1　施工信息管理的任务		36			70	2
高频考点 2　施工信息管理的方法	32			70		2
2Z107020　施工文件归档管理						11
高频考点 1　施工文件归档管理的主要内容	79		95	95		6
高频考点 2　施工文件的立卷						
高频考点 3　施工文件的归档		90	70		95	5

2Z101000　施工管理

2Z101010　施工方的项目管理

内容	题 号					合计分值
	2020年	2019年	2018年	2017年	2016年	
高频考点1　建设工程项目管理的类型	1		1	1	1、2	5
高频考点2　施工方项目管理的目标和任务	2	1、2	2	2		5
合计分值	2	2	2	2	2	10

【高频考点精讲】

高频考点1　建设工程项目管理的类型

一、本节高频考点总结

本节考点较为分散，是全书的基础，因此，考生应当对本节和本章的有关知识有一个系统、全面的掌握，为后续章节的学习奠定基础。其中，建设工程项目管理的概念需要结合后面的建设工程全生命周期的图示理解，对建设工程各参与方项目管理的目标和任务要通过对比方式进行记忆。具体知识点见如下归纳部分：

建设工程项目管理知识

序号	项目	内　容
1	概念	从项目开始到项目完成，运用项目策划和项目控制，使项目的费用、进度和质量目标（三控目标）实现
2	项目实施期	项目开始至项目完成
3	项目策划	目标控制前的筹划和准备工作
4	费用目标	对施工方而言是成本目标，对业主而言是投资目标
5	主要任务	决策期管理的主要任务：确定项目定义 实施期管理的主要任务：通过管理使项目的目标实现
6	项目管理核心	业主方的项目管理

建设工程项目全生命周期的阶段划分

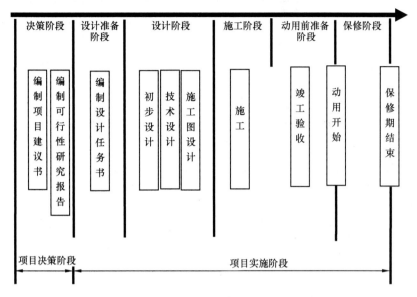

各主体项目管理的类型、所处阶段和服务的利益

序号	项目管理的类型	所处阶段	项目管理服务的利益
1	业主方项目管理（含投资方、开发方和由咨询公司提供的代表业主方利益的项目管理服务）	涉及项目实施全过程	业主方利益
2	设计方项目管理	主要在设计阶段进行，也涉及设计准备阶段、施工阶段、动用前准备阶段和保修期	设计方自身利益和项目整体利益
3	施工方的项目管理（含施工总承包方和分包方的项目管理）	主要在施工阶段进行，也涉及设计准备阶段、设计阶段、动用前准备阶段和保修期	施工方自身利益和项目整体利益
4	供货方的项目管理（含材料和设备供应方的项目管理）		供货方自身利益和项目整体利益
5	建设项目工程总承包方的项目管理等	涉及项目的全程，如可以包括设计、采购和施工任务综合承包，简称EPC承包	总承包方自身利益和项目整体利益

注：（1）各主体项目管理都涉及工程的全过程，只是侧重不同；
（2）各主体都是既服务于自身的利益，又服务于项目的利益。

各主体项目管理的目标和任务

项目管理的类型	目标	任务
业主方项目管理	（1）投资目标：项目的总投资目标； （2）进度目标：项目动用的时间目标，即项目交付使用的时间； （3）质量目标：不仅涉及施工的质量，还涉及设计、材料、设备和影响项目运行或运营的环境等质量	（1）安全管理（项目管理最重要的任务）； （2）投资控制； （3）进度控制； （4）质量控制； （5）合同管理； （6）信息管理； （7）组织和协调

项目管理的类型	目标	任务
设计方项目管理	(1) 设计的成本目标； (2) 设计的进度目标； (3) 设计的质量目标； (4) 项目的投资目标	(1) 与设计工作有关的安全管理； (2) 设计成本控制和与设计工作有关的工程造价控制； (3) 设计进度控制； (4) 设计质量控制； (5) 设计合同管理； (6) 设计信息管理； (7) 与设计工作有关的组织和协调
施工方的项目管理	(1) 施工的成本目标； (2) 施工的进度目标； (3) 施工的质量目标	(1) 施工安全管理； (2) 施工成本控制； (3) 施工进度控制； (4) 施工质量控制； (5) 施工合同管理； (6) 施工信息管理； (7) 与施工有关的组织与协调
供货方的项目管理	(1) 供货方的成本目标； (2) 供货的进度目标； (3) 供货的质量目标	(1) 供货的安全管理； (2) 供货方的成本控制； (3) 供货的进度控制； (4) 供货的质量控制； (5) 供货合同管理； (6) 供货信息管理； (7) 与供货有关的组织与协调
建设项目工程总承包方的项目管理等	(1) 项目的总投资目标； (2) 总承包方的成本目标； (3) 项目的进度目标； (4) 项目的质量目标	(1) 项目风险管理； (2) 项目进度管理； (3) 项目质量管理； (4) 项目费用管理； (5) 项目安全、职业健康与环境管理； (6) 项目资源管理； (7) 项目沟通与信息管理； (8) 项目合同管理等

注：(1) 目标都涉及"三控"：成本（投资）、进度、质量。

(2) 任务都涉及"三管"：安全、合同、信息管理；"三控"：成本（投资）、进度、质量控制；"一协调"：组织和协调。

二、本节考题精析

1.（2020-1）建设工程项目决策期管理工作的主要任务是（　　）。

A. 确定项目的定义　　　　　　　　B. 组建项目管理团队

C. 实现项目的投资目标　　　　　　D. 实现项目的使用功能

【答案】A。项目决策期管理工作的主要任务是确定项目的定义，而项目实施期管理的主要任务是通过管理使项目的目标得以实现。因此，本题正确选项为 A。

2.（2018-1）EPC 工程总承包方的项目管理工作涉及的阶段是（　　）。

A. 决策—设计—施工—动用前准备

B. 决策—施工—动用前准备—保修期

C. 设计前的准备—设计—施工—动用前准备

D. 设计前的准备—设计—施工—动用前准备—保修期

【答案】D。设计、采购和施工任务综合的承包，简称 EPC 承包，它们的项目管理都属于建设项目总承包方的项目管理。决策是业主的，作为施工方还有保修的义务。因此，本题正确选项为 D。

3.（2017-1）对施工方而言，建设工程项目管理的"费用目标"是指项目的(　　)。

A. 投资目标　　　　　　　　　　B. 成本目标

C. 财务目标　　　　　　　　　　D. 经营目标

【答案】B。建设工程项目管理的内涵是：自项目开始至项目完成，通过项目策划和项目控制，以使项目的费用目标、进度目标和质量目标得以实现。"自项目开始至项目完成"指的是项目的实施期；"项目策划"指的是项目实施的策划（它区别于项目决策期的策划），即项目目标控制前的一系列筹划和准备工作；"费用目标"对业主而言是投资目标，对施工方而言是成本目标。因此，本题正确选项为 B。

4.（2016-1）关于建设工程项目管理的说法，正确的是(　　)。

A. 业主方是建设工程项目生产过程的总集成者，工程总承包方是建设工程项目生产过程的总组织者

B. 建设项目工程总承包方的项目管理工作不涉及项目设计准备阶段

C. 供货方项目管理的目标包括供货方的成本目标、供货的进度和质量目标

D. 建设项目工程总承包方管理的目标只包括总承包方的成本目标、项目的进度和质量目标

【答案】C。业主方是建设工程项目生产过程的总集成者——人力资源、物质资源和知识的集成，业主方也是建设工程项目生产过程的总组织者，因此，对于一个建设工程项目而言，虽然有代表不同利益方的项目管理，但是，业主方的项目管理是管理的核心。A 选项说法错误。建设项目工程总承包方的项目管理工作涉及项目全过程。B 选项说法错误。建设项目工程总承包方作为项目建设的一个参与方，其项目管理主要服务于项目的利益和建设项目总承包方本身的利益。其项目管理的目标包括项目的总投资目标和总承包方的成本目标、项目的进度目标和项目的质量目标。D 选项说法错误。因此，本题正确选项为 C。

5.（2016-2）项目设计准备阶段的工作包括(　　)。

A. 编制项目建议书　　　　　　　B. 编制项目可行性研究报告

C. 编制项目初步设计　　　　　　D. 编制项目设计任务书

【答案】D。项目设计准备阶段的工作仅有一项，即编制项目设计任务书。A、B 选项都是决策阶段的工作，C 选项是设计阶段的工作。因此，本题正确选项为 D。

高频考点 2　施工方项目管理的目标和任务

一、本节高频考点总结

本节的内容是常出题的地方，施工方又具体细分为施工方、总承包方、总承包管理

方、专业分包方、劳务分包方等，因此，施工方的项目管理目标和任务变得比较复杂，考生要在理解各种分类的前提下对本节考点进行掌握。

施工方称谓

1. 施工总承包方
2. 施工总承包管理方
3. 分包施工方
4. 建设项目总承包的施工任务执行方
5. 仅提供施工劳务的参与方

施工总承包方的管理任务

项目	管理任务
总任务	负责整个工程施工的安全、总进度、质量等控制和施工组织等
内部管理任务	控制施工的成本
对分包方的责任	(1) 总包是工程施工的总执行者和总组织者； (2) 在完成自己承担的施工任务外，还负责组织和指挥自行分包和业主指定的分包单位的施工； (3) 业主指定分包单位可与业主也可与总承包方签约，两种情况下，总包方都要负责组织和管理分包单位的施工
服务	负责施工资源的供应组织，为分包单位提供施工条件
组织协调	代表施工方与业主方、设计方、监理方进行联系和协调
分包施工方责任	(1) 分包承担合同规定的分包施工任务及相应的项目管理任务； (2) 分包方（包括一般分包方和业主指定分包方）须接受施工总承包方或施工总承包管理方的工作指令，服从其对项目总体的管理

施工总承包管理方的主要特征

项目	主要特征
施工任务	(1) 一般不承担施工任务，主要进行施工的总体管理和协调； (2) 通过招标投标获得施工任务才能参与施工
工作深度	(1) 不与分包方和供货方直接签订施工合同（由业主方直接签订）； (2) 可以根据业主方要求，协助其参与施工招标工作，工作深度由业主方决定； (3) 业主方也可要求施工总承包管理方负责整个施工的招标工作
对分包方责任	承担对分包方（包括业主选定的分包方和业主方授权施工总承包管理方选定的分包方）的组织和管理责任
分包方的认可	(1) 业主选定的分包方应经施工总承包管理方的认可； (2) 与施工总承包方承担相同的管理任务和责任（负责整个工程的施工安全控制、施工总进度控制、施工质量控制和施工的组织等）
服务	组织、指挥分包施工单位的施工，提供和创造施工条件
外联	与业主方、设计方、监理方进行联系和协调

二、本节考题精析

1. （2020-2）在施工总承包管理模式中，与分包单位直接签订施工合同的单位一般是（　　）。

A. 业主方
B. 监理方
C. 施工总承包方
D. 施工总承包管理方

【答案】A。一般情况下，施工总承包管理方不与分包方和供货方直接签订施工合同，这些合同都由业主方直接签订。因此，本题正确选项为A。

2. （2019-1）关于施工总承包管理方主要特征的说法，正确的是（　　）。

A. 在平等条件下可通过竞标获得施工任务并参与施工
B. 不能参与业主的招标和发包工作
C. 对于业主选定的分包方，不承担对其的组织和管理责任
D. 只承担质量、进度和安全控制方面的管理任务和责任

【答案】A。施工总承包管理方（MC，Managing Contractor）对所承包的建设工程承担施工任务组织的总的责任，它的主要特征如下：（1）一般情况下，施工总承包管理方不承担施工任务，它主要进行施工的总体管理和协调。如果施工总承包管理方通过投标（在平等条件下竞标）获得一部分施工任务，则它也可参与施工。A选项说法正确。（2）一般情况下，施工总承包管理方不与分包方和供货方直接签订施工合同，这些合同都由业主方直接签订。但若施工总承包管理方应业主方的要求，协助业主参与施工的招标和发包工作，其参与的工作深度由业主方决定。业主方也可能要求施工总承包管理方负责整个施工的招标和发包工作。B选项说法错误。（3）不论是业主方选定的分包方，还是经业主方授权由施工总承包管理方选定的分包方，施工总承包管理方都承担对其的组织和管理责任。C选项说法错误。（4）施工总承包管理方和施工总承包方承担相同的管理任务和责任，即负责整个工程的施工安全控制、施工总进度控制、施工质量控制和施工的组织与协调等。因此，由业主方选定的分包方应经施工总承包管理方的认可，否则施工总承包管理方难以承担对工程管理的总的责任。D选项说法错误。（5）负责组织和指挥分包施工单位的施工，并为分包施工单位提供和创造必要的施工条件。（6）与业主方、设计方、工程监理方等外部单位进行必要的联系和协调等。因此，本题正确选项为A。

3. （2019-2）施工总承包模式下，业主甲与其指定的分包施工单位丙单独签订了合同，则关于施工总承包方乙与丙关系的说法，正确的是（　　）。

A. 乙负责组织和管理丙的施工
B. 乙只负责甲与丙之间的索赔工作
C. 乙不参与对丙的组织管理工作
D. 乙只负责对丙的结算支付，不负责组织其施工

【答案】A。施工总承包方是工程施工的总执行者和总组织者，它除了完成自己承担的施工任务以外，还负责组织和指挥它自行分包的分包施工单位和业主指定的分包施工单位的施工（业主指定的分包施工单位有可能与业主单独签订合同，也可能与施工总承包方签约，不论采用何种合同模式，施工总承包方应负责组织和管理业主指定的分包施工单位的施工，这也是国际惯例），并为分包施工单位提供和创造必要的施工条件。因此，本题正确选项为A。

4.（2018-2）关于施工总承包管理方责任的说法，正确的是( )。

A. 承担施工任务并对其质量负责 B. 与分包方和供货方直接签订合同

C. 承担对分包方的组织和管理责任 D. 负责组织和指挥总承包单位的施工

【答案】C。见第 2 题解析。

5.（2017-2）甲企业为某工程项目的施工总承包方，乙企业为甲企业依法选定的分包方，丙企业为业主依法选定的专业分包方。则关于甲、乙和丙企业在施工及管理中关系的说法，正确的是( )。

A. 甲企业只负责完成自己承担的施工任务

B. 丙企业只听从业主的指令

C. 丙企业只听从乙企业的指令

D. 甲企业负责组织和管理乙企业与丙企业的施工

【答案】D。施工总承包方是工程施工的总执行者和总组织者，它除了完成自己承担的施工任务以外，还负责组织和指挥它自行分包的分包施工单位和业主指定的分包施工单位的施工（业主指定的分包施工单位有可能与业主单独签订合同，也可能与施工总承包方签约，不论采用何种合同模式，施工总承包方应负责组织和管理业主指定的分包施工单位的施工，这也是国际惯例），并为分包施工单位提供和创造必要的施工条件。分包施工方承担合同所规定的分包施工任务，以及相应的项目管理任务。若采用施工总承包或施工总承包管理模式，分包方（不论是一般的分包方，或由业主指定的分包方）必须接受施工总承包方或施工总承包管理方的工作指令，服从其总体的项目管理。因此，本题正确选项为 D。

2Z101020　施工管理的组织

【近年考点统计】

内　容	题　号					合计分值
	2020 年	2019 年	2018 年	2017 年	2016 年	
高频考点 1　项目结构分析在项目管理中的应用	73		71		71	6
高频考点 2　组织结构在项目管理中的应用	4	3	4		3	4
高频考点 3　工作任务分工在项目管理中的应用						
高频考点 4　管理职能分工在项目管理中的应用		77	3	3、71	4	7
高频考点 5　工作流程组织在项目管理中的应用	3			4		2
合计分值	4	3	4	4	4	19

高频考点 1　项目结构分析在项目管理中的应用

一、本节高频考点总结

项目结构图的概念及分解原则

序号	项目		内　　容
1	概念	解释	项目结构图（Project Diagram，或称 WBS）是组织工具，通过树状图的方式对项目的结构进行逐层分解，来反映组成该项目的所有工作任务。矩形框表示工作任务，矩形框之间用连线表示
		图示	
2	分解原则		（1）考虑项目进展的总体部署； （2）考虑项目的组成； （3）有利于项目实施任务（设计、施工和物资采购）的发包； （4）有利于项目实施任务的进行，并结合合同结构； （5）有利于项目目标的控制； （6）结合项目管理的组织结构
3	特别注意		（1）同一个项目可有不同的项目结构分解方法； （2）应和整个工程实施的部署相结合进行项目结构分解； （3）要结合将采用的合同结构进行项目结构分解

二、本节考题精析

1.（2020-73）下列图表中，属于组织工具的有（　　）。

A. 项目结构图　　　　　　　　　　B. 工作任务分工表

C. 因果分析图　　　　　　　　　　D. 工作流程图

E. 管理职能分工表

【答案】A、B、D、E。组织工具是组织论的应用手段，用图或表等形式表示各种组织关系，它包括：（1）项目结构图；（2）组织结构图（管理组织结构图）；（3）工作任务分工表；（4）管理职能分工表；（5）工作流程图等。因此，本题正确选项为 A、B、D、E。

2.（2018-71）关于建设工程项目结构分解的说法，正确的有（　　）。

A. 项目结构分解应结合项目进展的总体部署

B. 项目结构分解应结合项目合同结构的特点

C. 项目结构分解应结合项目组织结构的特点

D. 单体项目也可进行项目结构分解

E. 每一个项目只能有一种项目结构分解方法

【答案】A、B、C、D。项目结构分解并没有统一的模式，但应结合项目的特点并参考以下原则进行：（1）考虑项目进展的总体部署；（2）考虑项目的组成；（3）有利于项目实施任务（设计、施工和物资采购）的发包和有利于项目实施任务的进行，并结合合同结构的特点；（4）有利于项目目标的控制；（5）结合项目管理的组织结构的特点等。因此，本题正确选项为 A、B、C、D。

3.（2016-71）承包商对工程的成本控制、进度控制、质量控制、合同管理和信息管理等管理工作进行编码的基础有（   ）。

A. 管理职能分工表
B. 工作任务分工表
C. 工作流程图
D. 项目结构的编码
E. 项目结构图

【答案】D、E。项目结构的编码依据项目结构图，对项目结构的每一层的每一个组成部分进行编码。项目结构的编码和用于投资控制、进度控制、质量控制、合同管理和信息管理等管理工作的编码有紧密的有机联系，但它们之间又有区别。项目结构图和项目结构的编码是编制其他编码的基础。因此，本题正确选项为 D、E。

高频考点2 组织结构在项目管理中的应用

一、本节高频考点总结

项目管理的组织结构图

项目	项目管理的组织结构图方式		
	职能组织结构	线性组织结构	矩阵组织结构
特点	每个职能部门可对直接和非直接的下属部门下达指令。每个工作部门可能得到其直接和非直接的上级工作部门下达的工作指令，会有多个矛盾的指令源	每个工作部门只对其直接的下属部门下达工作指令，每一个工作部门也只有一个直接的上级部门，工作部门只有唯一的指令源	最高指挥者（部门）下设纵向和横向两种不同类型的工作部门，其指令源为两个。当纵向和横向工作部门的指令发生矛盾时，由该组织系统的最高指挥者（部门）进行协调或决策。采用以纵向指令为主或以横向指令为主来避免两者矛盾
应用	多数的企业、学校、事业单位	军事组织系统	用于大的组织系统
判别依据	上一层的多个矩形框有多个单线箭线指向下一层的多个矩形框，箭线相互交错	上一层的矩形框只对自己属下的矩形框发出单向箭线	矩形框分为纵列和横行，纵横交错构成工作的指令来源

项目结构图、组织结构图和合同结构图的区别

类型	表达的含义	图中矩形框的含义	矩形框连接的表达	说明
项目结构图	反映组成该项目的所有工作任务	一个项目的组成部分	直线	无生命主体，无交互关系，用直线表示
组织结构图	反映组织系统中各组成部门（组成元素）之间的组织关系（指令关系）	一个组织系统中的组成部分（工作部门）	单向箭线	上下级关系，指令关系，因此是单向箭线
合同结构图	反映建设项目参与单位之间的合同关系	一个建设项目的参与单位	双向箭线	平等的合同主体，是交互存在的，因此是双向箭线

二、本节考题精析

1.（2020-4）某项目管理机构设立了合约部、工程部和物资部等部门，其中物资部下设采购组和保管组，合约部、工程部均可对采购组下达工作指令，则该组织结构模式是（　　）。

A. 强矩阵组织结构
B. 弱矩阵组织结构
C. 职能组织结构
D. 线性组织结构

【答案】C。在职能组织结构中，每一个职能部门可根据它的管理职能对其直接和非直接的下属工作部门下达工作指令。因此，本题正确选项为C。

2.（2019-3）某建设工程项目设立了采购部、生产部、后勤保障部等部门，但在管理中采购部和生产部均可在职能范围内直接对后勤保障部下达工作指令，则该组织结构模式为（　　）。

A. 职能组织结构
B. 线性组织结构
C. 强矩阵组织结构
D. 弱矩阵组织结构

【答案】A。在职能组织结构中，每一个职能部门可根据它的管理职能对其直接和非直接的下属工作部门下达工作指令。因此，每一个工作部门可能得到其直接和非直接的上级工作部门下达的工作指令，它就会有多个矛盾的指令源。一个工作部门的多个矛盾的指令源会影响企业管理机制的运行。因此，本题正确选项为A。

3.（2018-4）某施工企业采用矩阵组织结构模式，其横向工作部门可以是（　　）。

A. 合同管理部
B. 计划管理部
C. 财务管理部
D. 项目管理部

【答案】D。一个施工企业，如采用矩阵组织结构模式，则纵向工作部门可以是计划管理、技术管理、合同管理、财务管理和人事管理部门等，而横向工作部门可以是项目部。因此，本题正确选项为D。

4.（2016-3）某施工企业组织结构如下图所示，关于该组织结构模式特点的说法，正确的是（　　）。

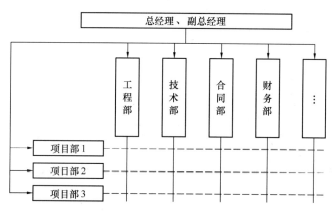

A. 每一项纵向和横向交汇的工作只有一个指令源
B. 当纵向和横向工作部门的指令发生矛盾时，以横向部门指令为主
C. 当纵向和横向工作部门的指令发生矛盾时，由总经理进行决策
D. 当纵向和横向工作部门的指令发生矛盾时，以纵向部门指令为主

【答案】 D。在矩阵组织结构中，每一项纵向和横向交汇的工作，指令来自于纵向和横向两个工作部门，因此其指令源为两个。当纵向和横向工作部门的指令发生矛盾时，由该组织系统的最高指挥者（部门），进行协调或决策。在矩阵组织结构中为避免纵向和横向工作部门指令矛盾对工作的影响，可以采用以纵向工作部门指令为主或以横向工作部门指令为主的矩阵组织结构模式，图示中实线表示的就是以谁的指令为主的意思，这样可减轻组织系统的最高指挥者的协调工作量。因此，本题正确选项为 D。

高频考点 3　工作任务分工在项目管理中的应用

一、本节高频考点总结

施工管理的工作任务分工表编制

项目	内容
编制主体	业主方和项目各参与方都应该编制各自的项目管理任务分工表
编制流程	(1) 首先，任务分解。对项目实施各阶段的"三控三管一协调"等管理任务进行详细分解。 (2) 其次，确定工作任务。在项目管理任务分解的基础上确定项目经理和"三控三管一协调"等主管工作部门或主管人员的工作任务。 (3) 最后，编制任务分工表
工作任务分工表的内容	(1) 应明确各项工作任务由哪个工作部门（或个人）负责。 (2) 明确哪些工作部门（或个人）配合或参与。 (3) 确定负责、配合、参与的各主体，并用符号在工作任务分工表中表示

二、本节考题精析

本节近年无试题。

高频考点 4　管理职能分工在项目管理中的应用

一、本节高频考点总结

施工管理的管理职能分工表编制

项目	内容
含义	(1) 用表的形式反映项目管理内部项目经理、各工作部门和各工作岗位对工作任务项目管理的职能分工； (2) 用拉丁字母表示管理职能； (3) 也可用于企业管理
编制主体	业主方和项目各参与方都需编制项目管理职能分工表
管理职能	管理职能是编制管理职能分工表的基础，示例如下： (1) 提出问题——通过比较进度计划值和实际值，发现进度延误； (2) 筹划——加快进度存在多种方案：改两班工作制，增加夜班作业，增加施工设备和改变施工方法，比较方案； (3) 决策——从可能方案中选择一个执行方案，如改变施工方法； (4) 执行——通过改变施工方法来解决进度延误问题； (5) 检查——检查决策是否被执行和执行的效果
说明	(1) 管理职能分工表不能完整表明每个工作部门的管理职能时，可用管理职能分工描述书来补充； (2) 管理职能分工表也可用于区分业主方、项目管理方和监理方等的管理职能

二、本节考题精析

1.（2019-77）关于建设工程项目进度管理职能各环节工作的说法，正确的有（   ）。

A. 对进度计划值和实际值比较，发现进度推迟是提出问题环节的工作

B. 落实夜班施工条件并组织施工是决策环节的工作

C. 提出多个加快进度的方案并进行比较是筹划环节的工作

D. 检查增加夜班施工的决策能否被执行是检查环节的工作

E. 增加夜班施工执行的效果评价是执行环节的工作

【答案】A、C、D。管理职能的含义：（1）提出问题——通过进度计划值和实际值的比较，发现进度推迟了；（2）筹划——加快进度有多种可能的方案，如改一班工作制为两班工作制，增加夜班作业，增加施工设备或改变施工方法，针对这几个方案进行比较；（3）决策——从上述几个可能的方案中选择一个将被执行的方案，如增加夜班作业；（4）执行——落实夜班施工的条件，组织夜班施工；（5）检查——检查增加夜班施工的决策能否被执行，如已执行，则检查执行的效果如何。如通过增加夜班施工，工程进度的问题解决了，但发现新的问题，施工成本增加了，这样就进入了管理的一个新的循环：提出问题、筹划、决策、执行和检查。在整个施工过程中，管理工作就是不断发现问题和不断解决问题的过程。因此，本题正确选项为A、C、D。

2.（2018-3）建设工程施工管理是多个环节组成的过程，第一个环节的工作是（   ）。

A. 提出问题　　　　　　　　　　　　B. 决策

C. 执行　　　　　　　　　　　　　　D. 检查

【答案】A。管理是由多个环节组成的过程，即：（1）提出问题；（2）筹划——提出解决问题的可能的方案，并对多个可能的方案进行分析；（3）决策；（4）执行；（5）检查。因此，本题正确选项为A。

3.（2017-3）某施工项目技术负责人从项目技术部提出的两个土方开挖方案中选定了拟实施的方案，并要求技术部对该方案进行深化。该项目技术负责人在施工管理中履行的管理职能是（   ）。

A. 检查　　　　　　　　　　　　　　B. 执行

C. 决策　　　　　　　　　　　　　　D. 计划

【答案】C。本题考查管理职能的内涵，管理是由多个环节组成的过程：（1）提出问题——通过进度计划值和实际值的比较，发现进度推迟了；（2）筹划——加快进度有多种可能的方案，如改一班工作制为两班工作制，增加夜班作业，增加施工设备或改变施工方法，针对这几个方案进行比较；（3）决策——从上述几个可能的方案中选择一个将被执行的方案，如增加夜班作业；（4）执行——落实夜班施工的条件，组织夜班施工；（5）检查——检查增加夜班施工的决策有否被执行，如已执行，则检查执行的效果如何。因此，本题正确选项为C。

4.（2017-71）项目技术组针对施工进度滞后的情况，提出了增加夜班作业、改变施工方法两种加快进度的方案，项目经理通过比较，确定采用增加夜班作业以加快进度，物资组落实了夜间施工照明等条件，安全组对夜间施工安全条件进行了复查。上述管理工作体现在管理职能中"筹划"环节的有（   ）。

A. 确定采用增加夜间施工加快进度的方案

B. 提出两种可能加快进度的方案

C. 两种方案的比较分析

D. 复查夜间施工安全条件

E. 落实夜间施工照明条件

【答案】B、C。管理职能共分为5个方面：（1）提出问题；（2）筹划——提出解决问题的可能的方案，并对多个可能的方案进行分析；（3）决策；（4）执行；（5）检查。A选项属于"决策"，B、C选项属于"筹划"，D选项属于"检查"，E选项属于"执行"。因此，本题正确选项为B、C。

5.（2016-4）当管理职能分工表不足以明确每个工作部门的管理职能时，还可以辅助使用（   ）。

A. 岗位责任描述书   B. 工作任务分工表

C. 管理职能分工描述书   D. 工作任务分工描述书

【答案】C。在建设项目管理中应用管理职能分工表，可使管理职能的分工更清晰和更严谨，并会暴露仅用岗位责任描述书时所掩盖的矛盾。如果使用管理职能分工表还不足以明确每个工作部门（工作岗位）的管理职能，则可辅以使用管理职能分工描述书。因此，本题正确选项为C。

高频考点5　工作流程组织在项目管理中的应用

一、本节高频考点总结

工作流程组织范围

1. 管理工作流程组织：如投资与进度控制、合同管理、付款和设计变更等流程
2. 信息处理工作流程组织：如与生成月度进度报告有关的数据处理流程
3. 物质流程组织：如钢结构深化设计工作流程、弱电工程物资采购工作流程

施工管理的工作流程图编制

项目	内　容
概念	（1）用图的形式反映组织系统中各项工作之间的逻辑关系； （2）可用以描述工作流程组织
编制主体	业主方和项目各参与方都有各自的工作流程组织的任务
编制方法	（1）用矩形框表示工作； （2）箭线表示工作之间的逻辑关系； （3）菱形框表示判别条件； （4）也可用两个矩形框分别表示工作和工作的执行者
说明	（1）工作流程组织的任务，即定义工作的流程； （2）工作流程图根据需要逐层细化

二、本节考题精析

1.（2020-3）在工作流程图中，菱形框表示的是（   ）。

A. 工作   B. 工作执行者

C. 逻辑关系   D. 判别条件

【答案】D。工作流程图用矩形框表示工作，箭线表示工作之间的逻辑关系，菱形框表示判别条件。也可用两个矩形框分别表示工作和工作的执行者。因此，本题正确选项为D。

2.（2017-4）某项目部根据项目特点制定了投资控制、进度控制、合同管理、付款和设计变更等工作流程，这些工作流程组织属于（　　）。

A. 物质流程组织　　　　　　　　　　B. 管理工作流程组织

C. 信息处理工作流程组织　　　　　　D. 施工工作流程组织

【答案】B。工作流程组织包括：（1）管理工作流程组织：如投资控制、进度控制、合同管理、付款和设计变更等流程；（2）信息处理工作流程组织：如与生成月度进度报告有关的数据处理流程；（3）物质流程组织，如钢结构深化设计工作流程、弱电工程物资采购工作流程、外立面施工工作流程等。因此，本题正确选项为B。

2Z101030　施工组织设计的内容和编制方法

【近年考点统计】

内　容	题　号					合计分值
	2020年	2019年	2018年	2017年	2016年	
高频考点1　施工组织设计的内容	75	4		5、72	5、72	9
高频考点2　施工组织设计的编制方法	5	71	5、72			6
合计分值	3	3	3	3	3	15

【高频考点精讲】

高频考点1　施工组织设计的内容

一、本节高频考点总结

施工组织设计的基本内容

序号	基本内容	说　明
1	工程概况	（1）项目的性质、规模、建设地点、结构特点、建设期限、分批交付使用的条件、合同条件； （2）本地区地形、地质、水文和气象情况； （3）施工力量，劳动力、机具、材料、构件等资源供应情况； （4）施工环境及施工条件等
2	施工部署及施工方案	（1）根据工程情况，结合人、材、机、资金、方法等，部署施工任务，安排施工顺序，确定主要工程的施工方案； （2）对拟建工程可能采用的施工方案进行定性、定量分析，选择最佳方案
3	施工进度计划	（1）反映最佳施工方案在时间上的安排，使工期、成本、资源等方面，通过计算和调整达到优化配置； （2）优化调整工期、成本、资源，编制相应的人力和时间安排计划、资源需求计划和施工准备计划

序号	基本内容	说　明
4	施工平面图	是施工方案及施工进度计划在空间上的全面安排
5	主要技术经济指标	用以衡量组织施工的水平,是对施工组织设计文件的技术经济效益进行全面评价

施工组织设计的分类

分类	施工组织总设计	单位工程施工组织设计	分部(分项)工程施工组织设计
工程概况	建设项目的工程概况	工程概况及施工特点分析	工程概况及施工特点分析
施工方案	施工部署及其核心工程的施工方案	施工方案的选择	施工方法和施工机械的选择
进度	施工总进度计划	单位工程施工进度计划	分部(分项)工程的施工进度计划
施工准备	全场性施工准备工作计划	单位工程施工准备工作计划	分部(分项)工程的施工准备工作计划
平面图	全场性施工总平面图设计	单位工程施工总平面图设计	作业区施工平面布置图设计
资源	各项资源需求量计划		
经济指标	主要技术经济指标		—
具体措施	—	技术组织措施、质量保证措施和安全施工措施	
说明	对整个建设工程项目施工的战略部署,是指导全局性施工的技术和经济纲要	(1)施工单位编制分部(分项)工程施工组织设计和季、月、旬施工计划的依据; (2)对于简单的工程,一般只编制施工方案,并附以施工进度计划和施工平面图	(1)适用范围:如深基础、无粘结预应力混凝土、特大构件的吊装、大量土石方工程、定向爆破工程等; (2)其内容具体、详细,可操作性强,是直接指导分部(分项)工程施工的依据

二、本节考题精析

1. (2020-75)根据《建筑施工组织设计规范》GB/T 50502—2009,施工组织设计按编制对象可分为(　　)。

A. 施工组织总设计　　　　　　　　　B. 单位工程施工组织设计

C. 生产用施工组织设计　　　　　　　D. 投标用施工组织设计

E. 分部工程施工组织设计

【答案】A、B、E。根据施工组织设计编制的广度、深度和作用的不同,可分为:(1)施工组织总设计。其是以整个建设工程项目为对象[如一个工厂、一个机场、一个道路工程(包括桥梁)、一个居住小区等]而编制的。(2)单位工程施工组织设计。其是以单位工程(如一栋楼房、一个烟囱、一段道路、一座桥等)为对象编制的。(3)分部(分项)工程施工组织设计[或称分部(分项)工程作业设计]。其是针对某些特别重要的、技术复杂的,或采用新工艺、新技术施工的分部(分项)工程,如深基础、无粘结预应力混凝土、特大构件的吊装、大量土石方工程、定向爆破工程等为对象编制的。因此，本题正确选项为 A、B、E。

2.（2019-4）针对建设工程项目中的深基础工程编制的施工组织设计属于（　　）。

A. 施工组织总设计　　　　　　　　B. 单项工程施工组织设计

C. 单位工程施工组织设计　　　　　D. 分部工程施工组织设计

【答案】D。分部（分项）工程施工组织设计［也称为分部（分项）工程作业设计，或称分部（分项）工程施工设计］是针对某些特别重要的、技术复杂的，或采用新工艺、新技术施工的分部（分项）工程，如深基础、无粘结预应力混凝土、特大构件的吊装、大量土石方工程、定向爆破工程等为对象编制的，其内容具体、详细，可操作性强，是直接指导分部（分项）工程施工的依据。因此，本题正确选项为 D。

3.（2017-5）把施工所需的各种资源、生产、生活活动场地及各种临时设施合理地布置在施工现场，使整个现场能有组织地进行文明施工，属于施工组织设计中（　　）的内容。

A. 施工部署　　　　　　　　　　　B. 施工方案

C. 安全施工专项方案　　　　　　　D. 施工平面图

【答案】D。施工平面图是施工方案及施工进度计划在空间上的全面安排。它把投入的各种资源、材料、构件、机械、道路、水电供应网络、生产、生活活动场地及各种临时工程设施合理地布置在施工现场，使整个现场能有组织地进行文明施工。因此，本题正确选项为 D。

4.（2017-72）下列施工组织设计的内容中，属于施工部署与施工方案内容的有（　　）。

A. 安排施工顺序　　　　　　　　　B. 计算主要技术经济指标

C. 编制施工准备计划　　　　　　　D. 比选施工方案

E. 编制资源需求计划

【答案】A、D。施工部署及施工方案内容有：（1）根据工程情况，结合人力、材料、机械设备、资金、施工方法等条件，全面部署施工任务，合理安排施工顺序，确定主要工程的施工方案；（2）对拟建工程可能采用的几个施工方案进行定性、定量的分析，通过技术经济评价，选择最佳方案。因此，本题正确选项为 A、D。

5.（2016-5）需要编制单位工程施工组织设计的工程项目是（　　）。

A. 新建居民小区工程　　　　　　　B. 工厂整体搬迁工程

C. 拆除工程定向爆破工程　　　　　D. 发电厂干灰库烟囱工程

【答案】D。施工组织总设计是以整个建设工程项目为对象［如一个工厂、一个机场、一个道路工程（包括桥梁）、一个居住小区等］而编制的。它是对整个建设工程项目施工的战略部署，是指导全局性施工的技术和经济纲要。A、B 选项都属于需要编制施工组织总设计的范围。单位工程施工组织设计是以单位工程（如一栋楼房、一个烟囱、一段道路、一座桥等）为对象编制的。分部（分项）工程施工组织设计［也称为分部（分项）工程作业设计，或称分部（分项）工程施工设计］是针对某些特别重要的、技术复杂的，或采用新工艺、新技术施工的分部（分项）工程，如深基础、无粘结预应力混凝土、特大构件的吊装、大量土石方工程、定向爆破工程等为对象编制的。C 选项属于分部分项工程施工组织设计范围。因此，本题正确选项为 D。

6.（2016-72）施工组织总设计、单位工程施工组织设计及分部（分项）工程施工组织设计都具备的内容有（　　）。

A. 工程概况　　　　　　　　　　　　B. 施工进度计划

C. 各项资源需求量计划　　　　　　　D. 施工部署

E. 主要技术经济指标

【答案】A、B、C。施工组织总设计的主要内容如下：（1）建设项目的工程概况；（2）施工部署及其核心工程的施工方案；（3）全场性施工准备工作计划；（4）施工总进度计划；（5）各项资源需求量计划；（6）全场性施工总平面图设计；（7）主要技术经济指标（项目施工工期、劳动生产率、项目施工质量、项目施工成本、项目施工安全、机械化程度、预制化程度、暂设工程等）。单位工程施工组织设计的主要内容如下：（1）工程概况及施工特点分析；（2）施工方案的选择；（3）单位工程施工准备工作计划；（4）单位工程施工进度计划；（5）各项资源需求量计划；（6）单位工程施工总平面图设计；（7）技术组织措施、质量保证措施和安全施工措施；（8）主要技术经济指标（工期、资源消耗的均衡性、机械设备的利用程度等）。分部（分项）工程施工组织设计的主要内容如下：（1）工程概况及施工特点分析；（2）施工方法和施工机械的选择；（3）分部（分项）工程的施工准备工作计划；（4）分部（分项）工程的施工进度计划；（5）各项资源需求量计划；（6）技术组织措施、质量保证措施和安全施工措施；（7）作业区施工平面布置图设计。因此，本题正确选项为 A、B、C。

高频考点 2　施工组织设计的编制方法

一、本节高频考点总结

施工组织设计的编制依据

类别	编　制　依　据
施工组织总设计	（1）计划文件； （2）设计文件； （3）合同文件； （4）建设地区基础资料； （5）有关的标准、规范和法律； （6）类似建设工程项目的资料和经验
单位工程施工组织设计	（1）建设单位的意图和要求，对工期、质量、预算要求； （2）工程的施工图纸及标准图集； （3）施工组织总设计对单位工程的工期、质量和成本的控制要求； （4）资源配置情况； （5）建筑环境、场地条件及地质、气象资料； （6）有关的标准、规范和法律； （7）有关技术新成果和类似建设工程项目的资料和经验

施工组织总设计的编制程序

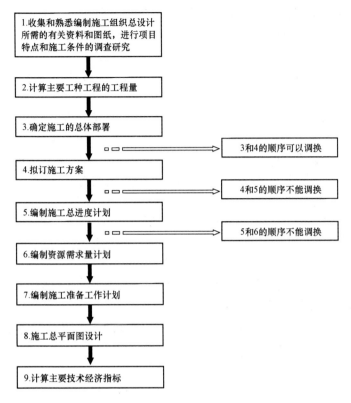

注：➡ 表示流程和顺序；▫▫▫⇨ 表示解释说明作用。

二、本节考题精析

1.（2020-5）编制施工组织总设计时，编制资源需求量计划的紧前工作是（   ）。

A. 拟定施工方案   B. 编制施工总进度计划

C. 施工总平面图设计   D. 编制施工准备工作计划

【答案】B。施工组织总设计的编制通常采用如下程序：（1）收集和熟悉编制施工组织总设计所需的有关资料和图纸，进行项目特点和施工条件的调查研究；（2）计算主要工种工程的工程量；（3）确定施工的总体部署；（4）拟订施工方案；（5）编制施工总进度计划；（6）编制资源需求量计划；（7）编制施工准备工作计划；（8）施工总平面图设计；（9）计算主要技术经济指标。应该指出，以上顺序中有些顺序必须这样，不可逆转，如：（1）拟订施工方案后才可编制施工总进度计划（因为进度的安排取决于施工的方案）；（2）编制施工总进度计划后才可编制资源需求量计划（因为资源需求量计划要反映各种资源在时间上的需求）。因此，本题正确选项为 B。

2.（2019-71）施工组织总设计的编制程序中，先后顺序不能改变的有（   ）。

A. 先拟订施工方案，再编制施工总进度计划

B. 先编制施工总进度计划，再编制资源需求量

C. 先确定施工总体部署，再拟订施工方案

D. 先计算主要工种工程的工程量，再拟订施工方案

E. 先计算主要工种工程的工程量，再确定施工总体部署

【答案】A、B。（1）拟订施工方案后才可编制施工总进度计划（因为进度的安排取决于施工的方案）；（2）编制施工总进度计划后才可编制资源需求量计划（因为资源需求量计划要反映各种资源在时间上的需求）。因此，本题正确选项为A、B。

3.（2018-5）根据施工组织总设计编制程序，编制施工总进度计划前需收集相关资料和图纸、计算主要工程量、确定施工的总体部署和（　　）。

A. 编制资源需求计划　　　　　　　　B. 编制施工准备工作计划

C. 拟订施工方案　　　　　　　　　　D. 计算主要技术经济指标

【答案】C。施工组织总设计的编制通常采用如下程序：（1）收集和熟悉编制施工组织总设计所需的有关资料和图纸，进行项目特点和施工条件的调查研究；（2）计算主要工种工程的工程量；（3）确定施工的总体部署；（4）拟订施工方案；（5）编制施工总进度计划；（6）编制资源需求量计划；（7）编制施工准备工作计划；（8）施工总平面图设计；（9）计算主要技术经济指标。应该指出，以上顺序中有些顺序必须这样，不可逆转，如：（1）拟订施工方案后才可编制施工总进度计划（因为进度的安排取决于施工的方案）；（2）编制施工总进度计划后才可编制资源需求量计划（因为资源需求量计划要反映各种资源在时间上的需求）。但是在以上顺序中也有些顺序应该根据具体项目而定，如确定施工的总体部署和拟订施工方案，两者有紧密的联系，往往可以交叉进行。因此，本题正确选项为C。

4.（2018-72）建设工程施工组织总设计的编制依据有（　　）。

A. 施工企业资源配置情况　　　　　　B. 相关规范、法律

C. 合同文件　　　　　　　　　　　　D. 建设地区基础资料

E. 工程施工图纸及标准图

【答案】B、C、D。施工组织总设计的编制依据主要包括：（1）计划文件；（2）设计文件；（3）合同文件；（4）建设地区基础资料；（5）有关的标准、规范和法律；（6）类似建设工程项目的资料和经验。因此，本题正确选项为B、C、D。

2Z101040　建设工程项目目标的动态控制

【近年考点统计】

内　容	题　号					合计分值
	2020年	2019年	2018年	2017年	2016年	
高频考点1　项目目标动态控制的方法	7	5、6	6	6		5
高频考点2　动态控制方法在施工管理中的应用	6			7	6、7	4
合计分值	2	2	1	2	2	9

高频考点1　项目目标动态控制的方法

一、本节高频考点总结

项目目标动态控制的工作程序

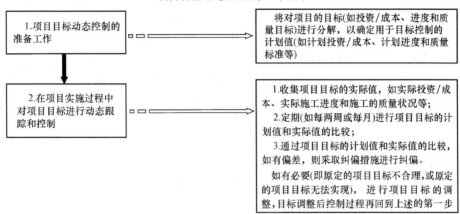

注：▆▶ 表示流程和顺序；　▭▭▷ 表示解释说明作用。

项目目标动态控制的纠偏措施

纠偏措施	内　容	具体方法举例
组织措施	分析组织原因影响目标实现的问题，采取相应措施	调整项目组织结构、任务分工、管理职能分工、工作流程组织和项目管理班子人员
管理措施（包括合同措施）	分析管理原因影响目标实现的问题，采取相应措施	调整进度管理的方法和手段，改变施工管理和强化合同管理等
经济措施	分析经济原因影响目标实现的问题，采取相应措施	落实加快施工进度所需的资金
技术措施	分析技术（包括设计和施工的技术）原因影响目标实现的问题，采取相应措施	调整设计、改进施工方法和改变施工机具
特别注意	组织是目标能否实现的决定性因素，高度重视组织措施对项目目标控制的作用	

项目目标动态控制的事前控制

项　目	内　容
项目目标动态控制的核心	项目实施中定期进行目标计划值和实际值比较，目标偏离时采取纠偏措施
项目目标的事前控制（主动控制）	重视事前主动控制，即事前分析项目目标偏离的影响因素
项目目标的过程控制（动态控制）	定期分析比较计划值和目标值，目标偏离时纠偏

二、本节考题精析

1.（2020-7）下列项目目标动态控制工作中，属于事前控制的是（　　）。

A. 确定目标计划值，同时分析影响目标实现的因素

B. 进行目标计划值和实际值对比分析

C. 跟踪项目计划的实际进展情况

D. 发现原有目标无法实现时，及时调整项目目标

【答案】A。项目目标动态控制的核心是，在项目实施的过程中定期地进行项目目标的计划值和实际值的比较，当发现项目目标偏离时采取纠偏措施。为避免项目目标偏离的发生，还应重视事前的主动控制，即事前分析可能导致项目目标偏离的各种影响因素，并针对这些影响因素采取有效的预防措施。因此，本题正确选项为A。

2. (2019-5) 建设工程项目目标事前控制是指（   ）。

A. 事前分析可能导致偏差产生的原因并在产生偏差时采取纠偏措施

B. 事前分析可能导致项目目标偏离的影响因素并针对这些因素采取预防措施

C. 定期进行计划值与实际值比较

D. 发现项目目标偏离时及时采取纠偏措施

【答案】B。见第1题解析。

3. (2019-6) 对建设工程项目目标控制的纠偏措施中，属于技术措施的是（   ）。

A. 调整管理方法和手段　　　　　　　B. 调整项目组织结构

C. 调整资金供给方式　　　　　　　　D. 调整施工方法

【答案】D。（1）组织措施。分析由于组织的原因而影响项目目标实现的问题，并采取相应的措施，如调整项目组织结构、任务分工、管理职能分工、工作流程组织和项目管理班子人员等。B选项属于组织措施。（2）管理措施（包括合同措施）。分析由于管理的原因而影响项目目标实现的问题，并采取相应的措施，如调整进度管理的方法和手段，改变施工管理和强化合同管理等。A选项属于管理措施。（3）经济措施。分析由于经济的原因而影响项目目标实现的问题，并采取相应的措施，如落实加快工程施工进度所需的资金等。C选项属于经济措施。（4）技术措施。分析由于技术（包括设计和施工的技术）的原因而影响项目目标实现的问题，并采取相应的措施，如调整设计、改进施工方法和改变施工机具等。D选项属于技术措施。因此，本题正确选项为D。

4. (2018-6) 下列建设工程项目目标动态控制的工作中，属于准备工作的是（   ）。

A. 收集项目目标的实际值　　　　　　B. 对项目目标进行分解

C. 将项目目标的实际值和计划值相比较　　D. 对产生的偏差采取纠偏措施

【答案】B。项目目标动态控制的准备工作包括：将对项目的目标（如投资/成本、进度和质量目标）进行分解，以确定用于目标控制的计划值（如计划投资/成本、计划进度和质量标准等）。因此，本题正确选项为B。

5. (2017-6) 项目部针对施工进度滞后问题，提出了落实管理人员责任、优化工作流程、改进施工方法、强化奖惩机制等措施，其中属于技术措施的是（   ）。

A. 落实管理人员责任　　　　　　　　B. 优化工作流程

C. 改进施工方法　　　　　　　　　　D. 强化奖惩机制

【答案】C。见第3题解析。

高频考点 2 动态控制方法在施工管理中的应用

一、本节高频考点总结

运用动态控制原理控制施工进度的步骤

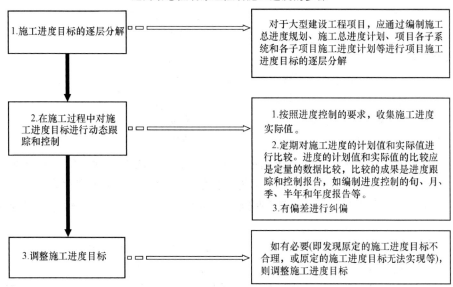

(注意：控制施工成本和质量的步骤内容与进度控制是相同的，特殊说明见下表)

成本控制和质量控制的特殊说明

类型	项目	内 容
施工成本控制	控制周期	一个月
	计划值和实际值比较的范围	(1) 工程合同价与投标价中的相应成本项的比较； (2) 工程合同价与施工成本规划中的相应成本项的比较； (3) 施工成本规划与实际施工成本中的相应成本项的比较； (4) 工程合同价与实际施工成本中的相应成本项的比较； (5) 工程合同价与工程款支付中的相应成本项的比较等
	特别说明	(1) 施工成本的计划值和实际值是相对的； (2) 相对于工程合同价而言，施工成本规划的成本值是实际值；相对于实际施工成本，施工成本规划的成本值是计划值； (3) 两者比较应是定量的数据比较，比较的成果是成本跟踪和控制报告
施工质量控制	质量目标	(1) 包括分部分项工程施工质量以及材料、半成品、成品和设备的质量； (2) 施工活动开展前对质量目标进行分解，对质量目标作出明确定义，即质量的计划值

二、本节考题精析

1. (2020-6)施工成本动态控制过程中，在施工准备阶段，相对于工程合同价而言，施工成本实际值可以是( )。

A. 施工成本规划的成本值 B. 投标价中的相应成本项

C. 招标控制价中的相应成本项 D. 投资估算中的建安工程费用

【答案】A。施工成本的计划值和实际值也是相对的，如：相对于工程合同价而言，施工成本规划的成本值是实际值；而相对于实际施工成本，则施工成本规划的成本值是计划值等。成本的计划值和实际值的比较应是定量的数据比较，比较的成果是成本跟踪和控制报告，如编制成本控制的月、季、半年和年度报告等。因此，本题正确选项为 A。

2. （2017-7）运用动态控制原理控制施工成本时，相对于实际施工成本，宜作为分析对比的成本计划值是（   ）。

A. 投标报价   B. 工程支付款

C. 施工成本规划值   D. 施工决算成本

【答案】C。见第 1 题解析。

3. （2016-6）分析和论证施工成本目标实现的可能性，并对施工成本目标进行分解是通过（   ）进行的。

A. 编制施工成本比较报表   B. 编制工作任务分工表

C. 编制施工组织设计   D. 编制施工成本规划

【答案】D。施工成本目标的分解指的是通过编制施工成本规划，分析和论证施工成本目标实现的可能性，并对施工成本目标进行分解。因此，本题正确选项为 D。

4. （2016-7）运用动态控制原理控制施工质量时，质量目标不仅包括各分部分项工程的施工质量，还包括（   ）。

A. 设计图纸的质量   B. 材料及设备的质量

C. 业主的决策质量   D. 施工计划的质量

【答案】B。运用动态控制原理控制施工质量的工作步骤与进度控制和成本控制的工作步骤相类似。质量目标不仅是各分部分项工程的施工质量，它还包括材料、半成品、成品和有关设备等的质量。在施工活动开展前，首先应对质量目标进行分解，也即对上述组成工程质量的各元素的质量目标作出明确的定义，它就是质量的计划值。因此，本题正确选项为 B。

2Z101050　施工项目经理的任务和责任

【近年考点统计】

内　容	题　号					合计分值
	2020 年	2019 年	2018 年	2017 年	2016 年	
高频考点 1　施工项目经理的任务	8、71	57	8、73	73	8、74	12
高频考点 2　施工项目经理的责任	67、80	83	9、74	8、9、74	9、73	15
合计分值	6	3	6	6	6	27

【高频考点精讲】

高频考点 1　施工项目经理的任务

一、本节高频考点总结

项目经理的概念和特征

项目	内　容
概念	受企业法定代表人委托对工程项目施工过程进行全面负责的项目管理者

项目	内　　容
特征	（1）项目经理是企业任命的一个项目的项目管理班子的负责人（领导人），不一定是（多数不是）一个企业法定代表人在工程项目上的代表人； （2）项目经理主持项目管理工作，主要任务是项目目标的控制和组织协调； （3）项目经理属于管理岗位而不是技术岗位； （4）项目经理是组织系统中的管理者，由企业法定代表人授权决定其人权、财权和物资采购权

项目经理的管理权力

（注意此处和下一节的内容表述有所不同，应当综合掌握）

1. 组织项目管理班子
2. 以企业法定代表人的代表身份处理与所承担的工程项目有关的外部关系，受托签署有关合同
3. 指挥工程项目建设的生产经营活动，调配并管理进入工程项目的人力、资金、物资、机械设备等生产要素
4. 选择施工作业队伍
5. 进行合理的经济分配
6. 企业法定代表人授予的其他管理权力

二、本节考题精析

1.（2020-8）关于建造师执业资格制度的说法，正确的是（　　）。

A. 取得建造师注册证书的人员即可担任项目经理

B. 实施建造师执业资格制度后可取消项目经理岗位责任制

C. 建造师是一个工作岗位的名称

D. 取得建造师执业资格的人员表明其知识和能力符合建造师执业的要求

【答案】D。建筑施工企业项目经理（以下简称项目经理），是指受企业法定代表人委托对工程项目施工过程全面负责的项目管理者，是建筑施工企业法定代表人在工程项目上的代表人。取得建造师注册证书的人员是否担任工程项目施工的项目经理，由企业自主决定。A选项说法错误。在全面实施建造师执业资格制度后仍然要坚持落实项目经理岗位责任制。项目经理岗位是保证工程项目建设质量、安全、工期的重要岗位。B选项说法错误。建造师是一种专业人士的名称，而项目经理是一个工作岗位的名称，应注意这两个概念的区别和关系。取得建造师执业资格的人员表示其知识和能力符合建造师执业的要求，但其在企业中的工作岗位则由企业视工作需要和安排而定。C选项说法错误。因此，本题正确选项为D。

2.（2020-71）根据《建设工程施工合同（示范文本）》GF—2017—0201，关于施工企业项目经理的说法，正确的有（　　）。

A. 承包人需要更换项目经理的，应提前14天书面通知发包人和监理人，并征得发包人书面同意

B. 紧急情况下为确保施工安全，项目经理在采取必要措施后，应在48小时内向专业监理工程师提交书面报告

C. 承包人应在接到发包人更换项目经理的书面通知后14天内向发包人提出书面改进报告

D. 发包人收到承包人改进报告后仍要求更换项目经理的，承包人应在接到第二次更换通知的28天内进行更换

E. 项目经理因特殊情况授权给下属人员时，应提前 14 天将授权人员的相关信息通知监理人

【答案】A、C、D。承包人需要更换项目经理的，应提前 14 天书面通知发包人和监理人，并征得发包人书面同意。A 选项说法正确。在紧急情况下为确保施工安全和人员安全，在无法与发包人代表和总监理工程师及时取得联系时，项目经理有权采取必要的措施保证与工程有关的人身、财产和工程的安全，但应在 48 小时内向发包人代表和总监理工程师提交书面报告。B 选项说法错误。发包人有权书面通知承包人更换其认为不称职的项目经理，通知中应当载明要求更换的理由。承包人应在接到更换通知后 14 天内向发包人提出书面的改进报告。C 选项说法正确。发包人收到改进报告后仍要求更换的，承包人应在接到第二次更换通知的 28 天内进行更换，并将新任命的项目经理的注册执业资格、管理经验等资料书面通知发包人。D 选项说法正确。项目经理因特殊情况授权其下属人员履行其某项工作职责的，该下属人员应具备履行相应职责的能力，并应提前 7 天将上述人员的姓名和授权范围书面通知监理人，并征得发包人书面同意。E 选项说法错误。因此，本题正确选项为 A、C、D。

3. (2019-57) 某建设工程项目在施工中发生了紧急性的安全事故，若短时间内无法与发包人代表和总监理工程师取得联系，则项目经理有权采取措施保证与工程有关的人身和财产安全，但应(   )。

A. 立即向建设主管部门报告

B. 在 48 小时内向发包人代表提交书面报告

C. 在 48 小时内向承包人的企业负责人提交书面报告

D. 在 24 小时内向发包人代表进行口头报告

【答案】B。在紧急情况下为确保施工安全和人员安全，在无法与发包人代表和总监理工程师及时取得联系时，项目经理有权采取必要的措施保证与工程有关的人身、财产和工程的安全，但应在 48 小时内向发包人代表和总监理工程师提交书面报告。因此，本题正确选项为 B。

4. (2018-8) 根据《建设工程施工合同（示范文本）》GF—2017—0201，项目经理在紧急情况下有权采取必要措施保证与工程有关的人身、财产和工程安全，但应在 48 小时内向(   )提交书面报告。

A. 承包方法定代表人和总监理工程师   B. 监督职能部门和承包方法定代表人

C. 发包人代表和总监理工程师   D. 政府职能监督部门和发包人代表

【答案】C。项目经理按合同约定组织工程实施。在紧急情况下为确保施工安全和人员安全，在无法与发包人代表和总监理工程师及时取得联系时，项目经理有权采取必要的措施保证与工程有关的人身、财产和工程的安全，但应在 48 小时内向发包人代表和总监理工程师提交书面报告。因此，本题正确选项为 C。

5. (2018-73) 根据《建设工程施工合同（示范文本）》GF -2017—0201，关于发包人书面通知更换不称职项目经理的说法，正确的有(   )。

A. 承包人应在接到更换通知后 14 天内向发包人提出书面改进报告

B. 承包人应在接到第二次更换通知后 42 天内更换项目经理

C. 发包人要求更换项目经理的，承包人无需提供继任项目经理的证明文件

D. 承包人无正当理由拒绝更换项目经理的，应按专用合同条款的约定承担违约责任

E. 发包人接受承包人提出的书面改进报告后，可不更换项目经理

【答案】A、D、E。发包人有权书面通知承包人更换其认为不称职的项目经理，通知中应当载明要求更换的理由。承包人应在接到更换通知后 14 天内向发包人提出书面的改进报告。发包人收到改进报告后仍要求更换的，承包人应在接到第二次更换通知的 28 天内进行更换，并将新任命的项目经理的注册执业资格、管理经验等资料书面通知发包人。继任项目经理继续履行约定的职责。承包人无正当理由拒绝更换项目经理的，应按照专用合同条款的约定承担违约责任。因此，本题正确选项为 A、D、E。

6. （2017-73）关于施工企业项目经理地位的说法，正确的有（   ）。

A. 是承包人为实施项目临时聘用的专业人员

B. 是施工企业法定代表人委托对项目施工过程全面负责的项目管理者

C. 项目经理经承包人授权后代表承包人负责履行合同

D. 是施工企业全面履行施工承包合同的法定代表人

E. 是施工承包合同中的权利、义务和责任主体

【答案】B、C。项目经理应是承包人正式聘用的员工，承包人应向发包人提交项目经理与承包人之间的劳动合同，以及承包人为项目经理缴纳社会保险的有效证明。A 选项说法错误。建筑施工企业项目经理，是指受企业法定代表人委托对工程项目施工过程全面负责的项目管理者，是建筑施工企业法定代表人在工程项目上的代表人。B、C 选项说法正确。项目经理在承担工程项目施工的管理过程中，应当按照建筑施工企业与建设单位签订的工程承包合同，与本企业法定代表人签订项目承包合同，并在企业法定代表人授权范围内，行使管理权力。D、E 选项说法错误。因此，本题正确选项为 B、C。

7. （2016-8）关于施工项目经理的地位、作用的说法，正确的是（   ）。

A. 项目经理是一种专业人士的名称

B. 项目经理的管理任务不包括项目的行政管理

C. 项目经理是企业法定代表人在项目上的代表人

D. 没有取得建造师执业资格的人员也可担任施工项目的项目经理

【答案】C。建造师是一种专业人士的名称，而项目经理是一个工作岗位的名称，应注意这两个概念的区别和关系。A 选项说法错误。项目经理的任务包括项目的行政管理和项目管理两个方面。B 选项说法错误。大、中型工程项目施工的项目经理必须由取得建造师注册证书的人员担任；但取得建造师注册证书的人员是否担任工程项目施工的项目经理，由企业自主决定。D 选项说法错误。建筑施工企业项目经理，是指受企业法定代表人委托对工程项目施工过程全面负责的项目管理者，是建筑施工企业法定代表人在工程项目上的代表人。C 选项说法正确。因此，本题正确选项为 C。

8. （2016-74）根据《建设工程施工合同（示范文本）》GF—2013—0201，关于施工项目经理的说法，正确的有（   ）。

A. 承包人应向发包人提交与项目经理的劳动合同以及为其缴纳社会保险的有效证明

B. 承包人应在通用合同条款中明确项目经理的姓名、职称、注册执业证书编号等事项

C. 承包人未经发包人书面同意，不能擅自更换项目经理

D. 承包人接到发包人更换项目经理的书面通知后，应在 14 天内向发包人提出书面改进报告

E. 项目经理因特殊情况授权下属履行其职责时，必须提前 48 小时通知监理人及发包人

【答案】A、C、D。项目经理应是承包人正式聘用的员工，承包人应向发包人提交项目经理与承包人之间的劳动合同，以及承包人为项目经理缴纳社会保险的有效证明。A 选项说法正确。项目经理应为合同当事人所确认的人选，并在专用合同条款中明确项目经理的姓名、职称、注册执业证书编号、联系方式及授权范围等事项，项目经理经承包人授权后代表承包人负责履行合同。B 选项说法错误。未经发包人书面同意，承包人不得擅自更换项目经理。承包人擅自更换项目经理的，应按照专用合同条款的约定承担违约责任。C 选项说法正确。发包人有权书面通知承包人更换其认为不称职的项目经理，通知中应当载明要求更换的理由。承包人应在接到更换通知后 14 天内向发包人提出书面的改进报告。D 选项说法正确。项目经理因特殊情况授权其下属人员履行其某项工作职责的，该下属人员应具备履行相应职责的能力，并应提前 7 天将上述人员的姓名和授权范围书面通知监理人，并征得发包人书面同意。E 选项说法错误。因此，本题正确选项为 A、C、D。

高频考点 2　施工项目经理的责任

一、本节高频考点总结

项目经理的权限

1. 参与项目招标、投标和合同签订
2. 参与组建项目管理机构
3. 参与组织对项目各阶段的重大决策
4. 主持项目管理机构工作
5. 决定授权范围内的项目资源使用
6. 在组织制度的框架下制定项目管理机构管理制度
7. 参与选择并直接管理具有相应资质的分包人
8. 参与选择大宗资源的供应单位
9. 在授权范围内与项目相关方进行直接沟通
10. 法定代表人和组织授予的其他权利

项目管理目标责任书签署和编制依据

项目	内　　　容
签署时间	项目实施前，法定代表人或其授权人与项目经理协商确定
编制依据	(1) 项目合同文件； (2) 组织管理制度； (3) 项目管理规划大纲； (4) 组织经营方针和目标； (5) 项目特点和实施条件与环境
编制内容	(1) 项目管理实施目标； (2) 组织和项目管理机构职责、权限和利益的划分； (3) 项目现场质量、安全、环保、文明、职业健康和社会责任目标； (4) 项目设计、采购、施工、试运行管理的内容和要求； (5) 项目所需资源的获取和核算办法；

项目	内　　容
编制内容	（6）法定代表人向项目管理机构负责人委托的相关事项； （7）项目管理机构负责人和项目管理机构承担的风险； （8）项目应急事项和突发事件处理的原则和方法； （9）项目管理效果和目标实现的评价原则、内容和方法； （10）项目实施过程中相关责任和问题的认定和处理原则； （11）项目完成后对项目管理机构负责人的奖惩依据、标准和办法； （12）项目管理机构负责人解职和项目管理机构解体的条件及办法； （13）缺陷责任制、质量保修期及之后对项目管理机构负责人的相关要求

二、本节考题精析

1. （2020-67）根据《建设工程项目管理规范》GB/T 50326—2017，项目管理目标责任书应在项目实施之前，由企业的（　　）与项目经理协商制定。

A. 董事会　　　　　　　　　　　B. 技术负责人

C. 股东大会　　　　　　　　　　D. 法定代表人

【答案】D。项目管理目标责任书应在项目实施之前，由法定代表人或其授权人与项目经理协商制定。因此，本题正确选项为 D。

2. （2020-80）根据《建设工程项目管理规范》GB/T 50326—2017，项目管理目标责任书的内容包括（　　）。

A. 项目管理实施目标

B. 项目管理机构应承担的风险

C. 项目合同文件

D. 项目管理效果和目标实现的评价原则、内容、方法

E. 项目规划大纲

【答案】A、B、D。项目管理目标责任书宜包括下列内容：（1）项目管理实施目标；（2）组织和项目管理机构职责、权限和利益的划分；（3）项目现场质量、安全、环保、文明、职业健康和社会责任目标；（4）项目设计、采购、施工、试运行管理的内容和要求；（5）项目所需资源的获取和核算办法；（6）法定代表人向项目管理机构负责人委托的相关事项；（7）项目管理机构负责人和项目管理机构应承担的风险；（8）项目应急事项和突发事件处理的原则和方法；（9）项目管理效果和目标实现的评价原则、内容和方法；（10）项目实施过程中相关责任和问题的认定和处理原则；（11）项目完成后对项目管理机构负责人的奖惩依据、标准和办法；（12）项目管理机构负责人解职和项目管理机构解体的条件及办法；（13）缺陷责任制、质量保修期及之后对项目管理机构负责人的相关要求。因此，本题正确选项为 A、B、D。

3. （2019-83）施工企业法定代表人与项目经理协商制定项目管理目标责任书的依据有（　　）。

A. 项目合同文件　　　　　　　　B. 组织经营方针

C. 项目管理实施规划　　　　　　D. 项目实施条件

E. 组织管理制度

【答案】A、B、D、E。项目管理目标责任书应在项目实施之前，由法定代表人或其授权人与项目经理协商制定。编制项目管理目标责任书应依据下列资料：（1）项目合同文件；（2）组织管理制度；（3）项目管理规划大纲；（4）组织经营方针和目标；（5）项目特点和实施条件与环境。因此，本题正确选项为A、B、D、E。

4.（2018-9）根据《建设工程项目管理规范》GB/T 50326—2017，建设工程实施前由施工企业法定代表人或其授权人与项目经理协商制定的文件是（　　）。

A. 施工组织设计　　　　　　　　　B. 项目管理目标责任书

C. 施工总体规划　　　　　　　　　D. 工程承包合同

【答案】B。项目管理目标责任书应在项目实施之前，由法定代表人或其授权人与项目经理协商制定。因此，本题正确选项为B。

5.（2018-74）在建设工程施工管理过程中，项目经理在企业法定代表人授权范围内可以行使的管理权力有（　　）。

A. 选择施工作业队伍　　　　　　　B. 组织项目管理班子

C. 指挥工程项目建设的生产经营活动　　D. 对外进行纳税申报

E. 制定企业经营目标

【答案】A、B、C。项目经理应具有下列权限：（1）参与项目招标、投标和合同签订；（2）参与组建项目管理机构；（3）参与组织对项目各阶段的重大决策；（4）主持项目管理机构工作；（5）决定授权范围内的项目资源使用；（6）在组织制度的框架下制定项目管理机构管理制度；（7）参与选择并直接管理具有相应资质的分包人；（8）参与选择大宗资源的供应单位；（9）在授权范围内与项目相关方进行直接沟通；（10）法定代表人和组织授予的其他权利。因此，本题正确选项为A、B、C。

6.（2017-8）根据《建设工程项目管理规范》GB/T 50326—2006，项目实施前，企业法定代表人应与施工项目经理协商制定（　　）。

A. 项目成本管理规划　　　　　　　B. 项目管理目标责任书

C. 项目管理承诺书　　　　　　　　D. 质量保证承诺书

【答案】B。项目管理目标责任书应在项目实施之前，由法定代表人或其授权人与项目经理协商制定。编制项目管理目标责任书应依据有关资料（在该规范中"项目管理组织是指实施或参与项目管理，且有明确的职责、权限和相互关系的人员及设施的集合。包括发包人、承包人、分包人和其他有关单位为完成项目管理目标而建立的管理组织，简称为组织"）。因此，本题正确选项为B。

7.（2017-9）根据《建设工程项目管理规范》GB/T 50326—2006，施工项目经理在项目管理实施规划编制中的职责是（　　）。

A. 主持编制　　　　　　　　　　　B. 参与编制

C. 协助编制　　　　　　　　　　　D. 批准实施

【答案】A。项目经理在项目管理实施规划编制中的职责主要是：（1）项目管理目标责任书规定的职责；（2）主持编制项目管理实施规划，并对项目目标进行系统管理；（3）对资源进行动态管理；（4）建立各种专业管理体系，并组织实施；（5）进行授权范围内的利益分配；（6）收集工程资料，准备结算资料，参与工程竣工验收；（7）接受审计，处理项目经理部解体的善后工作；（8）协助组织进行项目的检查、鉴定和评奖申报工作。因此，本题正确选项为 A。

8.（2017-74）根据《建设工程项目管理规范》GB/T 50326－2006，施工企业项目经理的权限有（　　）。

A. 向外筹集项目建设资金　　　　　B. 参与组建项目经理部

C. 制定项目内部计酬办法　　　　　D. 主持项目经理部工作

E. 自主选择分包人

【答案】B、C、D。项目经理具有下列权限：（1）参与项目招标、投标和合同签订；（2）参与组建项目经理部；（3）主持项目经理部工作；（4）决定授权范围内的项目资金的投入和使用；（5）制定内部计酬办法；（6）参与选择并使用具有相应资质的分包人；（7）参与选择物资供应单位；（8）在授权范围内协调与项目有关的内、外部关系；（9）法定代表人授予的其他权力。因此，本题正确选项为 B、C、D。

9.（2016-9）根据《建设工程项目管理规范》GB/T 50326—2006，施工项目经理具有的权限是（　　）。

A. 编制项目管理实施规划　　　　　B. 制定内部计酬办法

C. 参与工程竣工验收　　　　　　　D. 对资源进行动态管理

【答案】B。见第 8 题解析。

10.（2016-73）根据《建设工程项目管理规范》GB/T 50326—2006，项目经理的职责有（　　）。

A. 建立项目管理体系　　　　　　　B. 确保项目资金落实到位

C. 主持工程竣工验收　　　　　　　D. 主持编制项目管理实施规划

E. 接受项目审计

【答案】A、D、E。项目经理应履行下列职责：（1）项目管理目标责任书规定的职责；（2）主持编制项目管理实施规划，并对项目目标进行系统管理；（3）对资源进行动态管理；（4）建立各种专业管理体系，并组织实施；（5）进行授权范围内的利益分配；（6）收集工程资料，准备结算资料，参与工程竣工验收；（7）接受审计，处理项目经理部解体的善后工作；（8）协助组织进行项目的检查、鉴定和评奖申报工作。因此，本题正确选项为 A、D、E。

2Z101060　施工风险管理

【近年考点统计】

内　容	题　号					合计分值
	2020 年	2019 年	2018 年	2017 年	2016 年	
高频考点 1　风险和风险量	9				10	2
高频考点 2　施工风险的类型			10	10		2
高频考点 3　施工风险管理的任务和方法		33				1
合计分值	1	1	1	1	1	5

【高频考点精讲】

高频考点1　风险和风险量

一、本节高频考点总结

本节近年考试主要集中在风险的含义及事件、风险量的区域和等级划分方面，具体见后述内容。

事件风险量的区域

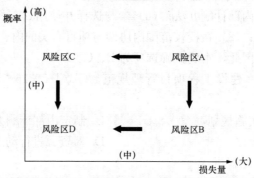

风险等级矩阵表

风险等级		损失等级			
		1	2	3	4
概率等级	1	Ⅰ级	Ⅰ级	Ⅱ级	Ⅱ级
	2	Ⅰ级	Ⅱ级	Ⅱ级	Ⅲ级
	3	Ⅱ级	Ⅱ级	Ⅲ级	Ⅲ级
	4	Ⅱ级	Ⅲ级	Ⅲ级	Ⅳ级

风险损失等级

项目	内容
风险损失等级确定因素	包括直接经济损失等级、周边环境影响损失等级以及人员伤亡等级，当三者同时存在时，以较高的等级作为该风险事件的损失等级
风险损失等级	(1) 一级风险，风险等级最高，风险后果是灾难性的，并造成恶劣社会影响和政治影响； (2) 二级风险，风险等级较高，风险后果严重，可能在较大范围内造成破坏或人员伤亡； (3) 三级风险，风险等级一般，风险后果一般，对工程建设可能造成破坏的范围较小； (4) 四级风险，风险等级较低，风险后果在一定条件下可以忽略，对工程本身以及人员等不会造成较大损失

二、本节考题精析

1. (2020-9) 项目风险管理中，风险等级是根据（　　）评估确定的。

A. 风险因素发生的概率和风险管理能力

B. 风险损失量和承受风险损失的能力

C. 风险因素发生的概率和风险损失量（或效益水平）

D. 风险管理能力和风险损失量（或效益水平）

36

【答案】C。风险事件的风险等级由风险发生概率等级和风险损失等级间的关系矩阵确定。《建设工程项目管理规范》GB/T 50326—2017 将工程建设风险事件按照不同风险程度可分为 4 个等级：（1）一级风险，风险等级最高，风险后果是灾难性的，并造成恶劣社会影响和政治影响；（2）二级风险，风险等级较高，风险后果严重，可能在较大范围内造成破坏或人员伤亡；（3）三级风险，风险等级一般，风险后果一般，对工程建设可能造成破坏的范围较小；（4）四级风险，风险等级较低，风险后果在一定条件下可以忽略，对工程本身以及人员等不会造成较大损失。因此，本题正确选项为 C。

2.（2016-10）根据《建设工程项目管理规范》GB/T 50326—2006，若经评估材料价格上涨的风险发生的可能性中等，且造成的后果属于重大损失，则此种风险等级评估为（　　）等风险。

A. 2   B. 3
C. 4   D. 5

【答案】C。根据风险等级评估表，损失分为轻度、中等和重大损失，风险发生的可能性分为极小、中等、很大三级，根据表格所示，可能性中等和重大损失的等级评估为四等风险。因此，本题正确选项为 C。

高频考点 2　施工风险的类型

一、本节高频考点总结

建设工程施工风险的类型

序号	类型	具 体 内 容
1	组织风险	（1）承包商管理人员和技术工人的知识、经验和能力； （2）施工机械操作人员的知识、经验和能力； （3）损失控制和安全管理人员的知识、经验和能力
2	经济与管理风险	（1）工程资金供应条件； （2）合同风险； （3）现场与公用防火设施的可用性及其数量； （4）事故防范措施和计划； （5）人身安全控制计划； （6）信息安全控制计划
3	工程环境风险	（1）自然灾害； （2）岩土地质条件和水文地质条件； （3）气象条件； （4）引起火灾和爆炸的因素
4	技术风险	（1）工程设计文件； （2）工程施工方案； （3）工程物资； （4）工程机械

二、本节考题精析

1.（2018-10）根据构成风险的因素分类，建设工程施工现场因防火设施数量不足而产生的风险属于（　　）风险。

A. 组织   B. 经济与管理

C. 工程环境   D. 技术

【答案】B。经济与管理风险，如：（1）工程资金供应条件；（2）合同风险；（3）现场与公用防火设施的可用性及其数量；（4）事故防范措施和计划；（5）人身安全控制计划；（6）信息安全控制计划等。因此，本题正确选项为 B。

2.（2017-10）某施工企业与建设单位采用固定总价方式签订了写字楼项目的施工总承包合同，若合同履行过程中材料价格上涨导致成本增加，这属于施工风险中的（   ）风险。

A. 组织   B. 技术
C. 工程环境   D. 经济与管理

【答案】D。见第 1 题解析。

高频考点 3   施工风险管理的任务和方法

一、本节高频考点总结

施工风险管理的工作任务及工作流程

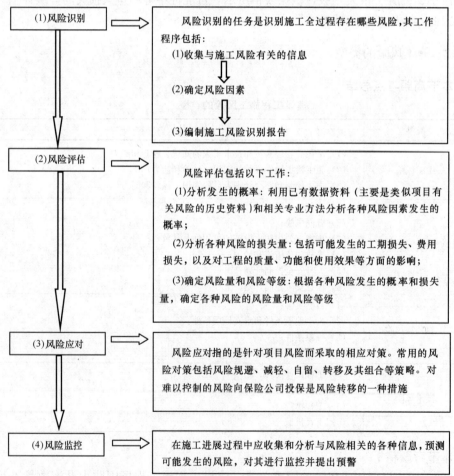

注：➡ 表示流程和顺序；⇨ 表示解释说明作用。

二、本节考题精析

（2019-33）在建设工程项目施工前，承包人对难以控制的风险向保险公司投保，此行为属于风险应对措施中的（　　）。

A. 风险规避
B. 风险转移
C. 风险减轻
D. 风险保留

【答案】B。常用的风险对策包括风险规避、减轻、自留、转移及其组合等策略。对难以控制的风险向保险公司投保是风险转移的一种措施。因此，本题正确选项为B。

2Z101070　建设工程监理的工作任务和工作方法

【近年考点统计】

内　容	题　号					合计分值
	2020 年	2019 年	2018 年	2017 年	2016 年	
高频考点1　建设工程监理的工作任务	51	23	12			3
高频考点2　建设工程监理的工作方法	42	55	11	11、12	11、12	7
合计分值	2	2	2	2	2	10

【高频考点精讲】

高频考点1　建设工程监理的工作任务

一、本节高频考点总结

建设工程监理工作性质的特点

特点	说　明
服务性	（1）受业主委托进行工程建设的监理活动，提供的是服务不是工程任务的承包； （2）不承担非其原因导致的项目目标失控的责任
科学性	监理工程师运用工程监理科学的思想、组织、方法和手段从事工程监理活动
独立性	不能与监理工作的对象（如承包商、材料和设备的供货商等）有影响监理工作的利害关系
公正性	以事实为依据，以法律和有关合同为准绳，在维护业主的合法权益的同时不损害承包商的合法权益来处理业主方和承包商的矛盾

监理的有关知识归纳

序号	项目	内　容
1	监理依据	（1）法律、法规； （2）技术标准； （3）设计文件； （4）建设工程承包合同
2	监理内容与责任	实施监理前，建设单位应当将工程监理单位、监理内容及监理权限，书面通知被监理人

序号	项目	内 容
3	监理工程师权利	签字后，建筑材料、建筑构配件和设备在工程上才可使用或进行下道工序施工
4	总监理工程师权利	签字后建设单位才拨付工程款，才可以进行竣工验收
5	监理方式	旁站、巡视、平行检验
6	监理工作措施	(1) 审查施工组织设计中的安全技术措施或专项施工方案是否符合工程建设强制性标准； (2) 监理过程中，发现存在安全事故隐患的，应要求施工单位整改；情况严重的，要求施工单位暂停施工，并报告建设单位； (3) 施工单位拒不整改或不停工的，监理单位应及时向有关主管部门报告
7	监理的基本工作方法	(1) 施工不符合工程设计要求、施工技术标准和合同约定的，有权要求建筑施工企业改正； (2) 设计不符合质量标准或者合同约定要求的，应报告建设单位要求设计单位改正

施工准备阶段监理工作的主要任务

1. 审查施工单位选择的分包单位的资质
2. 监督检查施工单位质量保证体系及安全技术措施，完善质量管理程序与制度
3. 参与设计单位向施工单位的设计交底
4. 审查施工组织设计
5. 在单位工程开工前检查施工单位的复测资料
6. 对重点工程部位的中线和水平控制进行复查
7. 审批一般单项工程和单位工程的开工报告

施工阶段监理工作的主要任务

序号	工作内容		主 要 任 务
1	质量控制方面	隐蔽工程	(1) 对所有的隐蔽工程在进行隐蔽以前进行检查和办理签证； (2) 对重点工程由监理人员驻点跟踪监理； (3) 签署重要的分项、分部工程和单位工程质量评定表
		测量和放样	(1) 对施工测量和放样进行检查； (2) 纠正发现的问题，并做监理记录
		材料、构件和设备	(1) 检查和确认运到现场的材料、构件和设备的质量，查验试验和化验报告单； (2) 禁止不符合质量要求的材料和设备进入工地和投入使用
		规范、设计文件、施工合同	(1) 监督施工单位严格按照施工规范和设计文件要求进行施工； (2) 监督施工单位严格执行施工合同
		加强检查	对工程主要部位、主要环节及技术复杂工程加强检查
		自检	检查和评价施工单位的工程自检工作
		仪器和试件	(1) 对施工单位的检测仪器设备、度量衡定期检验，不定期地进行抽验； (2) 监督施工单位对各类土木和混凝土试件按规定进行检查和抽查
		质量事故	(1) 监督施工单位认真处理施工中发生的一般质量事故，并认真做好记录； (2) 对大和重大质量事故以及其他紧急情况报告业主

序号	工作内容		主 要 任 务
2	进度控制方面	监督工期	监督施工单位严格按照施工合同规定的工期组织施工
		动态控制进度	进行施工进度的动态控制
		台账	(1) 建立工程进度台账，核对工程形象进度； (2) 向业主报告工程执行情况、工程进度及问题
3	投资控制方面	审查计量表	(1) 审查施工单位申报的月度和季度计量表，认真核对其工程数量； (2) 严格按合同规定进行计量支付签证
		台账	建立计量支付签证台账，定期与施工单位核对清算
		设计变更	从投资控制的角度审核设计变更

二、本节考题精析

1. (2020-51) 项目监理机构在施工阶段进度控制的主要工作是( )。

A. 合同执行情况的分析和跟踪管理

B. 定期与施工单位核对签证台账

C. 监督施工单位严格按照合同规定的工期组织施工

D. 审查单位工程施工组织设计

【答案】C。施工阶段的进度控制任务包括：（1）监督施工单位严格按照施工合同规定的工期组织施工；（2）审查施工单位提交的施工进度计划，核查施工单位对施工进度计划的调整；（3）建立工程进度台账，核对工程形象进度，按月、季和年度向业主报告工程执行情况、工程进度以及存在的问题。因此，本题正确选项为C。

2. (2019-23) 根据《建设工程监理规范》GB/T 50319—2013，竣工验收阶段建设监理工作的主要任务是( )。

A. 负责编制工程管理归档文件并提交给政府主管部门

B. 审查施工单位的竣工验收申请并组织竣工验收

C. 参与工程预验收并编写工程质量评估报告

D. 督促和检查施工单位及时整理竣工文件和验收资料

【答案】D。竣工验收阶段建设监理工作的主要任务：（1）督促和检查施工单位及时整理竣工文件和验收资料，并提出意见；（2）审查施工单位提交的竣工验收申请，编写工程质量评估报告；（3）组织工程预验收，参加业主组织的竣工验收，并签署竣工验收意见；（4）编制、整理工程监理归档文件并提交给业主。因此，本题正确选项为D。

3. (2018-12) 根据《建设工程安全生产管理条例》，关于工程监理单位安全责任的说法，正确的是( )。

A. 在实施监理过程中发现情况严重的安全事故隐患，应要求施工单位整改

B. 在实施监理过程中发现情况严重的安全事故隐患，应及时向有关主管部门报告

C. 应审查专项施工方案是否符合工程建设强制性标准

D. 对于情节严重的安全事故隐患，施工单位拒不整改时应向建设单位报告

【答案】C。工程监理单位应当审查施工组织设计中的安全技术措施或者专项施工方案是否符合工程建设强制性标准。工程监理单位在实施监理过程中，发现存在安全事故隐

患的，应当要求施工单位整改；情况严重的，应当要求施工单位暂时停止施工，并及时报告建设单位。施工单位拒不整改或者不停止施工的，工程监理单位应当及时向有关主管部门报告。工程监理单位和监理工程师应当按照法律、法规和工程建设强制性标准实施监理，并对建设工程安全生产承担监理责任。因此，本题正确选项为C。

高频考点2　建设工程监理的工作方法

一、本节高频考点总结

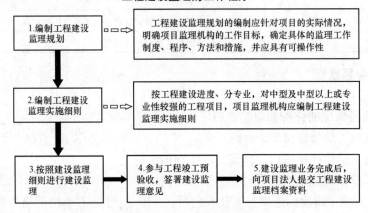

工程建设监理的工作程序

注：■■➤ 表示流程和顺序；□□➔ 解释说明作用。

工程建设监理规划与实施细则的编制程序和编制依据

项目	编 制 程 序	编 制 依 据
工程建设监理规划	(1) 在签订委托监理合同及收到设计文件后编制； (2) 完成后须经监理单位技术负责人审核批准； (3) 在召开第一次工地会议前报送业主； (4) 总监理工程师主持，专业监理工程师参加编制	(1) 相关法律、法规及项目审批文件； (2) 有关的标准、设计文件和技术资料； (3) 监理大纲、委托监理合同文件及相关的合同文件
工程建设监理实施细则	(1) 在工程施工开始前编制完成； (2) 经总监理工程师批准； (3) 应由有关专业的专业工程师参与编制	(1) 已批准的工程建设监理规划； (2) 相关的专业工程的标准、设计文件和有关的技术资料； (3) 施工组织设计

旁站监理知识归纳

序号	项目	具 体 内 容
1	概念	监理人员对关键部位、关键工序的施工质量实施全过程现场跟班的监督活动
2	关键部位、关键工序范围	(1) 基础工程方面包括：土方回填，混凝土灌注桩浇筑，地下连续墙、土钉墙、后浇带及其他结构混凝土、防水混凝土浇筑，卷材防水层细部构造处理，钢结构安装； (2) 主体结构工程方面包括：梁柱节点钢筋隐蔽工程，混凝土浇筑，预应力张拉，装配式结构安装，钢结构安装，网架结构安装，索膜安装
3	方案	施工前24小时，书面通知监理企业派驻工地的项目监理机构

续表

序号	项目	具 体 内 容
4	职责	（1）检查施工企业现场质检人员到岗、特殊工种人员持证上岗及施工机械、建筑材料准备情况； （2）在现场跟班监督关键部位、关键工序的施工执行施工方案及工程建设强制性标准情况； （3）核查进场建筑材料、建筑构配件、设备和商品混凝土的质量检验报告，现场监督施工企业进行检验或委托有资格第三方复验； （4）做好旁站监理记录和监理日记，保存旁站监理原始资料
5	权力	旁站监理人员和施工企业现场质检人员未在旁站监理记录上签字，不得进行下一道工序施工
6	处置	（1）施工企业违反强制性标准，责令其立即整改； （2）施工活动已经或者可能危及工程质量的，应及时向监理工程师或总监理工程师报告，总监理工程师下达局部暂停施工指令或采取其他应急措施

二、本节考题精析

1.（2020-42）项目监理规划编制完成后，其审核批准者为（   ）。

A. 监理单位技术负责人　　　　　　B. 业主方驻工地代表

C. 总监理工程师　　　　　　　　　D. 政府质量监督人员

【答案】A。工程建设监理规划的编制应针对项目的实际情况，明确项目监理机构的工作目标，确定具体的监理工作制度、内容、程序、方法和措施，并应具有可操作性。工程建设监理规划的程序应符合下列规定：（1）工程建设监理规划应在签订委托监理合同及收到设计文件后开始编制，在召开第一次工地会议前报送建设单位；（2）总监理工程师组织专业监理工程师参加编制，总监理工程师签字后由工程监理单位技术负责人审批。因此，本题正确选项为A。

2.（2019-55）根据《建设工程监理规范》GB/T 50319—2013，关于土方回填工程旁站监理的说法，正确的是（   ）。

A. 监理人员实施旁站监理的依据是监理规划

B. 旁站监理人员仅对施工过程跟班监督

C. 承包人应在施工前24小时书面通知监理方

D. 旁站监理人员到场但未在监理记录上签字，不影响进行下一道工序施工

【答案】C。施工企业根据监理企业制定的旁站监理方案，在需要实施旁站监理的关键部位、关键工序进行施工前24小时，应当书面通知监理企业派驻工地的项目监理机构。项目监理机构应当安排旁站监理人员按照旁站监理方案实施旁站监理。凡旁站监理人员和施工企业现场质检人员未在旁站监理记录（见附件）上签字的，不得进行下一道工序施工。因此，本题正确选项为C。

3.（2018-11）根据《建设工程监理规范》GB/T 50319—2013，关于旁站监理的说法，正确的是（   ）。

A. 施工企业对需要旁站监理的关键部位进行施工之前，应至少提前48小时通知项目监理机构

B. 旁站监理人员对主体结构混凝土浇筑应进行旁站监理

C. 若施工企业现场质检人员未签字而旁站监理人员签字认可，即可进行下一道工序

D. 旁站监理人员发现施工活动危及工程质量的，可直接下达停工指令

【答案】B。（1）旁站监理是指项目监理机构对工程的关键部位或关键工序的施工质量进行的监督活动。（2）旁站监理规定的房屋建筑工程的关键部位、关键工序，在基础工程方面包括：土方回填，混凝土灌注桩浇筑，地下连续墙、土钉墙、后浇带及其他结构混凝土、防水混凝土浇筑，卷材防水层细部构造处理，钢结构安装；在主体结构工程方面包括：梁柱节点钢筋隐蔽过程，混凝土浇筑，预应力张拉，装配式结构安装，钢结构安装，网架结构安装，索膜安装。B 选项说法正确。（3）施工企业根据监理企业制定的旁站监理方案，在需要实施旁站监理的关键部位、关键工序进行施工前 24 小时，应当书面通知监理企业派驻工地的项目监理机构。项目监理机构应当安排旁站监理人员按照旁站监理方案实施旁站监理。A 选项说法错误。（4）旁站监理人员应当认真履行职责，对需要实施旁站监理的关键部位、关键工序在施工现场跟班监督，及时发现和处理旁站监理过程中出现的质量问题，如实准确地做好旁站监理记录。凡旁站监理人员和施工企业现场质检人员未在旁站监理记录（见附件）上签字的，不得进行下一道工序施工。C 选项说法错误。（5）旁站监理人员实施旁站监理时，发现施工企业有违反工程建设强制性标准行为的，有权责令施工企业立即整改；发现其施工活动已经或者可能危及工程质量的，应当及时向监理工程师或者总监理工程师报告，由总监理工程师下达局部暂停施工指令或者采取其他应急措施。D 选项说法错误。因此，本题正确选项为 B。

4. （2017-11）根据《建设工程监理规范》GB/T 50319—2013，工程建设监理规划应当在（　　）前报送建设单位。

A. 签订委托监理合同　　　　　　　　B. 签发工程开工令

C. 业主组织施工招标　　　　　　　　D. 召开第一次工地会议

【答案】D。工程建设监理规划的程序应符合下列规定：（1）工程建设监理规划应在签订委托监理合同及收到设计文件后开始编制，在召开第一次工地会议前报送建设单位；（2）总监理工程师组织专业监理工程师参加编制，总监理工程师签字后由工程监理单位技术负责人审批。因此，本题正确选项为 D。

5. （2017-12）工程监理人员实施监理过程中，发现工程设计不符合工程质量标准或合同约定的质量要求时，应当采取的措施是（　　）。

A. 报告建设单位要求设计单位改正

B. 要求施工单位报告设计单位改正

C. 直接与设计单位确认修改工程设计

D. 要求施工单位改正并报告设计单位

【答案】A。工程监理人员认为工程施工不符合工程设计要求、施工技术标准和合同约定的，有权要求建筑施工企业改正。工程监理人员发现工程设计不符合建筑工程质量标准或者合同约定的质量要求的，应当报告建设单位要求设计单位改正。因此，本题正确选项为 A。

6. （2016-11）专业监理工程师发现工程设计不符合建筑工程质量标准，该监理工程师的正确做法是（　　）。

A. 要求设计院进行设计变更　　　　　B. 下达设计整改通知单

C. 报告建设单位要求设计院改正　　　D. 下达停工令

【答案】C。工程监理人员认为工程施工不符合工程设计要求、施工技术标准和合同约定的，有权要求建筑施工企业改正。工程监理人员发现工程设计不符合建筑工程质量标准或者合同约定的质量要求的，应当报告建设单位要求设计单位改正。因此，本题正确选项为C。

7. （2016-12）对于采用新材料、新工艺及新设备的工程项目，承担其监理业务的项目监理机构除了编制工程建设监理规划之外，还应编制（　　　）。

A. 工程建设监理大纲　　　　　　　B. 工程建设监理实施规划

C. 工程建设监理实施细则　　　　　D. 工程建设监理实施方案

【答案】C。采用新材料、新工艺、新技术、新设备的工程，以及专业性较强、危险性较大的分部分项工程，应编制监理实施细则。监理实施细则应在相应工程施工开始前由专业监理工程师编制，并报总监理工程师审批。因此，本题正确选项为C。

2Z102000 施工成本管理

2Z102010 建筑安装工程费用项目的组成与计算

内容		题号					合计分值
		2020 年	2019 年	2018 年	2017 年	2016 年	
高频考点 1	建筑安装工程费用项目组成	38、60、78	82	13、19	13	13、14、75	13
高频考点 2	建筑安装工程费用计算		22				1
高频考点 3	增值税计算		68				1
合计分值		4	4	2	1	4	15

【高频考点精讲】

高频考点 1 建筑安装工程费用项目组成

一、本节高频考点总结

按费用构成要素划分的建筑安装工程费用项目组成

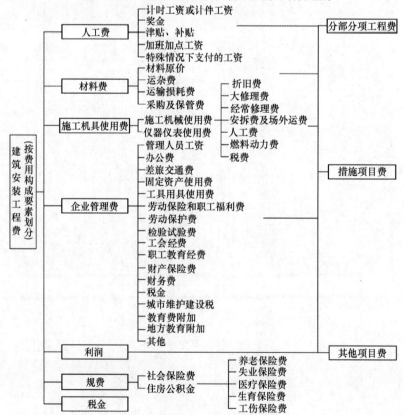

46

按造价形成划分的建筑安装工程费用项目组成

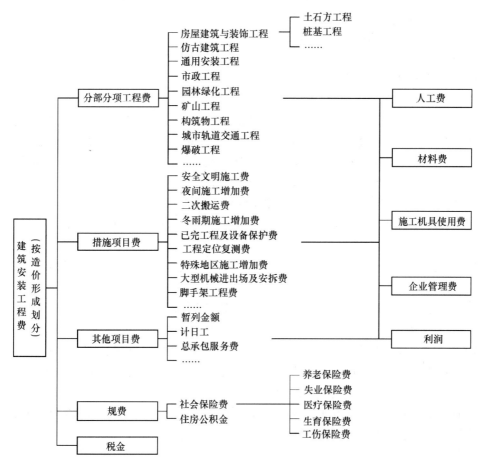

二、本节考题精析

1.（2020-38）企业为施工生产提供履约担保所发生的费用应计入建筑安装工程费用中的（　　）。

A. 企业管理费
B. 规费
C. 税金
D. 财产保险费

【答案】A。财务费是指企业为施工生产筹集资金或提供预付款担保、履约担保、职工工资支付担保等所发生的各种费用。财务费属于企业管理费。因此，本题正确选项为A。

2.（2020-60）现行税法规定，建筑安装工程费用的增值税是指应计入建筑安装工程造价内的是（　　）。

A. 项目应纳税所得额
B. 增值税可抵扣进项税额
C. 增值税销项税额
D. 增值税进项税额

【答案】C。建筑安装工程费用的税金是指国家税法规定应计入建筑安装工程造价内的增值税销项税额。增值税是以商品（含应税劳务）在流转过程中产生的增值额作为计税依据而征收的一种流转税。从计税原理上说，增值税是对商品生产、流通、劳务服务中多个环节的新增价值或商品的附加值征收的一种流转税。因此，本题正确选项为C。

3. (2020-78) 下列施工费用中，属于施工机具使用费的有(　　)。

A. 塔式起重机进入施工现场的费用

B. 挖掘机施工作业消耗的燃料费用

C. 压路机司机的工资

D. 通勤车辆的过路过桥费

E. 土方运输汽车的年检费

【答案】B、C、E。施工机具使用费是指施工作业所发生的施工机械、仪器仪表使用费或其租赁费。施工机械使用费以施工机械台班耗用量乘以施工机械台班单价表示，施工机械台班单价应由下列 7 项费用组成：(1) 折旧费；(2) 大修理费；(3) 经常修理费；(4) 安拆费及场外运费；(5) 人工费：是指机上司机(司炉)和其他操作人员的人工费；(6) 燃料动力费：是指施工机械在运转作业中所消耗的各种燃料及水、电等；(7) 税费：是指施工机械按照国家规定应缴纳的车船使用税、保险费及年检费等。因此，本题正确选项为 B、C、E。

4. (2019-82) 下列与材料有关的费用中，应计入建筑安装工程材料费的有(　　)。

A. 运杂费　　　　　　　　　　B. 运输损耗费

C. 检验试验费　　　　　　　　D. 采购费

E. 工地保管费

【答案】A、B、D、E。材料费是指施工过程中耗费的原材料、辅助材料、构配件、零件、半成品或成品、工程设备的费用。内容包括：(1) 材料原价：材料原价是指材料、工程设备的出厂价格或商家供应价格。(2) 运杂费：运杂费是指材料、工程设备自来源地运至工地仓库或指定堆放地点所发生的全部费用。(3) 运输损耗费：运输损耗费是指材料在运输装卸过程中不可避免的损耗。(4) 采购及保管费：采购及保管费是指为组织采购、供应和保管材料、工程设备的过程中所需要的各项费用。包括采购费、仓储费、工地保管费、仓储损耗。工程设备是指构成或计划构成永久工程一部分的机电设备、金属结构设备、仪器装置及其他类似的设备和装置。因此，本题正确选项为 A、B、D、E。

5. (2018-13) 根据《建筑安装工程费用项目组成》(建标〔2013〕44 号)，对超额劳动和增收节支而支付给个人的劳动报酬，应计入建筑安装工程费用人工费项目中的(　　)。

A. 计时工资或计件工资

B. 奖金

C. 津贴补贴

D. 特殊情况下支付的工资

【答案】B。奖金是指对超额劳动和增收节支支付给个人的劳动报酬。如节约奖、劳动竞赛奖等。因此，本题正确选项为 B。

6. (2018-19) 根据《建设工程工程量清单计价规范》GB 50500—2013，暂列金额可用于支付(　　)。

A. 业主提供了暂估价的材料采购费用

B. 因承包人原因导致隐蔽工程质量不合格的返工费用

C. 因施工缺陷造成的工程维修费用

D. 施工中发生设计变更增加的费用

【答案】D。暂列金额是指建设单位在工程量清单中暂定并包括在工程合同价款中的一笔款项。用于施工合同签订时尚未确定或者不可预见的所需材料、工程设备、服务的采购，施工中可能发生的工程变更、合同约定调整因素出现时的工程价款调整以及发生的索赔、现场签证确认等的费用。因此，本题正确选项为 D。

7. （2017-13）根据《建筑安装工程费用项目组成》（建标〔2013〕44号），施工企业对建筑以及材料、构件和建筑安装物进行一般鉴定、检查所发生的费用，应计入建筑安装工程费用项目中的(   )。

A. 措施费
B. 规费
C. 企业管理费
D. 材料费

【答案】C。检验试验费是指施工企业按照有关标准规定，对建筑以及材料、构件和建筑安装物进行一般鉴定、检查所发生的费用，包括自设试验室进行试验所耗用的材料等费用，不包括新结构、新材料的试验费，对构件做破坏性试验及其他特殊要求检验试验的费用和建设单位委托检测机构进行检测的费用。对此类检测发生的费用，由建设单位在工程建设其他费用中列支。但对施工企业提供的具有合格证明的材料进行检测其结果不合格的，该检测费用由施工企业支付。检验试验费归属于企业管理费。因此，本题正确选项为 C。

8. （2016-13）根据《建筑安装工程费用项目组成》（建标〔2013〕44号），因病而按计时工资标准的一定比例支付的工资属于(   )。

A. 津贴补贴
B. 特殊情况下支付的工资
C. 医疗保险费
D. 职工福利费

【答案】B。特殊情况下支付的工资是指根据国家法律、法规和政策规定，因病、工伤、产假、计划生育假、婚丧假、事假、探亲假、定期休假、停工学习、执行国家或社会义务等原因按计时工资标准或计时工资标准的一定比例支付的工资。因此，本题正确选项为 B。

9. （2016-14）根据《建设工程工程量清单计价规范》GB 50500—2013，投标时不能作为竞争性费用的是(   )。

A. 夜间施工增加费
B. 冬雨期施工增加费
C. 安全文明施工费
D. 已完工程保护费

【答案】C。措施项目中的安全文明施工费必须按国家或省级、行业建设主管部门的规定计算，不得作为竞争性费用。规费和税金必须按国家或省级、行业建设主管部门的规定计算，不得作为竞争性费用。因此，本题正确选项为 C。

10. （2016-75）根据《建设工程工程量清单计价规范》GB 50500—2013，工程量清单中的其他项目清单包含的内容有(   )。

A. 暂列金额
B. 安全文明施工费
C. 总承包服务费
D. 暂估价
E. 计日工

【答案】A、C、D、E。其他项目费包括：暂列金额、暂估价、计日工和总承包服务费。安全文明施工费属于措施项目费。因此，本题正确选项为 A、C、D、E。

高频考点2 建筑安装工程费用计算

一、本节高频考点总结

各费用构成要素说明

序号	费用构成要素	说明
1	人工费	最低日工资单价不得低于工程所在地的最低工资标准：普工1.3倍；一般技工2倍；高级技工3倍
		计价定额不能只列一个综合日工单价，应适当划分多种日人工单价
2	材料费（包括工程设备费）	材料费＝∑(材料消耗量×材料单价) 材料单价＝[(材料原价＋运杂费)×[1＋运输损耗率(%)]]×[1＋采购保管费率(%)]
		工程设备费＝∑(工程设备量×工程设备单价) 工程设备单价＝(设备原价＋运杂费)×[1＋采购保管费率(%)]
3	施工机具使用费（包括施工机械使用费和仪器仪表使用费）	施工机械使用费＝∑(施工机械台班消耗量×机械台班单价)
		机械台班单价＝台班折旧费＋台班大修费＋台班经常修理费＋台班安拆费及场外运费＋台班人工费＋台班燃料动力费＋台班车船税费
		台班折旧费＝$\dfrac{机械预算价格×(1-残值率)}{耐用总台班数}$
		台班大修理费＝$\dfrac{一次大修理费×大修次数}{耐用总台班数}$
		租赁施工机械的施工机械使用费＝∑(施工机械台班消耗量×机械台班租赁单价)
		仪器仪表使用费＝工程使用的仪器仪表摊销费＋维修费
4	企业管理费	以定额人工费或(定额人工费＋定额机械费)为计算基数，列入分部分项工程和措施项目
5	利润	(1)利润应列入分部分项工程和措施项目； (2)按税前建筑安装工程费的比重不低于5%且不高于7%的费率计算
6	规费	社会保险费和住房公积金＝∑(工程定额人工费×社会保险费和住房公积金费率)
7	税金	(1)一般计税方法，税率为9%； (2)税前工程造价＝人工费＋材料费＋施工机具使用费＋企业管理费＋利润＋规费

建筑安装工程计价公式

序号	项目	子项目	公式
1	分部分项工程费		分部分项工程费＝∑(分部分项工程量×综合单价) 综合单价包括人工费、材料费、施工机具使用费、企业管理费和利润以及一定范围的风险费用
2	措施项目费	国家计量规范规定应予计量的措施项目	措施项目费＝∑(措施项目工程量×综合单价)
		国家计量规范规定不宜计量的措施项目	安全文明施工费＝计算基数×安全文明施工费费率(%) 夜间施工增加费＝计算基数×夜间施工增加费费率(%) 二次搬运费＝计算基数×二次搬运费费率(%) 冬雨期施工增加费＝计算基数×冬雨期施工增加费费率(%) 已完工程及设备保护费＝计算基数×已完工程及设备保护费费率(%)

序号	项目	子项目	公式
3	其他项目费	暂列金额	由建设单位掌握使用、扣除合同价款调整后如有余额，归建设单位
		计日工	由建设单位和施工企业按施工过程中的签证计价
		总承包服务费	施工企业投标时自主报价，施工过程中按签约合同价执行
4	规费和税金		建设单位和施工企业均应按照省级或行业主管部门发布的标准计算规费和税金，不得作为竞争性费用

二、本节考题精析

(2019-22) 根据《建设工程工程量清单计价规范》GB 50500—2013，关于暂列金额的说法，正确的是(　　)。

A. 由承包单位依据项目情况，按计价规定估算

B. 由建设单位掌握使用，若有余额，则归建设单位

C. 在施工过程中，由承包单位使用，监理单位监管

D. 由建设单位估算金额，承包单位负责使用，余额双方协商处理

【答案】B。暂列金额由建设单位根据工程特点，按有关计价规定估算，施工过程中由建设单位掌握使用、扣除合同价款调整后如有余额，归建设单位。因此，本题正确选项为B。

高频考点3　增值税计算

一、本节高频考点总结

增值税税率

增值税税率或扣除率	增值税纳税行业	
13%	销售或进口货物(另有列举的货物除外)	
	提供服务	提供加工、修理、修配劳务
		提供有形动产租赁服务
9%	销售或进口货物	粮食等农产品、食用植物油、食用盐
		自来水、暖气、冷气、热气、煤气、石油液化气、天然气、沼气、居民用煤炭制品
		图书、报纸、杂志、音像制品、电子出版物
		粮食、食用植物油
		饲料、化肥、农药、农机、农膜
		国务院规定的其他货物
	提供服务	转让土地使用权、销售不动产、提供不动产租赁、提供建筑服务、提供交通运输服务、提供邮政服务、提供基础电信服务
6%	销售无形资产	
	提供服务(另有列举的服务除外)	
零税率	出口货物(国务院另有规定的除外)	
	提供服务	国际运输服务、航天运输服务
		向境外单位提供的完全在境外消费的相关服务
		财政部和国家税务总局规定的其他服务

建筑业增值税计算办法

计税方法	计算公式
一般计税方法	增值税销项税额＝税前造价×9％ （税前造价为人工费、材料费、施工机具使用费、企业管理费、利润和规费之和，各费用项目均不包含增值税可抵扣进项税额的价格计算）
简易计税方法	增值税＝税前造价×3％ （税前造价为人工费、材料费、施工机具使用费、企业管理费、利润和规费之和，各费用项目均以包含增值税进项税额的含税价格计算）

二、本节考题精析

（2019-68）某建设工程项目的造价中人工费为3000万元，材料费为6000万元，施工机具使用费为1000万元，企业管理费为400万元，利润为800万元，规费为300万元，各项费用均不包含增值税可抵扣进项税额，增值税税率为9％。则增值税销项税额为（　　）万元。

A. 900　　　　　　　　　　　　　　　B. 1035

C. 936　　　　　　　　　　　　　　　D. 1008

【答案】B。计算公式为：增值税销项税额＝税前造价×增值税率，税前造价为人工费、材料费、施工机具使用费、企业管理费、利润和规费之和，各费用项目均不包含增值税可抵扣进项税额的价格计算。增值税销项税额＝税前造价×增值税率＝（3000＋6000＋1000＋400＋800＋300）×9％＝11500×9％＝1035万元。因此，本题正确选项为B。

2Z102020　建设工程定额

【近年考点统计】

内容	题号					合计分值
	2020年	2019年	2018年	2017年	2016年	
高频考点1　建设工程定额的分类	45					1
高频考点2　人工定额的编制	21	16、95	15	15、76	15	9
高频考点3　材料消耗定额的编制		64	76		16	4
高频考点4　施工机械台班使用定额的编制	84		16	16	17、76	7
合计分值	4	4	4	4	5	21

高频考点 1　建设工程定额的分类

一、本节高频考点总结

建设工程定额分类

分类标准	内容	说　明
按生产要素内容分类	人工定额	指在正常的施工技术和组织条件下，完成单位合格产品所必需的人工消耗量标准
	材料消耗定额	指在合理和节约使用材料的条件下，生产单位合格产品所必须消耗的一定规格的材料、成品、半成品和水、电等资源的数量标准
	施工机械台班使用定额	指施工机械在正常施工条件下完成单位合格产品所必需的工作时间
按编制程序和用途分类	施工定额	(1) 以同一性质的施工过程——工序为研究对象，表示生产产品数量与时间消耗综合关系编制的定额； (2) 施工定额是施工企业内部使用的定额，属于企业定额性质； (3) 是工程建设定额中分项最细、定额子目最多的一种定额； (4) 是建设工程定额中的基础性定额； (5) 由人工定额、材料消耗定额和机械台班使用定额组成； (6) 直接用于施工项目的施工管理，用来编制施工作业计划、签发施工任务单、签发限额领料单，以及结算计件工资或计量奖励工资等； (7) 施工定额的定额水平反映施工企业生产与组织的技术水平和管理水平； (8) 施工定额是编制预算定额的基础
	预算定额	(1) 是以建筑物或构筑物各个分部分项工程为对象编制的定额； (2) 是以施工定额为基础综合扩大编制的，是编制概算定额的基础； (3) 人工、材料和机械台班的消耗水平根据施工定额综合取定； (4) 定额项目的综合程度大于施工定额； (5) 是编制施工图预算的主要依据，是编制单位估价表、确定工程造价、控制建设工程投资的基础和依据； (6) 预算定额是社会性的，施工定额是企业性的
	概算定额	(1) 是以扩大的分部分项工程为对象编制的； (2) 是编制扩大初步设计概算、确定建设项目投资额的依据； (3) 是在预算定额的基础上综合扩大而成的，每一综合分项概算定额都包含了数项预算定额
	概算指标	(1) 是概算定额的扩大与合并； (2) 以整个建筑物和构筑物为对象，以更为扩大的计量单位来编制的； (3) 指标的设定和初步设计的深度相适应； (4) 是设计单位编制设计概算或建设单位编制年度投资计划的依据； (5) 可作为编制估算指标的基础
	投资估算指标	(1) 以独立的单项工程或完整的工程项目为计算对象； (2) 根据已建工程或现有工程的价格数据和资料，经分析、归纳和整理编制而成的； (3) 是在项目建议书和可行性研究阶段编制投资估算、计算投资需要量时使用的一种指标； (4) 是合理确定建设工程项目投资的基础

分类标准	内容	说　明
按编制单位和适用范围分类	全国统一定额	在全国范围内使用的定额
	行业定额	在本行业范围内使用的定额
	地区定额	在本地区内使用的定额
	企业定额	由施工企业自行组织，根据企业的自身情况，在本企业内部使用的定额
按投资的费用性质分类	建筑工程定额	是建筑工程的施工定额、预算定额、概算定额和概算指标的统称
	设备安装工程定额	是设备安装工程的施工定额、预算定额、概算定额和概算指标的统称
	建筑安装工程费用定额	包括措施费定额和间接费定额
	工具、器具定额	是为新建或扩建项目投产运转首次配置的工具、器具数量标准
	工程建设其他费用定额	是独立于建筑安装工程定额、设备和工器具购置之外的其他费用开支的标准

按编制程序和用途分类

类别	研究对象	使用主体	用途	应用基础	特点
施工定额	工序	施工企业	直接应用于施工项目的施工管理，用来编制施工作业计划、签发施工任务单、签发限额领料单，以及结算计件工资或计量奖励工资等	施工定额由人工定额、材料消耗定额和机械台班使用定额所组成，是编制预算定额的基础	企业定额，企业内部的定额；分项最细、定额子目最多；反映施工企业生产与组织的技术水平和管理水平
预算定额	分部分项工程	设计单位或施工企业、建设单位（社会通用的）	是编制施工图预算的主要依据，是编制单位估价表、确定工程造价、控制建设工程投资的基础和依据	以施工定额为基础综合扩大编制的	预算定额是社会性的，综合程度大于施工定额
概算定额	扩大的分部分项工程为对象编制	设计单位或建设单位	编制扩大初步设计概算、确定建设项目投资额的依据	在预算定额的基础上综合扩大而成的	每一综合分项概算定额都包含了数项预算定额
概算指标	以整个建筑物和构筑物为对象（单位工程）	设计单位或者建设单位	设计单位编制设计概算或建设单位编制年度投资计划的依据，也可作为编制估算指标的基础	概算定额的扩大与合并	
投资估算指标	单项工程或完整的工程项目为计算对象	建设单位	编制投资估算、计算投资需要量时使用的一种指标，是合理确定建设工程项目投资的基础	以概算指标为基础	

54

二、本节考题精析

（2020-45）施工定额的研究对象是（　　　）。

A. 工序　　　　　　　　　　　　　　B. 分项工程

C. 分部工程　　　　　　　　　　　　D. 单位工程

【答案】A。施工定额是以同一性质的施工过程——工序，作为研究对象，表示生产产品数量与时间消耗综合关系编制的定额。因此，本题正确选项为 A。

高频考点 2　人工定额的编制

一、本节高频考点总结

工人工作时间消耗分类

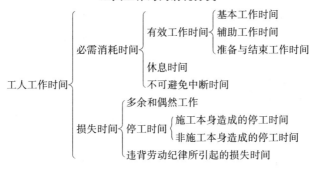

人工定额的形式

形式	含义	计算方法
时间定额	包括准备与结束时间、基本工作时间，辅助工作时间、不可避免的中断时间及工人必需的休息时间	时间定额以工日为单位，每一工日按 8h 计算： （1）单位产品时间定额（工日）＝1/每工产量； （2）单位产品时间定额（工日）＝小组成员工日数总和/机械台班产量
产量定额	在单位工日中所应完成的合格产品的数量	每工产量＝1/单位产品时间定额
备注	（1）时间定额与产量定额互为倒数； （2）时间定额以工日为单位，综合计算方便，时间概念明确； （3）产量定额以产品数量为单位表示	

人工定额的制定方法

1. 技术测定法
2. 统计分析法
3. 比较类推法
4. 经验估计法

二、本节考题精析

1.（2020-21）编制人工定额时，对于同类型产品规格多、工序重复、工作量小的施工过程，常用的定额制定方法是（　　　）。

A. 统计分析法　　　　　　　　　　　B. 比较类推法

C. 技术测定法　　　　　　　　　　　D. 经验估计法

【答案】B。制定人工定额常用的方法有四种：技术测定法、统计分析法、比较类推法、经验估计法。比较类推法：对于同类型产品规格多、工序重复、工作量小的施工过程，常用比较类推法。采用此法制定定额是以同类型工序和同类型产品的实耗工时为标准，类推出相似项目定额水平的方法。此法必须掌握类似的程度和各种影响因素的异同程度。因此，本题正确选项为 B。

2. (2019-16) 编制人工定额时，为了提高编制效率，对于同类型产品规格多、工序重复、工作量小的施工过程，宜采用的编制方法是(   )。

A. 技术测定法　　　　　　　　　　B. 统计分析法

C. 比较类推法　　　　　　　　　　D. 试验测定法

【答案】C。对于同类型产品规格多、工序重复、工作量小的施工过程，常用比较类推法。采用此法制定定额是以同类型工序和同类型产品的实耗工时为标准，类推出相似项目定额水平的方法。此法必须掌握类似的程度和各种影响因素的异同程度。因此，本题正确选项为 C。

3. (2019-95) 编制砌筑工程的人工定额时，应计入时间定额的有(   )。

A. 领取工具和材料的时间　　　　　B. 制备砂浆的时间

C. 修补前一天砌筑工作缺陷的时间　D. 结束工作时清理和返还工具的时间

E. 闲聊和打电话的时间

【答案】A、B、C、D。时间定额，就是某种专业、某种技术等级的工人班组或个人，在合理的劳动组织和合理使用材料的条件下，完成单位合格产品所必需的工作时间，包括准备与结束时间、基本工作时间、辅助工作时间、不可避免的中断时间及工人必需的休息时间。E选项属于损失时间中违背劳动纪律损失时间。因此，本题正确选项为 A、B、C、D。

4. (2018-15) 编制人工定额时，由于作业面准备不充分导致的停工时间应计入(   )。

A. 施工本身造成的停工时间　　　　B. 多余和偶然时间

C. 非施工本身造成的停工时间　　　D. 不可避免中断时间

【答案】A。施工本身造成的停工时间，是由于施工组织不善、材料供应不及时、工作面准备工作做得不好、工作地点组织不良等情况引起的停工时间。非施工本身造成的停工时间，是由于水源、电源中断引起的停工时间。前一种情况在拟定定额时不应该计算，后一种情况定额中则应给予合理的考虑。因此，本题正确选项为 A。

5. (2017-15) 编制人工定额时，应计入定额时间的是(   )。

A. 擅自离开工作岗位的时间　　　　B. 工作时间内聊天的时间

C. 辅助工作消耗的时间　　　　　　D. 工作面未准备好导致的停工时间

【答案】C。必需消耗的工作时间，包括有效工作时间，休息和不可避免中断时间。有效工作时间包括基本工作时间、辅助工作时间、准备与结束工作时间。不可避免的中断时间是指由于施工工艺特点引起的工作中断所必需的时间。与工艺特点无关的工作中断所占用时间，是由于劳动组织不合理引起的，属于损失时间，不能计入定额时间。D选项属于这种情况，不属于不可避免的中断时间。休息时间是工人在工作过程中为恢复体力所必需的短暂休息和生理需要的时间消耗。损失时间中包括多余和偶然工作、停工、违背劳动纪律所引起的损失时间。A、B 选项都不属于这种情况。它们是违背劳动纪律造成的工作时间损失，是指工人在工作班开始和午休后的迟到、午饭前和工作班结束前的早退、擅自离开工作岗位、工作时间内聊天或办私事等造成的工时损失。此项工时损失不应允许存在。因此，在定额中是不能考虑的。只有 C 选项属于必需消耗的工作时间，因此，本题正确选项为 C。

6.（2017-76）下列工人工作的时间中，属于损失时间的有（　　）。

A. 多余和偶然工作时间

B. 材料供应不及时导致的停工时间

C. 技术工人由于差错导致的工时损失

D. 工人午休后迟到造成的工时损失

E. 因施工工艺特点引起的工作中断时间

【答案】A、B、C、D。损失时间，是与产品生产无关，而与施工组织和技术上的缺陷有关，与工人在施工过程中的个人过失或某些偶然因素有关的时间消耗。与工艺特点无关的工作中断所占用时间，是由于劳动组织不合理引起的，属于损失时间，不能计入定额时间。损失时间中包括多余和偶然工作、停工、违背劳动纪律所引起的损失时间。多余工作，就是工人进行了任务以外而又不能增加产品数量的工作。多余工作的工时损失，一般都是由于工程技术人员和工人的差错而引起的，因此，不应计入定额时间中。偶然工作也是工人在任务外进行的工作，但能够获得一定产品。拟定定额时要适当考虑它的影响。停工时间是工作班内停止工作造成的工时损失。停工时间按其性质可分为施工本身造成的停工时间和非施工本身造成的停工时间两种。施工本身造成的停工时间，是由于施工组织不善、材料供应不及时、工作面准备工作做得不好、工作地点组织不良等情况引起的停工时间。非施工本身造成的停工时间，是由于水源、电源中断引起的停工时间。前一种情况在拟定定额时不应该计算，后一种情况定额中则应给予合理的考虑。违背劳动纪律造成的工作时间损失，是指工人在工作班开始和午休后的迟到、午饭前和工作班结束前的早退、擅自离开工作岗位、工作时间内聊天或办私事等造成的工时损失。此项工时损失不应允许存在。因此，在定额中是不能考虑的。因此，本题正确选项为 A、B、C、D。

7.（2016-15）对于同类型产品规格多、工序重复、工作量小的施工过程，编制人工定额宜采用的方法是（　　）。

A. 经验估价法 　　　　　　　　　B. 比较类推法

C. 技术测定法 　　　　　　　　　D. 统计分析法

【答案】B。见第 2 题解析。

高频考点 3　材料消耗定额的编制

一、本节高频考点总结

材料消耗定额指标的组成

（按其使用性质、用途和用量大小划分为四类）

1. 主要材料，指直接构成工程实体的材料
2. 辅助材料，直接构成工程实体，但比重较小的材料
3. 周转性材料，又称工具性材料，指施工中多次使用但并不构成工程实体的材料，如模板、脚手架等
4. 零星材料，指用量小，价值不大，不便计算的次要材料，可用估算法计算

材料消耗定额的编制

分类	内容	说明
材料净用量确定	理论计算法	根据设计、施工验收规范和材料规格等，从理论上计算材料的净用量
	测定法	根据试验情况和现场测定的资料数据确定材料的净用量
	图纸计算法	根据选定的图纸，计算各种材料的体积、面积、延长米或重量
	经验法	根据历史上同类项目的经验进行估算
材料损耗量的确定	用损耗率表示，可以通过观察法或统计法计算确定	材料消耗量计算的公式如下： $$损耗率 = \frac{损耗量}{净用量} \times 100\%$$

周转性材料消耗定额的编制

项目	内容
影响因素	(1) 第一次制造时的材料消耗（一次使用量）； (2) 每周转使用一次材料的损耗（第二次使用时需要补充）； (3) 周转使用次数； (4) 周转材料的最终回收及其回收折价
表示指标	(1) 用一次使用量和摊销量两个指标表示； (2) 一次使用量是指周转材料在不重复使用时的一次使用量，供施工企业组织施工用； (3) 摊销量是指周转材料退出使用，应分摊到每一计量单位的结构构件的周转材料消耗量，供施工企业成本核算或投标报价使用

二、本节考题精析

1. (2019-64) 施工企业投标报价时，周转材料消耗量应按(   )计算。

A. 一次使用量　　　　　　　　　　　B. 摊销量

C. 每次的补给量　　　　　　　　　　D. 损耗率

【答案】B。定额中周转材料消耗量指标，应当用一次使用量和摊销量两个指标表示。一次使用量是指周转材料在不重复使用时的一次使用量，供施工企业组织施工用；摊销量是指周转材料退出使用，应分摊到每一计量单位的结构构件的周转材料消耗量，供施工企业成本核算或投标报价使用。因此，本题正确选项为B。

2. (2018-76) 影响建设工程周转性材料消耗的因素有(   )。

A. 第一次制造时的材料消耗　　　　　B. 每周转使用一次时的材料损耗

C. 周转使用次数　　　　　　　　　　D. 周转材料的最终回收和回收折价

E. 施工工艺流程

【答案】A、B、C、D。周转性材料消耗一般与下列四个因素有关：（1）第一次制造时的材料消耗（一次使用量）；（2）每周转使用一次材料的损耗（第二次使用时需要补充）；（3）周转使用次数；（4）周转材料的最终回收及其回收折价。因此，本题正确选项为A、B、C、D。

3. (2016-16) 施工企业在投标报价时，周转性材料的消耗量应按(   )计算。

A. 摊销量　　　　　　　　　　　　　B. 一次使用量

C. 周转使用次数　　　　　　　　　　D. 每周转使用一次的损耗量

【答案】 A。定额中周转材料消耗量指标，应当用一次使用量和摊销量两个指标表示。一次使用量是指周转材料在不重复使用时的一次使用量，供施工企业组织施工用；摊销量是指周转材料退出使用，应分摊到每一计量单位的结构构件的周转材料消耗量，供施工企业成本核算或投标报价使用。因此，本题正确选项为 A。

高频考点 4　施工机械台班使用定额的编制

一、本节高频考点总结

施工机械台班使用定额的形式

形式	内容	计算公式
施工机械时间定额	指完成单位合格产品所必需的工作时间包括有效工作时间（正常负荷下的工作时间和降低负荷下的工作时间）、不可避免的中断时间、不可避免的无负荷工作时间	机械时间定额以"台班"表示，即一台机械工作一个作业班时间。一个作业班时间为 8h。 单位产品机械时间定额（台班）=1/台班产量
机械产量定额	机械在每个台班时间内，应完成合格产品的数量	机械台班产量定额=1/机械时间定额（台班） 机械产量定额和机械时间定额互为倒数关系

施工机械台班使用定额的编制内容

序号	编制内容	说　明
1	拟定机械工作的正常施工条件	包括工作地点的合理组织、施工机械作业方法的拟定、配合机械作业的施工小组的组织以及机械工作班制度等
2	确定机械净工作生产率	机械纯工作 1h 的正常生产率
3	确定机械的利用系数	机械的正常利用系数指机械在施工作业班内对作业时间的利用率。 机械利用系数=工作班净工作时间/机械工作班时间
4	计算机械台班定额	施工机械台班产量定额的计算如下： 施工机械台班产量定额=机械净工作生产率×工作班延续时间×机械利用系数
5	拟定工人小组的定额时间	工人小组的定额时间指配合施工机械作业工人小组的工作时间总和

机械工作时间消耗分类图

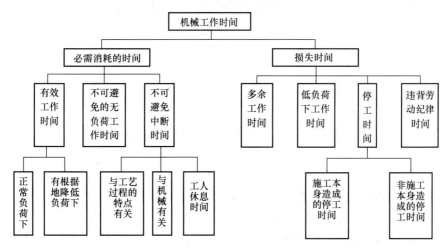

二、本节考题精析

1. (2020-84) 下列机械消耗时间中, 属于施工机械时间定额组成的有( )。

A. 不可避免的中断时间
B. 机械故障的维修时间
C. 正常负荷下的工作时间
D. 不可避免的无负荷工作时间
E. 降低负荷下的工作时间

【答案】A、C、D、E。施工机械时间定额, 是指在合理劳动组织与合理使用机械条件下, 完成单位合格产品所必需的工作时间, 包括有效工作时间 (正常负荷下的工作时间和降低负荷下的工作时间)、不可避免的中断时间、不可避免的无负荷工作时间。因此, 本题正确选项为 A、C、D、E。

2. (2018-16) 编制施工机械台班使用定额时, 工人装车的砂石数量不足导致的汽车在降低负荷下工作所延续的时间属于( )。

A. 有效工作时间
B. 低负荷下的工作时间
C. 有根据地降低负荷下的工作时间
D. 非施工本身造成的停工时间

【答案】B。低负荷下的工作时间, 是由于工人或技术人员的过错所造成的施工机械在降低负荷的情况下工作的时间。例如, 工人装车的砂石数量不足引起的汽车在降低负荷的情况下工作所延续的时间。此项工作时间不能作为计算时间定额的基础。因此, 本题正确选项为 B。

3. (2017-16) 某出料容量 0.5m³ 的混凝土搅拌机, 每一次循环中, 装料、搅拌、卸料、中断需要的时间分别为 1min、3min、1min、1min, 机械利用系数为 0.8, 则该搅拌机的台班产量定额是( )m³/台班。

A. 32
B. 36
C. 40
D. 50

【答案】A。施工机械台班产量定额＝机械净工作生产率×工作班延续时间×机械利用系数, 每次循环共需要 6min, 每小时 10 个循环, 每个工作班 8h, 共计有 80 个循环, 出料容量为 0.5m³, 意味着工作班共搅拌 40m³, 但机械利用系数为 0.8, 则该搅拌机的台班产量定额是 32m³/台班。因此, 本题正确选项为 A。

4. (2016-17) 斗容量 1m³ 反铲挖土机, 挖三类土, 装车, 挖土深度 2m 以内, 小组成员两人, 机械台班产量为 4.56 (定额单位 100m³), 则用该机械挖土 100m³ 的人工时间定额为( )。

A. 0.22 工日
B. 0.44 工日
C. 0.22 台班
D. 0.44 台班

【答案】B。挖 100m³ 的人工时间定额为: 2/4.56＝0.44 工日。因此, 本题正确选项为 B。

5. (2016-76) 下列工作时间中, 属于施工机械台班使用定额中必需消耗的时间有( )。

A. 正常负荷下机械的有效工作时间
B. 有根据地降低负荷下的有效工作时间
C. 机械操作工人加班工作的时间
D. 不可避免的无负荷工作时间

E. 工序安排不合理造成的机械停工时间

【答案】A、B、D。在必需消耗的工作时间里，包括有效工作，不可避免的无负荷工作和不可避免的中断三项时间消耗。而在有效工作的时间消耗中又包括正常负荷下、有根据地降低负荷下的工时消耗。因此，本题正确选项为A、B、D。

2Z102030　工程量清单计价

【高频考点精讲】

高频考点 1　工程量清单计价的方法

一、本节高频考点总结

工程量清单计价的三种形式

形式	内容
工料单价法	工料单价＝人工费＋材料费＋施工机具使用费
综合单价法	综合单价＝人工费＋材料费＋施工机具使用费＋管理费＋利润
全费用综合单价法	全费用综合单价＝人工费＋材料费＋施工机具使用费＋措施项目费＋管理费＋规费＋利润＋税金
备注：计算清单项目的综合单价	综合单价＝（人、材、机费＋管理费＋利润）/清单工程量

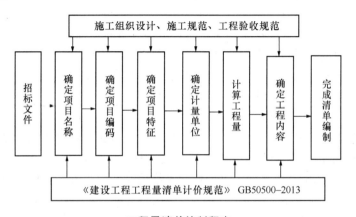

工程量清单编制程序

措施项目费的计算方法

计算方法	说　明	备　注
综合单价法	不要求每个措施项目的综合单价必须包含人工费、材料费、机具费、管理费和利润中的每一项	混凝土模板、脚手架、垂直运输等
参数法计价	是指按一定的基数乘系数的方法或自定义公式进行计算，难点是公式的科学性、准确性难以把握	夜间施工费、二次搬运费、冬雨期施工的计价均可以采用该方法
分包法计价	需人为用系数或比例的办法分摊人工费、材料费、机具费、管理费及利润	适合可以分包的独立项目，如室内空气污染测试等

不得作为竞争性费用的项目

$$\begin{cases} 1. \text{安全文明施工费} \\ 2. \text{规费} \\ 3. \text{税金} \end{cases}$$

二、本节考题精析

1. （2020-16）采用定额组价的方法确定工程量清单综合单价时，第一步工作是（　　）。

A. 测算人、料、机消耗量　　　　　B. 计算定额子目工程量

C. 确定人、料、机单价　　　　　　D. 确定组合定额子目

【答案】D。综合单价的计算可以概括为以下步骤：（1）确定组合定额子目；（2）计算定额子目工程量；（3）测算人、料、机消耗量；（4）确定人、料、机单价；（5）计算清单项目的人、料、机费；（6）计算清单项目的管理费和利润；（7）计算清单项目的综合单价。因此，本题正确选项为D。

2. （2019-40）关于分部分项工程量清单项目与定额子目关系的说法，正确的是（　　）。

A. 清单项目与定额子目之间是一一对应的

B. 一个定额子目不能对应多个清单项目

C. 清单项目与定额子目的工程量计算规则是一致的

D. 清单项目组价时，可能需要组合几个定额子目

【答案】D。清单项目一般以一个"综合实体"考虑，包括了较多的工程内容，计价时，可能出现一个清单项目对应多个定额子目的情况。因此，计算综合单价的第一步就是将清单项目的工程内容与定额项目的工程内容进行比较，结合清单项目的特征描述，确定拟组价清单项目应该由哪几个定额子目来组合。由于一个清单项目可能对应几个定额子目，而清单工程量计算的是主项工程量，与各定额子目的工程量可能并不一致；即便一个清单项目对应一个定额子目，也可能由于清单工程量计算规则与所采用的定额工程量计算规则之间的差异，而导致两者的计价单位和计算出来的工程量不一致。A、B、C选项说法错误，D选项说法正确。因此，本题正确选项为D。

3. （2018-14）某建设工程采用《建设工程工程量清单计价规范》GB 50500—2013，招标工程量清单中挖土方工程量为 2500m³。投标人根据地质条件和施工方案计算的挖土方工程量为 4000m³，完成该土方分项工程的人、材、机费用为98000元，管理费13500元，利润8000元。如不考虑其他因素，投标人报价时的挖土方综合单价为（　　）元/m³。

A. 29.88　　　　　B. 42.40　　　　　C. 44.60　　　　　D. 47.80

【答案】D。综合单价＝人工费＋材料费＋施工机具使用费＋管理费＋利润＝（98000

＋13500＋8000)÷2500＝47.8 元/m³。因此，本题正确选项为 D。

4.（2018-75）根据《建设工程工程量清单计价规范》GB 50500—2013，分部分项工程清单项目的综合单价包括(　　　)。

A. 企业管理费　　　　　　　　B. 其他项目费

C. 规费　　　　　　　　　　　D. 税金

E. 利润

【答案】A、E。综合单价＝人工费＋材料费＋施工机具使用费＋管理费＋利润。因此，本题正确选项为 A、E。

5.（2017-14）根据《建设工程工程量清单计价规范》GB 50500—2013，施工企业在投标报价时，不得作为竞争性费用的是(　　　)。

A. 总承包服务费　　　　　　　B. 工程排污费

C. 夜间施工增加费　　　　　　D. 冬雨期施工增加费

【答案】B。措施项目中的安全文明施工费必须按国家或省级、行业建设主管部门的规定计算，不得作为竞争性费用。规费和税金必须按国家或省级、行业建设主管部门的规定计算，不得作为竞争性费用。只有工程排污费属于规费，夜间施工增加费和冬雨期施工增加费属于措施项目费，总承包服务费属于其他项目费用。因此，本题正确选项为 B。

高频考点 2　投标报价的编制方法

一、本节高频考点总结

投标价的编制原则

1. 由投标人自主确定，但须符合强制性规定
2. 不得低于工程成本
3. 须按招标工程量清单填报价格，内容应与招标工程量一致
4. 高于招标控制价的应予废标
5. 以招标文件中设定的承发包双方责任划分，作为设定投标报价费用项目及计算基础
6. 应以施工方案、技术措施作为投标报价计算的基本条件
7. 方法要科学严谨、简明适用

投标价编制内容说明

报价项目	内容	说　　明
分部分项工程费报价	工程量清单项目特征描述	(1) 招标文件中分部分项工程量清单特征描述与设计图纸不符，投标人应以分部分项工程量清单的项目特征描述为准，确定投标报价的综合单价； (2) 施工图纸或设计变更与工程量清单项目特征描述不一致时，双方应按实际施工的项目特征，依合同约定重新确定综合单价
	企业定额	没有企业定额时可根据企业自身情况参照消耗量定额调整
	资源获取价格	拟投入的人、材、机等资源的可获取价格直接影响综合单价的高低
	企业管理费费率、利润率	(1) 根据本企业近年的企业管理费核算数据自行测定或参照的平均参考值； (2) 利润率由投标人自主确定
	风险费用	投标人应在综合单价中考虑风险费用，以风险费率的形式进行计算
	材料、工程设备暂估价	招标文件中提供了暂估单价的材料，按暂估的单价计入综合单价

报价项目	内容	说　　明
措施项目费报价	措施项目费由投标人自主确定，但其中安全文明施工费应按相关规定确定	
其他项目费报价	(1) 暂列金额不得变动； (2) 暂估价不得变动和更改； (3) 计日工项目可自主确定； (4) 总承包服务费自主确定	
规费和税金报价	不得作为竞争性费用	
投标价的汇总	(1) 投标总价应与组成工程量清单的分部分项工程费、措施项目费、其他项目费和规费、税金的合计金额相一致； (2) 投标报价时，不能进行投标总价优惠（或降价、让利），任何优惠（或降价、让利）只能调整综合单价中	

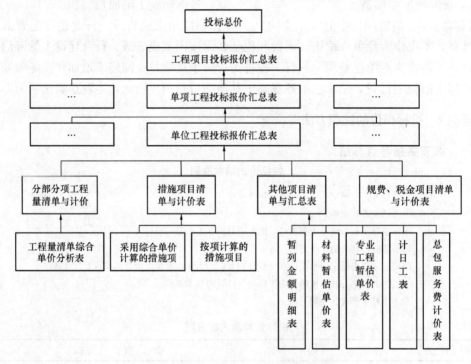

工程项目工程量清单投标报价流程

二、本节考题精析

1. （2020-69）根据《建设工程工程量清单计价规范》GB 50500—2013，关于投标人投标报价的说法，正确的(　　)。

A. 投标人可以进行适当的总价优惠

B. 投标人的总价优惠不需要反映在综合单价中

C. 规费和税金不得作为竞争性费用

D. 不同承发包模式对于投标报价高低没有直接影响

【答案】C。投标人的投标总价应当与组成招标工程量清单的分部分项工程费、措施项目费、其他项目费、规费、税金的合计金额相一致，即投标人在进行工程项目工程量清单招标的投标报价时，不能进行投标总价优惠（或降价、让利），投标人对投标报价的任何优惠（或降价、让利）均应反映在相应清单项目的综合单价中。A、B选项说法错误。规费和税金必须按国家或省级、行业建设主管部门规定的标准计算，不得作为竞争性费用。C选项说法正确。不同的承发包模式，会有不同的风险费用，需要在报价时考虑，因此会对投标报价高低有直接影响，D选项说法错误。因此，本题正确选项为C。

2.（2019-52）根据《建设工程工程量清单计价规范》GB 50500—2013，投标人进行投标报价时，发现某招标工程量清单项目特征描述与设计图纸不符，则投标人在确定综合单价时，应（　　）。

A. 以招标工程量清单项目的特征描述为报价依据

B. 以设计图纸作为报价依据

C. 综合两者对项目特征共同描述作为报价依据

D. 暂不报价，待施工时依据设计变更后的项目特征报价

【答案】A。在招投标过程中，若出现工程量清单特征描述与设计图纸不符，投标人应以招标工程量清单的项目特征描述为准，确定投标报价的综合单价；若施工中施工图纸或设计变更与招标工程量清单项目特征描述不一致，发承包双方应按实际施工的项目特征依据合同约定重新确定综合单价。因此，本题正确选项为A。

3.（2017-75）根据《建设工程工程量清单计价规范》GB 50500—2013，分部分项工程综合单价应包含（　　）。

A. 企业管理费　　　　　　　　B. 利润

C. 税金　　　　　　　　　　　D. 规费

E. 措施费

【答案】A、B。工程量清单综合单价是指完成一个规定计量单位的分部分项工程量清单项目或措施清单项目所需的人工费、材料费、施工机具使用费、企业管理费与利润，以及一定范围内的风险费用。该定义并不是真正意义上的全费用综合单价，而是一种狭义的综合单价，规费和税金等不可竞争的费用并不包括在项目单价中。因此，本题正确选项为A、B。

高频考点3　合同价款的约定

一、本节高频考点总结

工程变更价款的确定

序号	项目	内　　容
1	变更估价	（1）已标价工程量清单或预算书有相同项目的，按照相同项目单价认定。 （2）已标价工程量清单或预算书中无相同项目，但有类似项目的，参照类似项目的单价认定。 （3）变更导致实际完成的变更工程量与已标价工程量清单或预算书中列明的该项目工程量的变化幅度超过15%的，或已标价工程量清单或预算书中无相同项目及类似项目单价的，按照合理的成本与利润构成的原则，由合同当事人协商确定变更工作的单价。 （4）因变更引起的价格调整应计入最近一期的进度款中支付

序号	项目	内 容
2	措施项目费的调整	（1）安全文明施工费应按照实际发生变化的措施项目调整，不得浮动。 （2）采用单价计算的措施项目费，应按照实际发生变化的措施项目按照前述已标价工程量清单项目的规定确定单价。 （3）按总价（或系数）计算的措施项目费，按照实际发生变化的措施项目调整，但应考虑承包人报价浮动因素，即调整金额按照实际调整金额乘以承包人报价浮动率计算。 承包人报价浮动率可按下列公式计算： ① 招标工程： 承包人报价浮动率 $L=(1-$ 中标价／招标控制价$)\times100\%$ ② 非招标工程： 承包人报价浮动率 $L=(1-$ 报价值／施工图预算$)\times100\%$ （4）如果承包人未事先将拟实施的方案提交给发包人确认，则视为工程变更不引起措施项目费的调整或承包人放弃调整措施项目费的权利
3	工程变更价款调整方法的应用	（1）直接采用适用的项目单价的前提是其采用的材料、施工工艺和方法相同，也不因此增加关键线路上工程的施工时间。 （2）采用适用的项目单价的前提是其采用的材料、施工工艺和方法基本类似，不增加关键线路上工程的施工时间，可仅就其变更后的差异部分，参考类似的项目单价由承发包双方协商新的项目单价。 （3）无法找到适用和类似的项目单价时，应采用招投标时的基础资料和工程造价管理机构发布的信息价格，按成本加利润的原则由发承包双方协商新的综合单价

二、本节考题精析

本节近年无试题。

2Z102040 计量与支付

【近年考点统计】

内容	题号					合计分值
	2020 年	2019 年	2018 年	2017 年	2016 年	
高频考点 1 工程计量		11	17、18	17		4
高频考点 2 合同价款调整	72	10		18、19	18、19	7
高频考点 3 工程变更价款的确定		48				1
高频考点 4 索赔与现场签证	39		21	20	20	4
高频考点 5 预付款及期中支付	61		20		21	3
高频考点 6 竣工结算与支付		92				2
高频考点 7 质量保证金的处理		9				1
高频考点 8 合同解除的价款结算与支付						
合计分值	4	6	4	4	4	22

【高频考点精讲】

高频考点 1   工程计量

一、本节高频考点总结

合同计量规定

序号	项目	内 容
1	单价合同的计量	（1）工程量以承包人完成合同工程应予计量并按规则计算得到的工程量确定。 （2）招标工程量清单中出现缺项、工程量偏差或工程变更，按实际完成的工程量计算。 （3）承包人向发包人提交当期已完工程量报告，发包人在收到报告后 7 天内核实，否则视为已经完成。 （4）单价合同计量方法： ① 均摊法：就是对清单中某些项目的合同价款，按合同工期平均计量。 ② 凭据法：就是按照承包人提供的凭据进行计量支付。 ③ 估价法：就是按合同文件的规定，根据监理工程师估算的已完成的工程价值支付。 $$F = A \cdot \frac{B}{D}$$ 式中 F——计算的支付金额； 　　　　A——清单所列该项的合同金额； 　　　　B——该项实际完成的金额（按估算价格计算）； 　　　　D——该项全部仪器设备的总估算价格。 ④ 断面法：断面法主要用于取土坑或填筑路堤土方的计量。 ⑤ 图纸法：按照设计图纸所示的尺寸进行计量。 ⑥ 分解计量法：就是将一个项目，根据工序或部位分解为若干子项，对完成的各子项进行计量支付
2	总价合同的计量	（1）承包人应于每月 25 日向监理人报送上月 20 日至当月 19 日已完成的工程量报告，并附具进度付款申请单、已完成工程量报表和有关资料。 （2）监理人应在收到承包人提交的工程量报告后 7d 内完成对承包人提交的工程量报表的审核并报送发包人，以确定当月实际完成的工程量。 （3）监理人未在收到承包人提交的工程量报表后的 7d 内完成复核的，承包人提交的工程量报告中的工程量视为承包人实际完成的工程量

二、本节考题精析

1.（2019-11）单价合同模式下，承包人支付的建筑工程险保险费，宜采用的计量方法是（　　）。

A. 凭据法　　　　　　　　　　　　B. 估价法

C. 均摊法　　　　　　　　　　　　D. 分解计量法

【答案】A。所谓凭据法，就是按照承包人提供的凭据进行计量支付。如建筑工程险保险费、第三方责任险保险费、履约保证金等项目，一般按凭据法进行计量支付。因此，本题正确选项为 A。

2.（2018-17）根据《建设工程工程量清单计价规范》GB 50500—2013，采用单价合同的工程结算工程量应为（　　）。

A. 施工单位实际完成的工程量

B. 合同中约定应予计量的工程量

C. 合同中约定应予计量并实际完成的工程量

D. 以合同图纸的图示尺寸为准计算的工程量

【答案】C。工程量必须以承包人完成合同工程应予计量的工程量确定。施工中进行工程量计量时，当发现招标工程量清单中出现缺项、工程量偏差，或因工程变更引起工程量增减时，应按承包人在履行合同义务中完成的工程量计量。因此，本题正确选项为C。

3.（2018-18）根据《建设工程工程量清单计价规范》GB 50500—2013，采用经审定批准的施工图纸及其预算方式发包形成的总价合同，施工过程中未发生工程变更，结算工程量应为（   ）。

A. 承包人实际施工的工程量

B. 总价合同各项目的工程量

C. 承包人因施工需要自行变更后的工程量

D. 承包人调整施工方案后的工程量

【答案】B。采用经审定批准的施工图纸及其预算方式发包形成的总价合同，施工过程中未发生工程变更，结算工程量应为原总价合同中确定的各项目的工程量之和。因此，本题正确选项为B。

4.（2017-17）某单价合同履行中，承包人提交了已完工程量报告，发包人认为需要到现场计量，并在计量前24h通知了承包人，但承包人收到通知后没有派人参加。则关于发包人现场计量结果的说法，正确的是（   ）。

A. 以承包人的计量核实结果为准　　　B. 以发包人的计量核实结果为准

C. 由监理工程师根据具体情况确定　　D. 双方的计量核实结果均无效

【答案】B。发包人认为需要进行现场计量核实时，应在计量前24h通知承包人，承包人应为计量提供便利条件并派人参加。双方均同意核实结果时，则双方应在上述记录上签字确认。承包人收到通知后不派人参加计量，视为认可发包人的计量核实结果。发包人不按照约定时间通知承包人，致使承包人未能派人参加计量，计量核实结果无效。因此，本题正确选项为B。

高频考点 2　合同价款调整

一、本节高频考点总结

合同价款应当调整的事项及调整程序

序号	项目	内　　容
1	合同价款应当调整的事项	（1）法律法规变化； （2）工程变更； （3）项目特征不符； （4）工程量清单缺项； （5）工程量偏差； （6）计日工； （7）现场签证； （8）市场价格波动；

序号	项目	内　　容
1	合同价款应当调整的事项	(9) 暂估价； (10) 不可抗力； (11) 提前竣工（赶工补偿）； (12) 误期赔偿； (13) 索赔； (14) 暂列金额
2	合同价款调整的程序	(1) 调增事项（不含工程量偏差、计日工、现场签证、施工索赔）出现后的 14d 内，承包人应向发包人提交报告，未在 14d 内提出视为不存在调增事项； (2) 调减事项（不含工程量偏差、施工索赔）的调整规定同上； (3) 发（承）包人收到后 14d 内核实并书面通知对方，未在规定时间内答复视为同意； (4) 不能达成一致的，只要影响发承包双方实质履约的，双方应继续履行合同； (5) 发承包双方确认调整的合同价款，应与工程进度款或结算款同期支付

合同价款调整的具体规定

序号	项目	内　　容
1	法律法规变化	(1) 招标工程以投标截止日前 28d，非招标工程以合同签订前 28d 为基准日，其后发生法律法规变化应按省级或行业主管部门发布的规定调整； (2) 因承包人原因导致工期延误，且上述规定的调整时间在合同工程原定竣工时间之后，增加的不调，减少的调整
2	项目特征不符	设计图纸（含设计变更）与招标工程量清单任一项目的特征描述不符，应按实际施工确定相应综合单价，调整合同价款
3	工程量清单缺项	(1) 招标工程量清单中缺项，新增项目的，应按照变更价款确定方法确定单价； (2) 新增分部分项工程清单项目引起措施项目变化的，应按照计价规范的规定，在承包人提交的实施方案被发包人批准后，调整合同价款
4	工程量偏差	(1) 偏差和工程变更导致工程量偏差，增加 15% 以上时，增加部分的工程量的综合单价应调低；减少 15% 以上时，减少后剩余部分的工程量的综合单价应调高； (2) 工程量增加的措施项目费调增，工程量减少的措施项目费调减
5	计日工	(1) 发包人通知承包人以计日工方式实施的零星工作，承包人应予执行； (2) 采用计日工计价需报监理人审查； (3) 任一计日工项目持续进行时，承包人应在实施结束后的 24h 内，向发包人提交现场签证报告一式三份； (4) 每个支付期末承包人提本期间所有计日工记录的签证汇总，调整合同价款，列入进度款支付
6	市场价格波动调整	第 1 种方式：采用价格指数进行价格调整： $$\Delta P = P_0\left[A + \left(B_1 \times \frac{F_{t1}}{F_{01}} + B_2 \times \frac{F_{t2}}{F_{02}} + B_3 \times \frac{F_{t3}}{F_{03}} + \cdots + B_n \times \frac{F_{tn}}{F_{0n}}\right) - 1\right]$$ 式中　　ΔP——需调整的价格差额。 　　　　P_0——约定的付款证书中承包人应得到的已完成工程量的金额。此项金额应不包括价格调整、不计质量保证金的扣留和支付、预付款的支付和扣回。约定的变更及其他金额已按现行价格计价的，也不计在内。

序号	项目	内　容
6	市场价格波动调整	A——定值权重（即不调部分的权重）。 $B_1，B_2，B_3\cdots B_n$——各可调因子的变值权重（即可调部分的权重），为各可调因子在签约合同价中所占的比例。 $F_{t1}，F_{t2}，F_{t3}\cdots F_{tn}$——各可调因子的现行价格指数，指约定的付款证书相关周期最后一天的前42d的各可调因子的价格指数。 $F_{01}，F_{02}，F_{03}\cdots F_{0n}$——各可调因子的基本价格指数，指基准日期的各可调因子的价格指数。 第2种方式：采用造价信息进行价格调整。 第3种方式：专用合同条款约定的其他方式
7	暂估价	—
8	不可抗力	发包人承担如下损失： （1）合同工程本身的损害、因工程损害导致第三方人员伤亡和财产损失以及运至施工场地用于施工的材料和待安装的设备的损害； （2）停工期间，承包人应发包人要求留在施工场地的必要的管理人员及保卫人员的费用； （3）工程所需清理、修复、照管费用； （4）合理延长工期后发包人要求赶工的费用
		承包人承担：承包人的施工机械设备损坏及停工损失
		各自承担：发包人、承包人人员伤亡由其所在单位负责，并承担相应费用
9	提前竣工（赶工补偿）	（1）招标人压缩的工期天数不得超过定额工期的20%，超过者，应在招标文件中明示增加赶工费用； （2）发包人要求合同工程提前竣工，应征得承包人同意后并由发包人承担承包人由此增加的提前竣工（赶工补偿）费
10	暂列金额	已签约合同价中的暂列金额由发包人掌握使用，按照合同的规定作出支付，如有剩余归发包人所有

二、本节考题精析

1.（2020-72）根据《建设工程施工合同（示范文本）》GF—2017—0201，关于不可抗力后果承担的说法，正确的有（　　　）。

A. 承包人在施工现场的人员伤亡损失由承包人承担

B. 永久工程损失由发包人承担

C. 承包人在停工期间按照发包人要求照管工程的费用由发包人承担

D. 承包人施工机械损坏由发包人承担

E. 发包人在施工现场的人员伤亡损失由承包人承担

【答案】A、B、C。不可抗力导致的人员伤亡、财产损失、费用增加和（或）工期延误等后果，由合同当事人按以下原则承担：（1）永久工程、已运至施工现场的材料和工程设备的损坏，以及因工程损坏造成的第三人人员伤亡和财产损失由发包人承担；（2）承包人施工设备的损坏由承包人承担；（3）发包人和承包人承担各自人员伤亡和财产的损失；（4）因不可抗力影响承包人履行合同约定的义务，已经引起或将引起工期延误的，应当顺延工期，由此导致承包人停工的费用损失由发包人和承包人合理分担，停工期间必须支付的工人工资由发包人承担；(5) 因不可抗力引起或将引起工期延误，发包人要求赶工的，由此增加的赶工费用由发包人承担；(6) 承包人在停工期间按照发包人要求照管、清理和修复工程的费用由发包人承担。因此，本题正确选项为 A、B、C。

2. (2019-10) 根据《建设工程施工合同（示范文本）》GF—2017—0201，招标工程一般以投标截止日前( )d 作为基准日期。

A. 7　　　　　　　　　　　　　　B. 14
C. 42　　　　　　　　　　　　　 D. 28

【答案】D。招标工程以投标截止日前 28d，非招标工程以合同签订前 28d 为基准日。基准日期后，法律变化导致承包人在合同履行过程中所需要的费用发生"市场价格波动引起的调整"条款约定以外的增加时，由发包人承担由此增加的费用；减少时，应从合同价格中予以扣减。基准日期后，因法律变化造成工期延误时，工期应予以顺延。因此，本题正确选项为 D。

3. (2017-18) 某工程项目施工合同约定竣工时间为 2016 年 12 月 30 日，合同实施过程中因承包人施工质量不合格返工导致总工期延误了 2 个月；2017 年 1 月项目所在地政府出台了新政策，直接导致承包人计入总造价的税金增加 20 万元。关于增加的 20 万元税金责任承担的说法，正确的是( )。

A. 由承包人承担，理由是承包人责任导致延期、进而导致税金增加
B. 由承包人和发包人共同承担，理由是国家政策变化，非承包人的责任
C. 由发包人承担，理由是国家政策变化，承包人没有义务承担
D. 由发包人承担，理由是承包人承担质量问题责任，发包人承担政策变化责任

【答案】A。因承包人原因导致工期延误，延误后因为政策等原因导致的费用增加，则应由承包人承担相关责任。因此，本题正确选项为 A。

4. (2017-19) 某室内装饰工程根据《建设工程工程量清单计价规范》GB 50500—2013 签订了单价合同，约定采用造价信息调整价格差额方法调整价格；原定 6 月施工的项目因发包人修改设计推迟至当年 12 月；该项目主材为发包人确认的可调价材料，价格由 300 元/m² 变为 350 元/m²。关于该工程工期延误责任和主材结算价格的说法，正确的是( )。

A. 发包人承担延误责任，材料价格按 350 元/m² 计算
B. 发包人承担延误责任，材料价格按 300 元/m² 计算
C. 承包人承担延误责任，材料价格按 350 元/m² 计算
D. 承包人承担延误责任，材料价格按 300 元/m² 计算

【答案】A。合同履行期间，因人工、材料、工程设备、机械台班价格波动影响合同价款时应根据合同约定的方法（如价格指数调整法或造价信息差额调整法）计算调整合同价款。承包人采购材料和工程设备的，应在合同中约定主要材料、工程设备价格变化的范围或幅度，计算调整材料、工程设备费。因此，本题正确选项为 A。

5. (2016-18) 根据《建设工程工程量清单计价规范》GB 50500—2013，对于任一招标工程量清单项目，如果因业主方变更的原因导致工程量偏差，则调整原则为( )。

A. 当工程量增加超过 15% 以上时，其增加部分的工程量单价应予调低

B. 当工程量增加超过 15％以上时，其增加部分的工程量单价应予调高

C. 当工程量减少超过 10％以上时，其相应部分的措施费应予调低

D. 当工程量增加超过 15％以上时，其相应部分的措施费应予调高

【答案】A。对于任一招标工程量清单项目，如果因本条规定的工程量偏差和工程变更等原因导致工程量偏差超过 15％，调整的原则为：当工程量增加 15％以上时，其增加部分的工程量的综合单价应予调低；当工程量减少 15％以上时，减少后剩余部分的工程量的综合单价应予调高。因此，本题正确选项为 A。

6. （2016-19）根据《建设工程工程量清单计价规范》GB 50500—2013，在施工中因发包人原因导致工期延误的，计划进度日期后续工程的价格调整原则是(　　)。

A. 采用计划进度日期与实际进度日期两者的较高者

B. 采用计划进度日期与实际进度日期两者的较低者

C. 如果没有超过 15％，则不作调整

D. 应采用造价信息差额调整法

【答案】A。发生合同工程工期延误的，应按照下列规定确定合同履行期应予调整的价格：（1）因发包人原因导致工期延误的，则计划进度日期后续工程的价格，采用计划进度日期与实际进度日期两者的较高者；（2）因承包人原因导致工期延误的，则计划进度日期后续工程的价格，采用计划进度日期与实际进度日期两者的较低者。因此，本题正确选项为 A。

高频考点 3　工程变更价款的确定

一、本节高频考点总结

工程变更价款的调整方法

序号	项目	内　容
1	分部分项工程费的调整	（1）已标价工程量清单中有适用于变更工程项目的，采用该项目的单价； （2）已标价工程量清单中或预算书中没有适用、但有类似项目的，参照类似项目的单价； （3）变化幅度超过 15％或已标价工程量清单中没有适用也没有类似于变更工程项目的，由承包人提出变更工程项目的单价，报发包人确认后调整
2	措施项目费的调整	（1）安全文明施工费按照实际发生变化的措施项目调整，不得浮动； （2）采用单价计算的措施项目费，按照实际发生变化的措施项目按照已标价工程量清单项目的规定确定单价； （3）按总价（或系数）计算的措施项目费，按照实际发生变化的措施项目调整，但应考虑承包人报价浮动因素； （4）承包人报价浮动率计算公式： 1）招标工程： 承包人报价浮动率 $L=(1-$ 中标价/招标控制价$)\times100\%$ 2）非招标工程： 承包人报价浮动率 $L=(1-$ 报价值/施工图预算$)\times100\%$

二、本节考题精析

（2019-48）根据《建设工程施工合同（示范文本）》GF—2017—0201，工程变更引起施工方案改变并使措施项目发生变化时，承包人提出调整措施项目费的，首先应采取的做法是（　　）。

A. 提出措施项目变化后增加费用的估算

B. 在该措施项目施工结束后提交增加费用的证据

C. 将拟实施的方案提交发包人确认并说明变化情况

D. 加快施工尽快完成措施项目

【答案】C。工程变更引起施工方案改变并使措施项目发生变化时，承包人提出调整措施项目费的，应事先将拟实施的方案提交发包人确认，并应详细说明与原方案措施项目相比的变化情况。因此，本题正确选项为C。

高频考点4　索赔与现场签证

一、本节高频考点总结

索赔费用的组成

序号	项目	内　容
1	人工费	（1）包括增加工作内容的人工费、停工损失费和工作效率降低的损失费等累计； （2）增加工作内容的人工费按计日工资计算； （3）停工损失费和工作效率降低的损失费按窝工费计算
2	设备费	（1）采用机械台班费、机械折旧费、设备租赁费； （2）工作内容增加引起的设备费索赔时，设备费的标准按照机械台班费计算； （3）窝工引起的设备费索赔，属于施工企业自有机具时，按机械折旧费计算；租赁时，按设备租赁费计算
3	材料费	（1）材料实际用量超过计划用量而增加的材料费； （2）材料价格大幅上涨； （3）非承包人责任工程延期导致的材料价格上涨和超期储存费用
4	管理费	分为现场管理费和企业管理费两部分
5	利润	（1）可索赔利润范围：工程范围的变更、工作内容的变更； （2）不可索赔利润范围：工程暂停
6	迟延付款利息	按约定利率支付利息

索赔费用的计算方法

序号	项目	内　容
1	实际费用法	限于因为索赔事件引起的、超过原计划的费用，也称额外成本法
2	总费用法	重新计算实际费用，减去原合同价，差额即为承包人索赔的费用
3	修正总费用法	在总费用计算的原则上，去掉不合理因素。修正的内容包括： （1）时段局限于受到外界影响的时间； （2）只计算受到影响时段内的某项工作所受影响的损失； （3）按受影响时段内该项工作的实际单价进行核算，乘以完成的该项工作的工程量，得出调整后的报价费用

《标准施工招标文件》中合同条款规定的可以合理补偿承包人索赔的条款

序号	主要内容	可补偿内容		
		工期	费用	利润
1	发包人提供的材料和工程设备不符合合同要求	√	√	√
2	发包人提供资料错误导致承包人的返工或造成工程损失	√	√	√
3	发包人的原因造成工期延误	√	√	√
4	发包人原因引起的暂停施工	√	√	√
5	发包人原因引起造成暂停施工后无法按时复工	√	√	√
6	发包人原因造成工程质量达不到合同约定验收标准的	√	√	√
7	监理人对隐蔽工程重新检查，经检验证明工程质量符合合同要求的	√	√	√
8	发包人在全部工程竣工前，使用已接受的单位工程导致承包人费用增加的	√	√	√
9	施工过程发现文物、古迹以及其他遗迹、化石、钱币或物品	√	√	
10	承包人遇到不利物质条件	√	√	
11	发包人原因导致的工程缺陷和损失		√	√
12	发包人的原因导致试运行失败的		√	√
13	不可抗力	√	部分费用√	
14	发包人要求承包人提前竣工			
15	法律变化引起的价格调整		√	
16	发包人要求向承包人提前交付材料和工程设备			
17	异常恶劣的气候条件	√		

现场签证的范围与程序

序号	项目	内　容
1	现场签证的范围	（1）适用于施工合同范围以外零星工程的确认； （2）在工程施工过程中发生变更后需要现场确认的工程量； （3）非承包人原因导致的人工、设备窝工及有关损失； （4）符合施工合同规定的非承包人原因引起的工程量或费用增减； （5）确认修改施工方案引起的工程量或费用增减； （6）工程变更导致的工程施工措施费增减等
2	现场签证的程序	（1）承包人应在接受发包人要求的 7d 内向发包人提出签证，发包人签证后施工。若发包人未签证同意，承包人施工后发生争议的，责任由承包人自负； （2）发包人应在收到承包人的签证报告 48h 内给予确认或提出修改意见，否则视为该签证报告已经认可； （3）发承包双方确认的现场签证费用与工程进度款同期支付

二、本节考题精析

1.（2020-39）根据《标准施工招标文件》，承包人在施工中遇到不利物质条件时，采取合理措施后继续施工，承包人可以据此提出（　　）索赔。

A. 费用和利润　　　　　　　　　　B. 费用和工期

C. 风险值和利润   D. 工期和风险费

【答案】B。承包人遇到不利物质条件，采取合理措施后继续施工，承包人可以据此提出工期和费用的索赔。因此，本题正确选项为B。

2. （2018-21）某建设工程由于业主方临时设计变更导致停工，承包商的工人窝工8个工日，窝工费为300元/工日；承包商租赁的挖土机窝工2个台班，挖土机租赁费为1000元/台班，动力费160元/台班；承包商自有的自卸汽车窝工2个台班，该汽车折旧费用400元/台班，动力费为200元/台班，则承包商可以向业主索赔的费用为（   ）元。

   A. 4800   B. 5200
   C. 5400   D. 5800

【答案】B。承包商可以向业主索赔的费用为：承包商的工人窝工共计2400元，租赁的挖土机窝工2000元，自有的自卸汽车窝工800元，合计共5200元。因此，本题正确选项为B。

3. （2017-20）根据《标准施工招标文件》，监理人对隐蔽工程重新检查，经检验证明工程质量符合合同要求的，发包人应补偿承包人（   ）。

   A. 工期和费用   B. 费用和利润
   C. 工期、费用和利润   D. 工期和利润

【答案】C。根据《标准施工招标文件》中通用条款的内容，可以合理补偿承包人的条款中，监理人对隐蔽工程重新检查，经检验证明工程质量符合合同要求的，应补偿承包人的工期、费用和利润。因此，本题正确选项为C。

4. （2016-20）某工程由于业主方征地拆迁没有按期完成，监理工程师下令暂停施工一个月，独立承包人除提出人工费、材料费、施工机械使用费索赔外，还可以索赔的费用是（   ）。

   A. 现场管理费、保险费、保函手续费、利息、企业管理费
   B. 现场管理费、保险费、保函手续费、企业管理费、措施项目费
   C. 保险费、保函手续费、利息、企业管理费、安全文明施工费
   D. 现场管理费、保险费、保函手续费、企业管理费、分包费用

【答案】A。可索赔如下费用：（1）人工费：对于不可辞退的工人，索赔人工窝工费，应按人工工日成本计算；对于可以辞退的工人，可索赔人工上涨费。（2）材料费：可索赔超期储存费用或材料价格上涨费。（3）施工机械使用费：可索赔机械窝工费或机械台班上涨费。自有机械窝工费一般按台班折旧费索赔；租赁机械一般按实际租金和调进调出的分摊费计算。（4）分包费用：是指由于工程暂停分包商向总包索赔的费用。总包向业主索赔应包括分包商向总包索赔的费用。（5）现场管理费：由于全面停工，可索赔增加的工地管理费。可按日计算，也可按直接成本的百分比计算。（6）保险费：可索赔延期一个月的保险费，按保险公司保险费率计算。（7）保函手续费：可索赔延期一个月的保函手续费，按银行规定的保函手续费率计算。（8）利息：可索赔延期一个月增加的利息支出，按合同约定的利率计算。（9）企业管理费：由于全面停工，可索赔延期增加的企业管理费，可按企业规定的百分比计算。如果工程只是部分停工，监理工程师可能不同意企业管理费的索赔。因此，本题正确选项为A。

高频考点5 预付款及期中支付

一、本节高频考点总结

预付款的支付与抵扣

序号	项目	内 容
1	预付款的支付	（1）预付款的支付按照专用合同条款约定执行，但至迟应在开工通知载明的开工日期7d前支付。 （2）预付款应当用于材料、工程设备、施工设备的采购及修建临时工程、组织施工队伍进场等。 （3）发包人逾期支付预付款超过7d的，承包人有权向发包人发出要求预付的催告通知，发包人收到通知后7d内仍未支付的，承包人有权暂停施工
2	预付款的抵扣方式	（1）在承包人完成金额累计达到合同总价一定比例（双方合同约定）后，采用等比率或等额扣款的方式分期抵扣。 （2）从未完施工工程尚需的主要材料及构件的价值相当于工程预付款数额时起扣，从每次中间结算工程价款中，按材料及构件比重抵扣工程预付款，至竣工之前全部扣清。 起扣点的计算公式： $$T = P - \frac{M}{N}$$ 式中　T——起扣点，即工程预付款开始扣回的累计已完工程价值； 　　　P——承包工程合同总额； 　　　M——工程预付款数额； 　　　N——主要材料及构件所占比重。 第一次扣还工程预付款数额的计算公式： $$a_1 = \left(\sum_{i=1}^{n} T_i - T\right) \times N$$ 式中　a_1——第一次扣还工程预付款数额； 　　　$\sum_{i=1}^{n} T_i$——累计已完工程价值。 第二次及以后各次扣还工程预付款数额的计算公式： $$a_i = T_i \times N$$ 式中　a_i——第i次扣还工程预付款数额（$i>1$）； 　　　T_i——第i次扣还工程预付款时，当期结算的已完工程价值

安全文明施工费

序号	项目	内 容
1	内容和范围	以国家现行计量规范以及工程所在地省级主管部门的规定为准
2	支付	（1）工程开工后的28d内预付不低于当年安全文明施工费总额的50%； （2）其余部分按照提前安排的原则进行分解，与进度款同期支付
3	逾期支付	付款期满后的7d内仍未支付的，发包人有权暂停施工
4	使用	（1）专款专用，单独列项查备，否则发包人有权要求其限期改正； （2）逾期未改正的，造成的损失和（或）延误的工期由承包人承担

二、本节考题精析

1．（2020-61）根据《建设工程施工合同（示范文本）》GF—2017—0201，关于安全文明施工费的说法，正确的是（　　）。

A. 承包人对安全文明施工费应专款专用，合并列项在财务账目中备查

B. 若基准日期后合同所适用的法律发生变化，增加的安全文明施工费由发包人承担

C. 承包人经发包人同意采取合同以外的安全措施所产生的费用由承包人承担

D. 发包人应在开工后 42d 内预付安全文明施工费总额的 50%

【答案】B。（1）安全文明施工费由发包人承担，发包人不得以任何形式扣减该部分费用。因基准日期后合同所适用的法律或政府有关规定发生变化，增加的安全文明施工费由发包人承担。（2）承包人经发包人同意采取合同约定以外的安全措施所产生的费用，由发包人承担。未经发包人同意的，如果该措施避免了发包人的损失，则发包人在避免损失的额度内承担该措施费。如果该措施避免了承包人的损失，由承包人承担该措施费。（3）除专用合同条款另有约定外，发包人应在开工后 28d 内预付安全文明施工费总额的 50%，其余部分与进度款同期支付。发包人逾期支付安全文明施工费超过 7d 的，承包人有权向发包人发出要求预付的催告通知，发包人收到通知后 7d 内仍未支付的，承包人有权暂停施工。（4）承包人对安全文明施工费应专款专用，承包人应在财务账目中单独列项备查，不得挪作他用，否则发包人有权责令其限期改正；逾期未改正的，可以责令其暂停施工，由此增加的费用和（或）延误的工期由承包人承担。因此，本题正确选项为 B。

2.（2018-20）根据《建设工程工程量清单计价规范》GB 50500—2013，发包人应在工程开工后的 28d 内预付不低于当年施工进度计划的安全文明施工费总额的（   ）。

A. 50%　　　　　　B. 60%　　　　　　C. 90%　　　　　　D. 100%

【答案】B。除专用合同条款另有约定外，发包人应在开工后 28d 内预付安全文明施工费总额的 60%，其余部分与进度款同期支付。发包人逾期支付安全文明施工费超过 7d 的，承包人有权向发包人发出要求预付的催告通知，发包人收到通知后 7d 内仍未支付的，承包人有权暂停施工。因此，本题正确选项为 B。

3.（2016-21）某工程合同金额 4000 万元，工程预付款为合同金额的 20%，主要材料、构件占合同金额的比重为 50%，预付款的扣回方式为：从未完施工工程尚需的主要材料及构件的价值相当于工程预付款数额时开始扣回，则该工程预付款的起扣点是（   ）万元。

A. 1600　　　　　　B. 2000　　　　　　C. 2400　　　　　　D. 3200

【答案】C。起扣点的计算公式：$T = P - M/N = 4000 - 800/50\% = 2400$ 万。因此，本题正确选项为 C。

高频考点 6　竣工结算与支付

一、本节高频考点总结

竣工结算的编制

项目	内　容
竣工结算的编制方法	（1）采用总价合同的，应在合同价基础上对设计变更、工程洽商以及工程索赔等合同约定可以调整的内容进行调整； （2）采用单价合同的，应计算或核定竣工图或施工图以内的各个分部分项工程量，依据合同约定的方式确定分部分项工程项目价格，并对设计变更、工程洽商、施工措施以及工程索赔等内容进行调整； （3）采用成本加酬金合同的，应依据合同约定的方法计算各个分部分项工程以及设计变更、工程洽商、施工措施等内容的工程成本，并计算酬金及有关税费

项目	内　容
竣工结算的编制内容	（1）工程项目的所有分部分项工程量，以及实施工程项目采用的措施项目工程量；为完成所有工程量并按规定计算的人工费、材料费、设备费、机具费、企业管理费、利润和税金； （2）分部分项工程和措施项目以外的其他项目所需计算的各项费用； （3）工程变更费用、索赔费用、合同约定的其他费用
竣工结算的计算方法	工程量清单计价法通常采用单价合同的合同计价方式，竣工结算的编制是采取合同价加变更签证的方式进行。 工程项目竣工结算价＝∑单项工程竣工结算价 单项工程竣工结算价＝∑单位工程竣工结算价 单位工程竣工结算价＝分部分项工程费＋措施费＋其他项目费＋规费＋税金
《建设工程工程量清单计价规范》GB 50500—2013中对计价原则	（1）分部分项工程和措施项目中的单价项目应依据双方确认的工程量与已标价工程量清单的综合单价计算；发生调整的，应以发承包双方确认调整的综合单价计算。 （2）措施项目中的总价项目应依据已标价工程量清单的项目和金额计算；发生调整的，应以发承包双方确认调整的金额计算，其中安全文明施工费应按国家或省级、行业建设主管部门的规定计算。 （3）其他项目应按下列规定计价： ① 计日工应按发包人实际签证确认的事项计算； ② 暂估价应按计价规范相关规定计算； ③ 总承包服务费应依据已标价工程量清单的金额计算；发生调整的，应以发承包双方确认调整的金额计算； ④ 索赔费用应依据发承包双方确认的索赔事项和金额计算； ⑤ 现场签证费用应依据发承包双方签证资料确认的金额计算； ⑥ 暂列金额应减去合同价款调整（包括索赔、现场签证）金额计算，如有余额归发包人。 （4）规费和税金按国家或省级、建设主管部门的规定计算。规费中的工程排污费应按工程所在地环境保护部门规定标准缴纳后按实列入。 （5）发承包双方在合同工程实施过程中已经确认的工程计量结果和合同价款，在竣工结算办理中应直接进入结算

竣工结算的程序

序号	项目	内　容
1	承包人提交竣工结算文件	未在约定的时间内提交竣工结算文件，发包人催告后14d内仍未提交，发包人自行编制竣工结算文件，承包人应予认可
2	发包人核对竣工结算文件	（1）收到承包人提交的竣工结算文件后的28d内核对； （2）需承包人补充资料等，应在上述时限内向承包人提出核实意见； （3）承包人收到核实意见后的28d内补充资料，修改竣工结算文件，并再次提交； （4）双方对复核结果无异议的，应在7d内在竣工结算文件上签字确认； （5）双方对复核结果认为有误的，无异议部分办理不完全竣工结算；有异议部分协商不成的，按合同约定的争议解决方式处理； （6）发包人委托工程造价咨询人核对竣工结算的，工程造价咨询人应在28d内核对完毕； （7）需提交给承包人复核，承包人应在14d内将同意核对结论或不同意见的说明提交工程造价咨询人

序号	项目	内　容
3	竣工结算文件的签认	（1）发包人对工程质量有异议，拒绝办理工程竣工结算的，已竣工验收或已竣工未验收但实际投入使用的工程，其质量争议按该工程保修合同执行，竣工结算按合同约定办理； （2）已竣工未验收且未实际投入使用的工程以及停工、停建工程的质量争议，双方应有争议的部分委托有资质的检测鉴定机构进行检测，根据检测结果确定解决方案，或按工程质量监督机构的处理决定执行后办理竣工结算，无争议部分的竣工结算按合同约定办理

二、本节考题精析

（2019-92）根据《建设工程施工合同（示范文本）》GF—2017—0201，承包人提交的竣工结算申请单应包括的内容有（　　）。

A. 所有已经支付的现场签证　　　　　B. 竣工结算合同价格

C. 发包人已支付承包人的款项　　　　D. 应扣留的质量保证金

E. 发包人应支付承包人的合同价款

【答案】B、C、D、E。除专用合同条款另有约定外，竣工结算申请单应包括以下内容：（1）竣工结算合同价格；（2）发包人已支付承包人的款项；（3）应扣留的质量保证金。已缴纳履约保证金的或提供其他工程质量担保方式的除外；（4）发包人应支付承包人的合同价款。因此，本题正确选项为B、C、D、E。

高频考点7　质量保证金的处理

一、本节高频考点总结

质量保证金

项目	内　容
承包人提供质量保证金的方式	（1）质量保证金保函； （2）相应比例的工程款； （3）双方约定的其他方式
质量保证金的扣留方式	（1）在支付工程进度款时逐次扣留，在此情形下，质量保证金的计算基数不包括预付款的支付、扣回以及价格调整的金额； （2）工程竣工结算时一次性扣留质量保证金； （3）双方约定的其他扣留方式
质量保证金的退还	缺陷责任期内，承包人认真履行合同约定的责任，到期后，承包人可向发包人申请返还保证金

保修

项目	内　容
保修责任	（1）工程保修期从工程竣工验收合格之日起算，具体分部分项工程的保修期由合同当事人在专用合同条款中约定，但不得低于法定最低保修年限； （2）发包人未经竣工验收擅自使用工程的，保修期自转移占有之日起算

项目	内 容
修复费用	（1）保修期内，因承包人原因造成工程的缺陷、损坏，承包人应负责修复，并承担修复的费用以及因工程的缺陷、损坏造成的人身伤害和财产损失； （2）保修期内，因发包人使用不当造成工程的缺陷、损坏，可以委托承包人修复，但发包人应承担修复的费用，并支付承包人合理利润； （3）因其他原因造成工程的缺陷、损坏，可以委托承包人修复，发包人应承担修复的费用，并支付承包人合理的利润，因工程的缺陷、损坏造成的人身伤害和财产损失由责任方承担
修复通知	在保修期内，发包人在使用过程中，发现已接收的工程存在缺陷或损坏的，应书面通知承包人予以修复，但情况紧急必须立即修复缺陷或损坏的，发包人可以口头通知承包人并在口头通知后48h内书面确认，承包人应在专用合同条款约定的合理期限内到达工程现场并修复缺陷或损坏
未能修复	因承包人原因造成工程的缺陷或损坏，承包人拒绝维修或未能在合理期限内修复缺陷或损坏，且经发包人书面催告后仍未修复的，发包人有权自行修复或委托第三方修复，所需费用由承包人承担，但修复范围超出缺陷或损坏范围的，超出范围部分的修复费用由发包人承担

二、本节考题精析

（2019-9）根据《建设工程施工合同（示范文本）》GF—2017—0201，承包人提供质量保证金的方式原则上应为（   ）。

A. 质量保证金保函

B. 相应比例的工程款

C. 相应额度的担保物

D. 相应额度的现金

【答案】A。承包人提供质量保证金有以下三种方式：（1）质量保证金保函；（2）相应比例的工程款；（3）双方约定的其他方式。除专用合同条款另有约定外，质量保证金原则上采用上述第（1）种方式。因此，本题正确选项为A。

高频考点8　合同解除的价款结算与支付

一、本节高频考点总结

合同违约及解除

违约方	违约情形	合同解除结算内容
不可抗力解除合同	因不可抗力导致合同无法履行连续超过84d或累计超过140d的，发包人和承包人均有权解除合同	（1）合同解除前承包人已完成工作的价款； （2）承包人为工程订购的并已交付给承包人，或承包人有责任接受交付的材料、工程设备和其他物品的价款； （3）发包人要求承包人退货或解除订货合同而产生的费用，或因不能退货或解除合同而产生的损失； （4）承包人撤离施工现场以及遣散承包人人员的费用； （5）按照合同约定在合同解除前应支付给承包人的其他款项； （6）扣减承包人按照合同约定应向发包人支付的款项； （7）双方商定或确定的其他款项

违约方	违约情形	合同解除结算内容
因发包人违约解除合同	（1）因发包人原因未能在计划开工日期前 7d 内下达开工通知的； （2）因发包人原因未能按合同约定支付合同价款的； （3）发包人违反相关约定，自行实施被取消的工作或转由他人实施的； （4）发包人提供的材料、工程设备的规格、数量或质量不符合合同约定，或因发包人原因导致交货日期延误或交货地点变更等情况的； （5）因发包人违反合同约定造成暂停施工的； （6）发包人无正当理由没有在约定期限内发出复工指示，导致承包人无法复工的； （7）发包人明确表示或者以其行为表明不履行合同主要义务的； （8）发包人未能按合同约定履行其他义务的	（1）合同解除前所完成工作的价款； （2）承包人为工程施工订购并已付款的材料、工程设备和其他物品的价款； （3）承包人撤离施工现场以及遣散承包人人员的款项； （4）按照合同约定在合同解除前应支付的违约金； （5）按照合同约定应当支付给承包人的其他款项； （6）按照合同约定应退还的质量保证金； （7）因解除合同给承包人造成的损失
因承包人违约解除合同	（1）承包人违反合同约定进行转包或违法分包的； （2）承包人违反合同约定采购和使用不合格的材料和工程设备的； （3）因承包人原因导致工程质量不符合合同要求的； （4）承包人违反合同相关约定，未经批准，私自将已按照合同约定进入施工现场的材料或设备撤离施工现场的； （5）承包人未能按施工进度计划及时完成合同约定的工作，造成工期延误的； （6）承包人在缺陷责任期及保修期内，未能在合理期限对工程缺陷进行修复，或拒绝按发包人要求进行修复的； （7）承包人明确表示或者以其行为表明不履行合同主要义务的； （8）承包人未能按照合同约定履行其他义务的	（1）合同解除后，按商定，确定承包人实际完成工作对应的合同价款，以及承包人已提供的材料、工程设备、施工设备和临时工程等的价值； （2）合同解除后，承包人应支付的违约金； （3）合同解除后，因解除合同给发包人造成的损失； （4）合同解除后，承包人应按照发包人要求和监理人的指示完成现场的清理和撤离； （5）发包人和承包人应在合同解除后进行清算，出具最终结清付款证书，结清全部款项

二、本节考题精析

本节近年无试题。

2Z102050 施工成本管理的任务、程序和措施

【近年考点统计】

内容	题号					合计分值
	2020 年	2019 年	2018 年	2017 年	2016 年	
高频考点 1 施工成本管理的任务和程序	33	32	23	21、77	22	7
高频考点 2 施工成本管理的措施	53、74	73			22	8
合计分值	4	3	1	4	3	15

【高频考点精讲】

高频考点 1 施工成本管理的任务和程序

一、本节高频考点总结

施工成本的概念和分类

项目		内容
概念	定义	指在建设工程项目的施工过程中所发生的全部生产费用的总和
	组成	(1) 所消耗的原材料、辅助材料、构配件等的费用； (2) 周转材料的摊销费或租赁费； (3) 施工机械的使用费或租赁费； (4) 支付给生产工人的工资、奖金、工资性质的津贴； (5) 进行施工组织与管理所发生的全部费用支出
分类	直接成本	指施工过程中耗费的构成工程实体或有助于工程实体形成的各项费用支出，直接计入工程对象的费用包括人、材、机、措施费
	间接成本	指为施工准备、组织和管理施工生产的全部费用的支出，包括管理人员工资、办公费、差旅交通费

施工成本管理的任务

任务	含 义	说 明
成本计划	以货币形式编制施工项目在计划期内的生产费用、成本水平、成本降低率以及为降低成本所采取的主要措施和规划的书面方案	(1) 是建立施工项目成本管理责任制、开展成本控制和核算的基础； (2) 是降低成本的指导文件； (3) 是设立目标成本的依据
成本控制	对影响施工成本的各种因素加强管理，采取有效措施，将施工中实际发生的各种消耗和支出严格控制在成本计划范围内	(1) 成本控制贯穿于项目从投标阶段开始直至保证金返还的全过程； (2) 可分为事先控制、事中控制（过程控制）和事后控制

任务	含　义	说　明
成本核算	计算施工费用的实际发生额，采用适当方法，计算出该施工项目的总成本和单位成本	竣工工程现场成本由项目管理机构核算，目的是考核项目管理绩效。竣工工程完全成本由企业财务部门核算，目的是考核企业经营效益
成本分析	在施工成本核算的基础上，对成本的形成过程和影响成本升降的因素进行分析，以寻求进一步降低成本的途径	(1) 施工成本分析贯穿于施工成本管理的全过程； (2) 成本偏差的控制，分析是关键，纠偏是核心
成本考核	评定施工项目成本计划的完成情况和各责任者的业绩，并给以相应的奖励和处罚	(1) 成本考核是衡量成本降低的实际成果，也是对成本指标完成情况的总结和评价； (2) 成本管理的每一个环节都是相互联系和相互作用的； (3) 成本计划是成本决策所确定目标的具体化； (4) 成本计划控制是对成本计划的实施进行控制和监督，保证决策的成本目标的实现； (5) 成本核算是对成本计划是否实现的最后检验，所提供的成本信息是下一个施工项目成本预测和决策的基础资料； (6) 成本考核是实现成本目标责任制的保证和实现决策目标的重要手段

二、本节考题精析

1. (2020-33) 根据成本管理的程序，进行项目过程成本分析的紧后工作是(　　)。

A. 编制项目成本计划　　　　B. 进行项目成本控制

C. 编制项目成本报告　　　　D. 进行项目过程成本考核

【答案】D。项目成本管理应遵循下列程序：(1) 掌握生产要素的价格信息；(2) 确定项目合同价；(3) 编制成本计划，确定成本实施目标；(4) 进行成本控制；(5) 进行项目过程成本分析；(6) 进行项目过程成本考核；(7) 编制项目成本报告；(8) 项目成本管理资料归档。因此，本题正确选项为D。

2. (2019-32) 下列建设工程项目成本管理的任务中，作为建立施工项目成本管理责任制、开展施工成本控制和核算的基础是(　　)。

A. 成本预测　　　　B. 成本考核

C. 成本分析　　　　D. 成本计划

【答案】D。成本计划是以货币形式编制施工项目在计划期内的生产费用、成本水平、成本降低率以及为降低成本所采取的主要措施和规划的书面方案。它是建立施工项目成本管理责任制、开展成本控制和核算的基础，此外，它还是项目降低成本的指导文件，是设立目标成本的依据，即成本计划是目标成本的一种形式。因此，本题正确选项为D。

3. (2018-23) 对竣工项目进行工程现场成本核算的目的是(　　)。

A. 评价财务管理效果　　　　B. 考核项目管理绩效

C. 核算企业经营效益　　　　D. 评价项目成本效益

【答案】B。对竣工工程的成本核算，应区分为竣工工程现场成本和竣工工程完全成本，分别由项目管理机构和企业财务部门进行核算分析，其目的在于分别考核项目管理绩效和企业经营效益。因此，本题正确选项为 B。

4. （2017-21）施工企业对竣工工程现场成本和竣工工程完全成本进行核算分析的主体分别是（　　）。

A. 项目经理部和项目经理部　　　　B. 企业财务部门和企业财务部门

C. 项目经理部和企业财务部门　　　　D. 企业财务部门和项目经理部

【答案】C。对竣工工程的成本核算，应区分为竣工工程现场成本和竣工工程完全成本，分别由项目经理部和企业财务部门进行核算分析，其目的在于分别考核项目管理绩效和企业经营效益。因此，本题正确选项为 C。

5. （2017-77）关于施工成本核算的说法，正确的有（　　）。

A. 成本核算制和项目经理责任制等共同构成项目管理的运行机制

B. 定期成本核算是竣工工程全面成本核算的基础

C. 成本核算时应做到预测、计划、实际成本三同步

D. 竣工工程完全成本用于考核项目管理绩效

E. 施工成本一般以单位工程为成本核算对象

【答案】A、B、E。施工成本核算制是明确施工成本核算的原则、范围、程序、方法、内容、责任及要求的制度。项目管理必须实行施工成本核算制，它和项目经理责任制等共同构成了项目管理的运行机制。A 选项说法正确。项目经理部要建立一系列项目业务核算台账和施工成本会计账户，实施全过程的成本核算，具体可分为定期的成本核算和竣工工程成本核算，如：每天、每周、每月的成本核算。定期的成本核算是竣工工程全面成本核算的基础。B 选项说法正确。形象进度、产值统计、实际成本归集三同步，即三者的取值范围应是一致的。形象进度表达的工程量、统计施工产值的工程量和实际成本归集所依据的工程量均应是相同的数值。C 选项说法错误。对竣工工程的成本核算，应区分为竣工工程现场成本和竣工工程完全成本，分别由项目经理部和企业财务部门进行核算分析，其目的在于分别考核项目管理绩效和企业经营效益。D 选项说法错误。施工成本一般以单位工程为成本核算对象，但也可以按照承包工程项目的规模、工期、结构类型、施工组织和施工现场等情况，结合成本管理要求，灵活划分成本核算对象。E 选项说法正确。因此，本题正确选项为 A、B、E。

6. （2016-22）建设项目施工成本考核的主要指标包括（　　）。

A. 责任成本降低额和责任成本降低率

B. 预算成本降低额和预算成本降低率

C. 施工成本降低额和施工成本降低率

D. 施工成本动态变化额和施工成本动态变化率

【答案】C。施工成本考核是衡量成本降低的实际成果，也是对成本指标完成情况的总结和评价。成本考核制度包括考核的目的、时间、范围、对象、方式、依据、指标、组织领导、评价与奖惩原则等内容。以施工成本降低额和施工成本降低率作为成本考核的主要指标，要加强组织管理层对项目管理部的指导，并充分依靠技术人员、管理人员和作业人员的经验和智慧，防止项目管理在企业内部异化为靠少数人承担风险的以包代管模式。成本考核也可分别考核组织管理层和项目经理部。因此，本题正确选项为 C。

高频考点 2　施工成本管理的措施

一、本节高频考点总结

施工成本管理的措施

采取的措施	含　义	说　明
组织措施	从组织方面采取的措施，编制施工成本控制工作计划，确定合理详细的工作流程	(1) 各级项目管理人员都负有成本控制责任； (2) 做好施工采购规划，加强施工定额管理和施工任务单管理，加强施工调度； (3) 组织措施是其他各类措施的前提和保障
技术措施	(1) 进行技术经济分析，确定最佳的施工方案； (2) 结合施工方法，进行材料使用的比选； (3) 确定最合适的施工机械、设备使用方案； (4) 降低材料的库存成本和运输成本； (5) 先进的施工技术的应用，新材料、新开发机械设备的使用	关键要能提出多个不同的技术方案，然后对不同的技术方案进行技术经济分析
经济措施	(1) 编制资金使用计划，确定、分解成本管理目标，对目标进行风险分析，制定防范性对策； (2) 做好各种支出资金的使用计划，施工中严格控制	(1) 经济措施是最易为人们所接受和采用的措施； (2) 经济措施的运用不仅是财务人员的事情
合同措施	(1) 选用合适的合同结构； (2) 合同的条款中应仔细考虑一切影响成本和效益的因素； (3) 合同执行期间，寻求合同索赔的机会，防止被对方索赔	贯穿整个合同周期，从合同谈判开始到合同终结的全过程

二、本节考题精析

1.（2020-53）下列施工成本管理措施中，属于经济措施的是（　　）。

A. 做好施工采购计划　　　　　　　B. 分解成本管理目标

C. 选用合适的合同结构　　　　　　D. 确定施工任务单管理流程

【答案】B。经济措施是最易为人们所接受和采用的措施。管理人员应编制资金使用计划，确定、分解成本管理目标。对成本管理目标进行风险分析，并制定防范性对策。在施工中严格控制各项开支，及时准确地记录、收集、整理、核算实际支出的费用。对各种变更，应及时做好增减账，落实业主签证并结算工程款。通过偏差原因分析和未完工程施工成本预测，发现一些潜在的可能引起未完工程施工成本增加的问题，及时采取预防措施。因此，本题正确选项为B。

2.（2020-74）下列施工成本管理措施中，属于技术措施的有（　　）。

A. 加强施工任务单管理 　　　B. 确定最佳的施工方案

C. 进行材料使用的比选 　　　D. 使用先进的机械设备

E. 加强施工调度

【答案】B、C、D。施工过程中降低成本的技术措施包括：进行技术经济分析，确定最佳的施工方案；结合施工方法，进行材料使用的比选，在满足功能要求的前提下，通过代用、改变配合比、使用外加剂等方法降低材料消耗的费用；确定最合适的施工机械、设备使用方案；结合项目的施工组织设计及自然地理条件，降低材料的库存成本和运输成本；应用先进的施工技术，运用新材料，使用先进的机械设备等。在实践中，也要避免仅从技术角度选定方案而忽视对其经济效果的分析论证。因此，本题正确选项为B、C、D。

3. (2019-73) 下列施工成本管理的措施中，属于技术措施的有(　　)。

A. 确定合适的施工机械、设备使用方案

B. 落实各种变更签证

C. 在满足功能要求下，通过改变配合比降低材料消耗

D. 加强施工调度，避免物料积压

E. 确定合理的成本控制工作流程

【答案】A、C。A、C选项属于技术措施，B选项属于经济措施，D、E选项属于组织措施。因此，本题正确选项为A、C。

4. (2017-22) 项目经理部通过在混凝土拌合物中加入添加剂以降低水泥消耗量，属于成本管理措施中的(　　)。

A. 经济措施 　　　　B. 组织措施

C. 合同措施 　　　　D. 技术措施

【答案】D。为了取得施工成本管理的理想效果，应当从多方面采取措施实施管理，通常可以将这些措施归纳为组织措施、技术措施、经济措施、合同措施。施工过程中降低成本的技术措施包括如进行技术经济分析，确定最佳的施工方案；结合施工方法，进行材料使用的比选，在满足功能要求的前提下，通过代用、改变配合比、使用添加剂等方法降低材料消耗的费用；确定最合适的施工机械、设备使用方案；结合项目的施工组织设计及自然地理条件，降低材料的库存成本和运输成本；先进的施工技术的应用，新材料的运用，新开发机械设备的使用等。因此，本题正确选项为D。

5. (2016-77) 下列施工成本管理措施中，属于经济措施的有(　　)。

A. 及时落实业主签证 　　　B. 通过偏差分析找出成本超支潜在问题

C. 使用添加剂降低水泥消耗 　　　D. 选用合适的合同结构

E. 采用新材料降低成本

【答案】A、B。经济措施是最易为人们所接受和采用的措施。管理人员应编制资金使用计划，确定、分解施工成本管理目标。对施工成本管理目标进行风险分析，并制定防范性对策。对各种支出，应认真做好资金的使用计划，并在施工中严格控制各项开支。及时准确地记录、收集、整理、核算实际发生的成本。对各种变更，及时做好增减账，及时落实业主签证，及时结算工程款。通过偏差分析和未完工工程预测，可发现一些将引起未完工程施工成本增加的潜在问题，对这些问题应以主动控制为出发点，及时采取预防措施。A、B选项属于经济措施，C选项属于技术措施，D选项属于合同措施，E选项属于技术

措施。因此，本题正确选项为 A、B。

2Z102060 施工成本计划和成本控制

【近年考点统计】

内容	题号					合计分值
	2020年	2019年	2018年	2017年	2016年	
高频考点1 施工成本计划的类型	26				23	2
高频考点2 施工成本计划的编制依据和程序						
高频考点3 施工成本计划的编制方法		51	22	23	24	4
高频考点4 施工成本控制的依据和程序	44		82		25	4
高频考点5 施工成本控制的方法		46	26、78	24、25、26、78	26、27、78	13
合计分值	2	2	6	6	7	23

【高频考点精讲】

高频考点1 施工成本计划的类型

一、本节高频考点总结

施工成本计划的类型

类型	内容	编制依据	特点
竞争性成本计划	工程项目投标及签订合同阶段的估算成本计划	以招标文件、技术规范、设计图纸或工程量清单等为依据，以有关价格条件说明为基础，结合调研和现场踏勘、答疑获得的情况，根据本企业指标，进行全部费用的估算	(1) 总体上较为粗略；(2) 带有成本战略的性质，是项目投标阶段商务标书的基础；(3) 奠定了施工成本的基本框架和水平
指导性成本计划	选派项目经理阶段的预算成本计划，是项目经理的责任成本目标	以合同标书为依据，按照企业的预算定额标准制定的设计预算成本计划	指导性和实施性计划成本，都是战略性成本计划的展开和深化
实施性计划成本	项目施工准备阶段的施工预算成本计划	采用企业的施工定额，通过施工预算的编制而形成的实施性施工成本计划	可按施工成本组成、按子项目组成、按工程进度分别编制施工成本计划

施工预算与施工图预算的区别

比较的项目	施工预算	施工图预算
编制的依据	以施工定额为主要依据	以预算定额为主要依据编制
适用的范围	是施工企业内部管理用的一种文件，与建设单位无直接关系	适用于发包人和承包人
发挥的作用	（1）是施工企业组织生产、编制施工计划、准备现场材料、签发任务书、考核工效、进行经济核算的依据； （2）是承包人改善经营管理、降低生产成本和推行内部经营承包责任制的重要手段	是投标报价的主要依据

二、本节考题精析

1. （2020-26）编制施工项目实施性成本计划的主要依据是（　　）。

A. 项目投标报价

B. 项目所在地造价信息

C. 施工预算

D. 施工图预算

【答案】C。施工预算是编制实施性成本计划的主要依据，是施工企业为了加强企业内部的经济核算，在施工图预算的控制下，依据企业内部的施工定额，以建筑安装单位工程为对象，根据施工图纸、施工定额、施工及验收规范、标准图集、施工组织设计（或施工方案）编制的单位工程（或分部分项工程）施工所需的人工、材料和施工机械台班用量的技术经济文件。因此，本题正确选项为C。

2. （2016-23）关于施工预算和施工图预算比较的说法，正确的是（　　）。

A. 施工预算的编制以施工定额为依据，施工图预算的编制以预算定额为依据

B. 施工预算既适用于建设单位，也适用于施工单位

C. 施工预算是投标报价的依据，施工图预算是施工企业组织生产的依据

D. 编制施工预算依据的定额比编制施工图预算依据的定额粗略一些

【答案】A。施工预算和施工图预算虽仅一字之差，但区别较大。（1）编制的依据不同：施工预算的编制以施工定额为主要依据，施工图预算的编制以预算定额为主要依据，而施工定额比预算定额划分得更详细、更具体，并对其中所包括的内容，如质量要求、施工方法以及所需劳动工日、材料品种、规格型号等均有较详细的规定或要求。（2）适用的范围不同：施工预算是施工企业内部管理用的一种文件，与建设单位无直接关系；而施工图预算既适用于建设单位，又适用于施工单位。（3）发挥的作用不同：施工预算是施工企业组织生产、编制施工计划、准备现场材料、签发任务书、考核功效、进行经济核算的依据，它也是施工企业改善经营管理、降低生产成本和推行内部经营承包责任制的重要手段；而施工图预算则是投标报价的主要依据。因此，本题正确选项为A。

高频考点 2 施工成本计划的编制依据和程序

一、本节高频考点总结

成本计划编制

项目	内 容
成本计划编制依据	(1) 合同文件； (2) 项目管理实施规划； (3) 相关设计文件； (4) 价格信息； (5) 相关定额； (6) 类似项目的成本资料
成本计划编制规定	(1) 由项目管理机构负责组织编制； (2) 项目成本计划对项目成本控制具有指导性； (3) 各成本项目指标和降低成本指标明确
施工成本计划编制程序	(1) 预测项目成本； (2) 确定项目总体成本目标； (3) 编制项目总体成本计划； (4) 项目管理机构与组织的职能部门根据其责任成本范围，分别确定自己的成本目标，并编制相应的成本计划； (5) 针对成本计划制定相应的控制措施； (6) 由项目管理机构与组织的职能部门负责人分别审批相应的成本计划

二、本节考题精析

本节近年无试题。

高频考点 3 施工成本计划的编制方法

一、本节高频考点总结

施工成本的编制方法

编制方法	说 明
按成本构成编制施工成本计划的方法	按成本构成分解为人工费、材料费、施工机具使用费、企业管理费，编制按施工成本组成分解的施工成本计划
按项目结构编制施工成本计划的方法	(1) 把项目总施工成本分解到单项工程和单位工程中，再进一步分解为分部工程和分项工程； (2) 要在项目总的方面考虑总的预备费，也要在主要的分项工程中安排适当的不可预见费
按工程实施阶段编制施工成本计划的方法	(1) 通过对施工成本目标按时间进行分解，在网络计划基础上编制成本计划直方图； (2) 表示方式有两种：一种是在时标网络图上按月编制的成本计划；另一种是利用时间——成本累积曲线（S形曲线）表示

二、本节考题精析

1.（2019-51）采用时间—成本累积曲线法编制建设工程项目成本计划时，为了节约资金贷款利息，所有工作的时间宜按（　　）确定。

  A. 最早开始时间   B. 最迟完成时间减干扰时差

  C. 最早完成时间加自由时差   D. 最迟开始时间

  【答案】D。一般而言，所有工作都按最迟开始时间开始，对节约资金贷款利息是有利的。但同时也降低了项目按期竣工的保证率，因此项目经理必须合理地确定成本支出计划，达到既节约成本支出又能控制项目工期的目的。因此，本题正确选项为D。

  2.（2018-22）采用时间—成本累计曲线编制建设工程项目进度计划时，从节约资金贷款利息的角度出发，适宜采取的做法是（　　）。

  A. 所有工作均按最早开始时间开始   B. 关键工作均按最迟开始时间开始

  C. 所有工作均按最迟开始时间开始   D. 关键工作均按最早开始时间开始

  【答案】C。一般而言，所有工作都按最迟开始时间开始，对节约资金贷款利息是有利的。但同时也降低了项目按期竣工的保证率，因此项目经理必须合理地确定成本支出计划，达到既节约成本支出又能控制项目工期的目的。因此，本题正确选项为C。

  3.（2017-23）关于用时间—成本累计曲线编制成本计划的说法，正确的是（　　）。

  A. 全部工作必须按照最早开始时间安排

  B. 全部工作必须按照最迟开始时间安排

  C. 可调整非关键工作的开工时间以控制实际成本支出

  D. 可缩短关键工作的持续时间以降低成本

  【答案】C。时间—成本累计曲线，每一条S形曲线都对应某一特定的工程进度计划。因为在进度计划的非关键路线中存在许多有时差的工序或工作，因而S形曲线（成本计划值曲线）必然包括在由全部工作都按最早开始时间开始和全部工作都按最迟必须开始时间开始的曲线所组成的"香蕉图"内。也就是在最早开始时间和最迟开始时间的时差内进行，项目经理可根据编制的成本支出计划来合理安排资金，同时项目经理也可以根据筹措的资金来调整S形曲线，即通过调整非关键路线上的工序项目的最早或最迟开工时间，力争将实际的成本支出控制在计划的范围内。因此，本题正确选项为C。

  4.（2016-24）某工程按月编制的成本计划如下图所示，若6月、8月实际成本为1000万元和700万元，其余月份的实际成本与计划成本均相同，关于该工程施工成本的说法，正确的是（　　）。

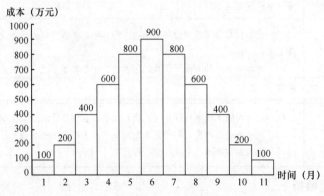

  A. 第6月末计划成本累计值为3100万元   B. 第8月末计划成本累计值为4500万元

C. 第 6 月末实际成本累计值为 3000 万元　　D. 第 8 月末实际成本累计值为 4600 万元

【答案】D。6 月实际成本为 1000 万元，8 月实际成本为 700 万元。根据计算，可知，第 6 月末的计划成本累计值为 3000 万元，第 6 月末的实际成本累计值为 3100 万元。A、C 选项说法错误。第 8 月末的计划成本累计值 4400 万元，第 8 月末的实际成本累计值为 4600 万元。B 选项说法错误，D 选项说法正确。因此，本题正确选项为 D。

高频考点 4　施工成本控制的依据和程序

一、本节高频考点总结

施工成本控制的依据

依据	说　明
合同	以合同为依据，从预算收入和实际成本两方面进行
成本计划	施工成本计划是施工成本控制的指导文件
进度报告	进度报告提供了对应时间点工程实际完成量、工程成本实际支付情况等重要信息
工程变更	包括已发生工程量、将要发生工程量、工期是否拖延、支付情况等重要信息

注：除了上述几种施工成本控制工作的主要依据以外，有关各种资源的市场信息、施工组织设计、分包合同等也都是施工成本控制的依据。

施工成本控制的程序

项目	内　容
管理行为控制程序	(1) 建立成本管理体系的评审组织和评审程序； (2) 建立成本管理体系运行的评审组织和评审程序； (3) 目标考核，定期检查； (4) 制定对策，纠正偏差
指标控制程序	(1) 确定成本管理分层次目标； (2) 采集成本数据，监测成本形成过程； (3) 找出偏差，分析原因； (4) 制定对策，纠正偏差； (5) 调整改进成本管理方法

二、本节考题精析

1. (2020-44) 项目施工成本的过程控制程序主要包括(　　)。

A. 管理控制程序和评审控制程序　　B. 管理行为控制程序和指标控制程序

C. 管理人员激励程序和指标控制程序　　D. 管理行为控制程序和目标考核程序

【答案】B。要做好成本的过程控制，必须制定规范化的过程控制程序。成本的过程控制中，有两类控制程序，一是管理行为控制程序，二是指标控制程序。管理行为控制程序是对成本全过程控制的基础，指标控制程序则是成本进行过程控制的重点。两个程序既相对独立又相互联系，既相互补充又相互制约。因此，本题正确选项为 B。

2. (2018-82) 根据建设工程施工进度检查情况编制的进度报告，其内容有(　　)。

A. 进度计划实施过程中存在的问题分析

B. 进度执行情况对质量、安全和施工成本的影响

C. 进度的预测

D. 进度计划实施情况的综合描述

E. 进度计划的完整性分析

【答案】A、B、C、D。进度报告提供了对应时间节点的工程实际完成量，工程成本实际支出情况等重要信息。成本控制工作正是通过实际情况与成本计划相比较，找出两者之间的差别，分析偏差产生的原因，从而采取措施改进以后的工作。此外，进度报告还有助于管理者及时发现工程实施中存在的隐患，并在可能造成重大损失之前采取有效措施，尽量避免损失。因此，本题正确选项为A、B、C、D。

3.（2016-25）施工成本控制的工作包括：①按实际情况估计完成项目所需的总费用；②分析产生成本偏差的原因；③对工程的进展进行跟踪和检查；④将施工成本计划值与实际值逐项进行比较；⑤采取纠偏措施，其正确的工作步骤是(　　)。

A. ③→②→①→④→⑤

B. ④→②→③→⑤→①

C. ③→④→②→①→⑤

D. ④→②→①→⑤→③

【答案】D。在施工成本控制的步骤如下：比较—分析—预测—纠偏—检查。因此，本题正确选项为D。

高频考点5　施工成本控制的方法

一、本节高频考点总结

赢得值（挣值）法知识总结——三个基本参数

基本参数	内　容	计算公式
已完工作预算费用	已完工作预算费用为BCWP，是指在某一时间已经完成的工作（或部分工作），以批准认可的预算为标准所需要的资金总额，由于业主正是根据这个值为承包人完成的工作量支付相应的费用，也就是承包人获得（挣得）的金额，故称赢得值或挣值	已完工作预算费用（BCWP）＝已完成工作量×预算单价
计划工作预算费用	计划工作预算费用，简称BCWS，即根据进度计划，在某一时刻应当完成的工作（或部分工作），以预算为标准所需要的资金总额	计划工作预算费用（BCWS）＝计划工作量×预算单价
已完工作实际费用	已完工作实际费用，简称ACWP，即到某一时刻为止，已完成的工作（或部分工作）所实际花费的总金额	已完工作实际费用（ACWP）＝已完成工作量×实际单价

赢得值（挣值）法知识总结——四个评价指标

评价指标	公　式	含　义
费用偏差（CV）	费用偏差（CV）＝已完工作预算费用（BCWP）－已完工作实际费用（ACWP）	当费用偏差（CV）为负值时，即表示项目运行超出预算费用； 当费用偏差（CV）为正值时，表示项目运行节支，实际费用没有超出预算费用
进度偏差（SV）	进度偏差（SV）＝已完工作预算费用（BCWP）－计划工作预算费用（BCWS）	当进度偏差（SV）为负值时，表示进度延误，即实际进度落后于计划进度； 当进度偏差（SV）为正值时，表示进度提前，即实际进度快于计划进度

评价指标	公 式	含 义
费用绩效指数（CPI）	费用绩效指数（CPI）＝已完工作预算费用（BCWP）/已完工作实际费用（ACWP）	当费用绩效指数CPI＜1时，表示超支，即实际费用高于预算费用； 当费用绩效指数CPI＞1时，表示节支，即实际费用低于预算费用
进度绩效指数（SPI）	进度绩效指数（SPI）＝已完工作预算费用（BCWP）/计划工作预算费用（BCWS）	当进度绩效指数SPI＜1时，表示进度延误，即实际进度比计划进度拖后； 当进度绩效指数SPI＞1时，表示进度提前，即实际进度比计划进度快
备注	费用（进度）偏差反映的是绝对偏差，结果很直观； 费用（进度）绩效指数反映的是相对偏差，不受项目层次的限制，也不受项目实施时间的限制，因而在同一项目和不同项目比较中均可采用	

赢得值（挣值）法知识总结——偏差分析的方法

方法	含 义	说 明
横道图法	用横道图法进行费用偏差分析，是用不同的横道标已完工作预算费用（BCWP）、计划工作预算费用（BCWS）和已完工作实际费用（ACWP），横道的长度与其金额成正比例	（1）形象、直观、一目了然； （2）能够准确表达出费用的绝对偏差及偏差的严重性； （3）反映的信息量少，一般在项目的较高管理层应用
曲线法	三个参数形成三条曲线，即计划工作预算费用（BCWS）、已完工作预算费用（BCWP）、已完工作实际费用（ACWP）曲线	（1）费用偏差（CV）＝BCWP－ACWP，反映项目进展的费用偏差； （2）进度偏差（SV）＝BCWP－BCWS，反映项目进展的进度偏差

二、本节考题精析

1. （2019-46）对某建设工程项目进行成本偏差分析，若当月计划完成工作量是100m³，计划单价为300元/m³；当月实际完成工作量是120m³，实际单价为320元/m³。则关于该项目当月成本偏差分析的说法，正确的是（　　）。

　A. 费用偏差为－2400元，成本超支　　　B. 费用偏差为6000元，成本节约

　C. 进度偏差为6000元，进度延误　　　D. 进度偏差为2400元，进度提前

【答案】A。费用偏差（CV）＝已完工作预算费用（BCWP）－已完工作实际费用（ACWP）＝已完成工作量×预算单价－已完成工作量×实际单价＝120×300－120×320＝－2400元，成本超支。A选项说法正确，B选项说法错误。进度偏差（SV）＝已完工作预算费用（BCWP）－计划工作预算费用（BCWS）＝已完成工作量×预算单价－计划工作量×预算单价＝120×300－100×300＝6000元，进度提前。C、D选项说法错误。因此，本题正确选项为A。

2. （2018-26）某分部分项工程预算单价为300元/m³，计划1个月完成工程量100m³。实际施工中用了两个月（匀速）完成工程量160m³，由于材料费上涨导致实际单

价为 330 元/m³，则该分部分项工程的费用偏差为(　　)元。

A. 4800   B. −4800

C. 18000   D. −18000

【答案】B。费用偏差（CV）＝已完工作预算费用（BCWP）−已完工作实际费用（ACWP）＝已完成工作量×预算单价−已完成工作量×实际单价。因此，本题正确选项为 B。

3.（2018-78）为了有效地控制施工机械使用费的支出，施工企业可以采取的措施有(　　)。

A. 尽量采用租赁的方式，降低设备购置费

B. 加强设备租赁计划管理，减少安排不当引起的设备闲置

C. 加强机械调度，避免窝工

D. 加强现场设备维修保养，避免不当使用造成设备停置

E. 做好机上人员和辅助人员的配合，提高台班产量

【答案】B、C、D、E。施工企业可以采取的措施有：（1）合理安排施工生产，加强设备租赁计划管理，减少因安排不当引起的设备闲置；（2）加强机械设备的调度工作，避免窝工，提高现场设备利用率；（3）加强现场设备的维修保养，避免因不当使用造成机械设备的停置；（4）做好机上人员与辅助生产人员的协调与配合，提高施工机械台班产量。因此，本题正确选项为 B、C、D、E。

4.（2017-24）关于施工过程中材料费控制的说法，正确的是(　　)。

A. 有消耗定额的材料采用限额发料

B. 没有消耗定额的材料必须包干使用

C. 零星材料应实行计划管理并按指标控制

D. 有消耗定额的材料均不能超过领料限额

【答案】A。材料费控制同样按照"量价分离"原则，控制材料用量和材料价格。材料用量的控制具体方法如下：（1）定额控制。对于有消耗定额的材料，以消耗定额为依据，实行限额发料制度。在规定限额内分期分批领用，超过限额领用的材料，必须先查明原因，经过一定审批手续方可领料。（2）指标控制。对于没有消耗定额的材料，则实行计划管理和按指标控制的办法。根据以往项目的实际耗用情况，结合具体施工项目的内容和要求，制定领用材料指标，据以控制发料。超过指标的材料，必须经过一定的审批手续方可领用。（3）计量控制。准确做好材料物资的收发计量检查和投料计量检查。（4）包干控制。在材料使用过程中，对部分小型及零星材料（如钢钉、钢丝等）根据工程量计算出所需材料量，将其折算成费用，由作业者包干控制。因此，本题正确选项为 A。

5.（2017-25）某工程基坑开挖恰逢雨季，造成承包商雨季施工增加费用超支，产生此费用偏差的原因是(　　)。

A. 业主原因   B. 客观原因

C. 设计原因   D. 施工原因

【答案】B。费用偏差的原因主要有：物价上涨、设计原因、业主原因、施工原因、客观原因。客观原因包括：自然因素、基础处理、社会原因、法规变化和其他原因。因此，本题正确选项为 B。

6. (2017-26) 某工程的赢得值曲线如下图所示,关于 t_1 时点成本和进度状态的说法,正确的是( )。

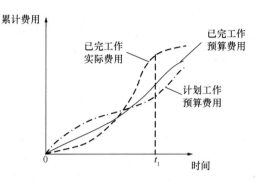

A. 费用超支、进度超前
B. 费用节约、进度超前
C. 费用超支、进度拖延
D. 费用节约、进度拖延

【答案】A。从图示中可以看出, t_1 时点已完工作实际费用曲线在最上面,中间的是已完工作预算费用,最下面的是计划工作预算费用。也就是已完工作实际费用>已完工作预算费用>计划工作预算费用。费用偏差(CV)=已完工作预算费用(BCWP)-已完工作实际费用(ACWP);当费用偏差(CV)为负值时,即表示项目运行超出预算费用;当费用偏差(CV)为正值时,表示项目运行节支,实际费用没有超出预算费用。本题中 CV 为负值,即表示项目运行超出预算费用。进度偏差(SV)=已完工作预算费用(BCWP)-计划工作预算费用(BCWS);当进度偏差(SV)为负值时,表示进度延误,即实际进度落后于计划进度;当进度偏差(SV)为正值时,表示进度提前,即实际进度快于计划进度。本题中 SV 为正值,表示进度提前,即实际进度快于计划进度。因此,本题正确选项为A。

7. (2017-78) 某工程主要工作是混凝土浇筑,中标的综合单价是400元/m³,计划工程量是8000m³。施工过程中因原材料价格提高使实际单价为500元/m³,实际完成并经监理工程师确认的工程量是9000m³。若采用赢得值法进行综合分析,正确的结论有( )。

A. 已完工作预算费用为360万元
B. 已完工作实际费用为450万元
C. 计划工作预算费用为320万元
D. 费用偏差为90万元,费用节省
E. 进度偏差为40万元,进度拖延

【答案】A、B、C。费用偏差(CV)=已完工作预算费用(BCWP)-已完工作实际费用(ACWP)=9000×400-9000×500=-90万。费用偏差(CV)为负值,即表示项目运行超出预算费用。进度偏差(SV)=已完工作预算费用(BCWP)-计划工作预算费用(BCWS)=9000×400-8000×400=40万。进度偏差(SV)为正值,表示进度提前,即实际进度快于计划进度。因此,本题正确选项为A、B、C。

8. (2016-26) 在工程项目的施工阶段,对现场用到的钢钉、钢丝等零星材料的用量控制,宜采用的控制方法是( )。

A. 定额控制
B. 指标控制
C. 计量控制
D. 包干控制

【答案】D。在材料使用过程中，对部分小型及零星材料（如钢钉、钢丝等）根据工程量计算出所需材料量，将其折算成费用，由作业者包干控制。因此，本题正确选项为D。

9.（2016-27）某地下工程施工合同约定，3月份计划开挖土方量40000m³，合同单价为90元/m³；3月份实际开挖土方量38000m³，实际单价为80元/m³。则至3月底，该工程的进度偏差为（　　）万元。

A. 18 　　　　　　　　　　　　　　B. −18

C. 16 　　　　　　　　　　　　　　D. −16

【答案】B。进度偏差（SV）＝已完工作预算费用（$BCWP$）－计划工作预算费用（$BCWS$）；当进度偏差（SV）为负值时，表示进度延误，即实际进度落后于计划进度；当进度偏差（SV）为正值时，表示进度提前，即实际进度快于计划进度。因此，本题正确选项为B。

10.（2016-78）关于赢得值法及相关评价指标的说法，正确的有（　　）。

A. 进度偏差为负值时，表示实际进度快于计划进度

B. 赢得值法可定量判断进度、费用的执行效果

C. 费用（进度）偏差适于在同一项目和不同项目比较中采用

D. 理想状态是已完工作实际费用、计划工作预算费用和已完工作预算费用三条曲线靠得很近并平稳上升

E. 采用赢得值法可以克服进度、费用分开控制的缺点

【答案】B、D、E。当进度偏差（SV）为负值时，表示进度延误，即实际进度落后于计划进度；当进度偏差（SV）为正值时，表示进度提前，即实际进度快于计划进度。A选项说法错误。费用（进度）偏差仅适合于对同一项目作偏差分析。费用（进度）绩效指数反映的是相对偏差，它不受项目层次的限制，也不受项目实施时间的限制，因而在同一项目和不同项目比较中均可采用。C选项说法错误，其他说法都是正确的。因此，本题正确选项为B、D、E。

2Z102070　施工成本核算、成本分析和成本考核

【近年考点统计】

内　容	题　号					合计分值
	2020年	2019年	2018年	2017年	2016年	
高频考点1　施工成本核算的原则、依据、范围和程序	22					1
高频考点2　施工成本核算的方法						
高频考点3　施工成本分析的依据、内容和步骤						
高频考点4　施工成本分析的方法	55	17、88	24、25			6
高频考点5　施工成本考核的依据和方法			77			2
合计分值	2	3	4			9

高频考点1　施工成本核算的原则、依据、范围和程序

一、本节高频考点总结

成本核算的原则和程序

项目	内　容
成本核算的原则	（1）项目成本核算应坚持形象进度、产值统计、成本归集同步的原则，即三者的取值范围应是一致的； （2）形象进度表达的工程量、统计施工产值的工程量和实际成本归集所依据的工程量均应是相同的数值
成本核算的程序	（1）对所发生的费用进行审核，以确定应计入工程成本的费用和计入各项期间费用的数额； （2）将应计入工程成本的各项费用，区分为哪些应当计入本月的工程成本，哪些应由其他月份的工程成本负担； （3）将每个月应计入工程成本的生产费用，在各个成本对象之间进行分配和归集，计算各工程成本； （4）对未完工程进行盘点，以确定本期已完工程实际成本； （5）将已完工程成本转入工程结算成本；核算竣工工程实际成本

二、本节考题精析

（2020-22）根据《企业会计准则》，下列费用中，属于间接费用的是（　　）。

A. 材料装卸保管费
B. 周转材料推销费
C. 施工场地清理费
D. 项目部的固定资产折旧费

【答案】D。间接费用，是指企业各施工单位为组织和管理工程施工所发生的费用。因此，本题正确选项为D。

高频考点2　施工成本核算的方法

一、本节高频考点总结

施工成本核算的方法

项目	内　容
表格核算法	（1）通过对施工项目内部各环节进行成本核算，以此为基础，核算单位和各部门定期采集信息，按照有关规定填制一系列的表格，完成数据比较、考核和简单的核算，形成工程项目成本的核算体系，作为支撑工程项目成本核算的平台； （2）优点是简便易懂，方便操作，实用性较好； （3）缺点是难以实现较为科学严密的审核制度，精度不高，覆盖面较小
会计核算法	（1）是建立在会计对工程项目进行全面核算的基础上，再利用收支全面核实和借贷记账法的综合特点，按照施工项目成本的收支范围和内容，进行施工项目成本核算； （2）不仅核算工程项目施工的直接成本，而且还要核算工程项目在施工过程中出现的债权债务、为施工生产而自购的工具、器具摊销、向发包单位的报量和收款、分包完成和分包付款等； （3）优点是科学严密，人为控制的因素较小而且核算的覆盖面较大； （4）缺点是对核算工作人员的专业水平和工作经验都要求较高； （5）项目财务部门一般采用此种方法
两种核算方法的综合使用	（1）用表格核算法进行工程项目施工各岗位成本的责任核算和控制； （2）用会计核算法进行工程项目成本核算

二、本节考题精析

本节近年无试题。

高频考点3 施工成本分析的依据、内容和步骤

一、本节高频考点总结

成本分析的依据

项目	内 容
会计核算	(1) 会计核算主要是价值核算； (2) 由于会计记录具有连续性、系统性、综合性等特点，所以它是成本分析的重要依据
业务核算	(1) 业务核算是各业务部门根据业务工作的需要建立的核算制度，它包括原始记录和计算登记表； (2) 业务核算的范围比会计、统计核算要广； (3) 会计和统计核算一般是对已经发生的经济活动进行核算，而业务核算不但可以核算已经完成的项目是否达到原定的目的、取得预期的效果，而且可以对尚未发生或正在发生的经济活动进行核算，以确定该项经济活动是否有经济效果，是否有执行的必要； (4) 它的特点是对个别的经济业务进行单项核算； (5) 业务核算的目的在于迅速取得资料，以便在经济活动中及时采取措施进行调整
统计核算	(1) 统计核算是利用会计核算资料和业务核算资料，把企业生产经营活动客观现状的大量数据，按统计方法加以系统整理，以发现其规律性； (2) 它的计量尺度比会计宽，可以用货币计算，也可以用实物或劳动量计量； (3) 它通过全面调查和抽样调查等特有的方法，不仅能提供绝对数指标，还能提供相对数和平均数指标，可以计算当前的实际水平，还可以确定变动速度以预测发展的趋势

注：成本分析的依据包括：项目成本计划；项目成本核算资料；项目的会计核算、统计核算和业务核算的资料。
成本分析的主要依据是会计核算、业务核算和统计核算所提供的资料。

成本分析的内容与步骤

项目	内 容
成本分析的内容	(1) 时间节点成本分析； (2) 工作任务分解单元成本分析； (3) 组织单元成本分析； (4) 单项指标成本分析； (5) 综合项目成本分析
成本分析的步骤	(1) 选择成本分析方法； (2) 收集成本信息； (3) 进行成本数据处理； (4) 分析成本形成原因； (5) 确定成本结果

二、本节考题精析

本节近年无试题。

高频考点 4　施工成本分析的方法

一、本节高频考点总结

成本分析的基本方法

方法	含　义	说　明
比较法	通过技术经济指标的对比，检查目标的完成情况，分析产生差异的原因	（1）将实际指标与目标指标对比； （2）本期实际指标与上期实际指标对比； （3）与本行业平均水平、先进水平对比
因素分析法	首先假定众多因素中的一个因素发生了变化，其他因素则不变，然后逐个替换，分别比较其计算结果，确定各因素的变化对成本的影响程度	（1）确定分析对象，并计算出实际与目标数的差异； （2）确定该指标是由哪几个因素组成的，并按其相互关系进行排序； （3）以目标数为基础，将各因素的目标数相乘，作为分析替代的基数； （4）将各个因素的实际数按照上面的排列顺序进行替换计算，并将替换后的实际数保留下来； （5）将每次替换计算所得的结果，与前一次的计算结果相比较，两者的差异即为该因素对成本的影响程度； （6）各个因素的影响程度之和，应与分析对象的总差异相等
差额计算法	利用各个因素的目标值与实际值的差额来计算其对成本的影响程度	—
比率法	用两个以上的指标的比例进行分析的方法	（1）相关比率法； （2）构成比率法； （3）动态比率法

综合成本的分析方法

分析项目	分析内容/对象	分析依据	分析方法
分部分项工程成本分析	是施工项目成本分析的基础。已完成分部分项工程	（1）预算成本来自投标报价成本； （2）目标成本来自施工预算； （3）实际成本来自施工任务单的实际工程量、实耗人工和限额领料单的实耗材料	进行预算成本、目标成本和实际成本的"三算"对比
月（季）度成本分析	月（季）度成本分析，是施工项目定期的、经常性的中间成本分析	当月（季）的成本报表	（1）通过实际成本与预算成本的对比； （2）通过实际成本与目标成本的对比； （3）通过对各成本项目的成本分析； （4）通过主要技术经济指标的实际与目标对比； （5）通过对技术组织措施执行效果的分析； （6）分析其他有利条件和不利条件对成本的影响

续表

分析项目	分析内容/对象	分析依据	分析方法
年度成本分析	总结一年来成本管理的成绩和不足	年度成本报表	除了月（季）度成本分析的六个方面以外，重点是针对下一年度的施工进展情况规划切实可行的成本管理措施
竣工成本的综合分析	应以各单位工程竣工成本分析资料为基础，再加上项目经理部的经营效益进行综合分析		（1）竣工成本分析； （2）主要资源节超对比分析； （3）主要技术节约措施及经济效果分析

二、本节考题精析

1.（2020-55）施工项目综合成本分析的基础是（　　）。

A. 月度成本分析　　　　　　　　B. 年度成本分析

C. 单位工程成本分析　　　　　　D. 分部分项工程成本分析

【答案】D。分部分项工程成本分析是施工项目成本分析的基础。分部分项工程成本分析的对象为已完成分部分项工程，分析的方法是：进行预算成本、目标成本和实际成本的"三算"对比，分别计算实际偏差和目标偏差，分析偏差产生的原因，为今后的分部分项工程成本寻求节约途径。因此，本题正确选项为 D。

2.（2019-17）关于施工企业年度成本分析的说法，正确的是（　　）。

A. 一般一年结算一次，可将本年度成本转入下一年

B. 分析的依据是年度成本报表

C. 分析应以本年度开工建设的项目为对象，不含以前年度开工的项目

D. 分析应以本年度竣工验收的项目为对象，不含本年度未完工的项目

【答案】B。企业成本要求一年结算一次，不得将本年成本转入下一年度。A 选项说法错误。年度成本分析的依据是年度成本报表。B 选项说法正确。年度成本分析的内容，除了月（季）度成本分析的六个方面以外，重点是针对下一年度的施工进展情况制定切实可行的成本管理措施，以保证施工项目成本目标的实现。C、D 选项说法错误。因此，本题正确选项为 B。

3.（2019-88）关于分部分项工程成本分析资料来源的说法，正确的有（　　）。

A. 实际成本来自实际工程量和计划单价的乘积

B. 投标报价来自预算成本

C. 预算成本来自投标报价

D. 成本偏差来自预算成本与目标成本的差额

E. 目标成本来自施工预算

【答案】C、E。分部分项工程成本分析的资料来源为：预算成本来自投标报价成本，目标成本来自施工预算，实际成本来自施工任务单的实际工程量、实耗人工和限额领料单的实耗材料。因此，本题正确选项为 C、E。

4.（2018-24）某单位产品 1 月份成本相关参数见下表，用因素分析法计算，单位产

品人工消耗量变动对成本的影响是（　　）元。

项目	单位	计划值	实际值
产品产量	件	180	200
单位产品人工消耗量	工日/件	12	11
人工单价	元/工日	100	110

A. －18000　　　　　　　　　　　B. －19800

C. －20000　　　　　　　　　　　D. －22000

【答案】C。因素分析法的计算步骤如下：（1）确定分析对象，计算实际与目标数的差异；（2）确定该指标是由哪几个因素组成的，并按其相互关系进行排序（排序规则是：先实物量，后价值量；先绝对值，后相对值）；（3）以目标数为基础，将各因素的目标数相乘，作为分析替代的基数；（4）将各个因素的实际数按照已确定的排列顺序进行替换计算，并将替换后的实际数保留下来；（5）将每次替换计算所得的结果，与前一次的计算结果相比较，两者的差异即为该因素对成本的影响程度；（6）各个因素的影响程度之和，应与分析对象的总差异相等。因此，本题正确选项为C。

5.（2018-25）对施工项目进行综合成本分析时，可作为分析基础的是（　　）。

A. 月（季）度成本分析　　　　　B. 分部分项工程成本分析

C. 年度成本分析　　　　　　　　D. 竣工成本分析

【答案】B。分部分项工程成本分析是施工项目成本分析的基础。分部分项工程成本分析的对象为已完成分部分项工程，分析的方法是：进行预算成本、目标成本和实际成本的"三算"对比，分别计算实际偏差和目标偏差，分析偏差产生的原因，为今后的分部分项工程成本寻求节约途径。因此，本题正确选项为B。

高频考点5　施工成本考核的依据和方法

一、本节高频考点总结

成本计划指标

项目	示　　例
成本计划的数量指标	（1）按子项汇总的工程项目计划总成本指标； （2）按分部汇总的各单位工程（或子项目）计划成本指标； （3）按人工、材料、机具等各主要生产要素划分的计划成本指标
成本计划的质量指标	（1）设计预算成本计划降低率＝设计预算总成本计划降低额/设计预算总成本； （2）责任目标成本计划降低率＝责任目标总成本计划降低额/责任目标总成本
成本计划的效益指标	（1）设计预算总成本计划降低额＝设计预算总成本－计划总成本； （2）责任目标总成本计划降低额＝责任目标总成本－计划总成本

注：公司应以项目成本降低额、项目成本降低率作为项目管理机构成本考核的主要指标。成本考核也可分别考核公司层和项目管理机构。

二、本节考题精析

（2018-77）建设工程施工成本考核的主要指标有（　　）。

A. 施工成本降低额　　　　　　　B. 竣工工程实际成本

C. 局部成本偏差 　　　　　　　　　　D. 施工成本降低率

E. 累计成本偏差

【答案】A、D。施工成本考核是衡量成本降低的实际成果，也是对成本指标完成情况的总结和评价。成本考核制度包括考核的目的、时间、范围、对象、方式、依据、指标、组织领导、评价与奖惩原则等内容。以施工成本降低额和施工成本降低率作为成本考核的主要指标，要加强组织管理层对项目管理部的指导，并充分依靠技术人员、管理人员和作业人员的经验和智慧，防止项目管理在企业内部异化为靠少数人承担风险的以包代管模式。成本考核也可分别考核组织管理层和项目经理部。因此，本题正确选项为 A、D。

2Z103000　施工进度管理

2Z103010　建设工程项目进度控制的目标和任务

【近年考点统计】

内　　容	题　号					合计分值
	2020 年	2019 年	2018 年	2017 年	2016 年	
高频考点 1　建设工程项目总进度目标	68、93	63	7、27、79	27、28、29、79	28、79	16
高频考点 2　建设工程项目进度控制的任务	57	21				2
合计分值	4	2	4	5	3	18

【高频考点精讲】

高频考点 1　建设工程项目总进度目标

一、本节高频考点总结

建设工程项目的总进度目标内涵

序号		内　　容
1	原则	在确保工程质量的前提下控制工程进度
2	确定时间	是整个项目的进度目标，是在项目决策阶段项目定义时确定的
3	项目管理的主要任务	是在项目的实施阶段对项目的目标进行控制
4	分析和论证	进行总进度目标控制前，首先应分析和论证目标实现的可能性
5	组成	不仅是施工进度，还包括： （1）设计前准备阶段的工作进度； （2）设计工作进度； （3）招标工作进度； （4）施工前准备工作进度； （5）工程施工和设备安装工作进度； （6）工程物资采购工作进度； （7）项目动用前的准备工作进度

建设工程项目总进度目标的论证

项目	内 容
论证核心	是通过编制总进度纲要论证总进度目标实现的可能性
总进度纲要的主要内容	(1) 项目实施的总体部署; (2) 总进度规划; (3) 各子系统进度规划; (4) 确定里程碑事件的计划进度目标; (5) 总进度目标实现的条件和应采取的措施等
论证的工作步骤	(1) 调查研究和收集资料; (2) 进行项目结构分析; (3) 进行进度计划系统的结构分析; (4) 确定项目的工作编码; (5) 编制各层(各级)进度计划; (6) 协调各层进度计划的关系和编制总进度计划; (7) 若所编制的总进度计划不符合项目的进度目标,则设法调整; (8) 经过多次调整,进度目标无法实现则报告项目决策者

建设工程项目进度计划系统的分类

划分标准或依据	计划系统的分类	说明
由不同深度的计划构成的进度计划系统	(1) 总进度规划(计划); (2) 项目子系统进度规划(计划); (3) 项目子系统中的单项工程进度计划等	各进度计划或各子系统进度计划编制和调整时须注意相互间的联系和协调
由不同功能的计划构成的进度计划系统	(1) 控制性进度规划(计划); (2) 指导性进度规划(计划); (3) 实施性(操作性)进度计划等	
由不同项目参与方的计划构成的进度计划系统	(1) 业主方编制的整个项目实施的进度计划; (2) 设计进度计划; (3) 施工和设备安装进度计划; (4) 采购和供货进度计划等	
由不同周期的计划构成的进度计划系统	(1) 5年建设进度计划; (2) 年度、季度、月度和旬计划等	

进度控制的动态过程与环节

环节顺序	环节	内 容
1	进度目标的分析和论证	论证目标是否合理、有否可能实现。如果经过论证,目标不能实现,则须调整目标
2	编制进度计划	在收集资料和调查研究的基础上编制进度计划
3	跟踪检查,有偏差时调整计划	定期跟踪检查所编制的进度计划执行情况,有偏差采取纠偏措施,并适当调整进度计划

二、本节考题精析

1.（2020-68）项目总进度目标论证的主要工作有：①确定项目的工作编码；②编制总进度计划；③编制各层进度计划；④进行进度计划系统的结构分析。这些工作的正确顺序（　　）。

    A. ④—①—③—②   B. ①—④—③—②

    C. ②—④—③—①   D. ③—②—①—④

【答案】A。建设工程项目总进度目标论证的工作步骤如下：（1）调查研究和收集资料；（2）进行项目结构分析；（3）进行进度计划系统的结构分析；（4）确定项目的工作编码；（5）编制各层（各级）进度计划；（6）协调各层进度计划的关系和编制总进度计划；（7）若所编制的总进度计划不符合项目的进度目标，则设法调整；（8）若经过多次调整，进度目标无法实现，则报告项目决策者。因此，本题正确选项为A。

2.（2020-93）项目实施阶段的总进度包括（　　）工作进度。

    A. 设计   B. 招标

    C. 可行性研究   D. 工程物资采购

    E. 工程施工

【答案】A、B、D、E。在项目的实施阶段，项目总进度不仅只是施工进度，它包括：（1）设计前准备阶段的工作进度；（2）设计工作进度；（3）招标工作进度；（4）施工前准备工作进度；（5）工程施工和设备安装工作进度；（6）工程物资采购工作进度；（7）项目动用前的准备工作进度等。因此，本题正确选项为A、B、D、E。

3.（2019-63）建设工程项目进度计划按编制的深度可分为（　　）。

    A. 指导性进度计划、控制性进度计划、实施性进度计划

    B. 总进度计划、单项工程进度计划、单位工程进度计划

    C. 里程碑表、横道图计划、网络计划

    D. 年度进度计划、季度进度计划、月进度计划

【答案】B。由不同深度的计划构成的进度计划系统包括：（1）总进度规划（计划）；（2）项目子系统进度规划（计划）；（3）项目子系统中的单项工程进度计划等。由不同功能的计划构成的进度计划系统包括：（1）控制性进度规划（计划）；（2）指导性进度规划（计划）；（3）实施性（操作性）进度计划等。由不同项目参与方的计划构成的进度计划系统包括：（1）业主方编制的整个项目实施的进度计划；（2）设计进度计划；（3）施工和设备安装进度计划；（4）采购和供货进度计划等。由不同周期的计划构成的进度计划系统包括：（1）5年（或多年）建设进度计划；（2）年度、季度、月度和旬计划等。因此，本题正确选项为B。

4.（2018-7）大型建设工程项目进度目标分解的工作有：①编制各子项目施工进度计划；②编制施工总进度计划；③编制施工总进度规划；④编制项目各子系统进度计划。正确的目标分解过程是（　　）。

    A. ②—③—①—④   B. ②—③—④—①

    C. ③—②—①—④   D. ③—②—④—①

【答案】D。由不同深度的计划构成的进度计划系统包括：（1）总进度规划（计划）；（2）项目子系统进度规划（计划）；（3）项目子系统中的单项工程进度计划等。规划比计

划更宏观，根据深度不同，宜由粗到细。因此，本题正确选项为 D。

5.（2018-27）根据建设工程项目总进度目标论证的工作步骤，编制各层（各级）进度计划的紧前工作是（　　）。

A. 调查研究和资料收集　　　　　　B. 进行项目结构分析

C. 进行进度计划系统的结构分析　　D. 确定项目的工作编码

【答案】D。建设工程项目总进度目标论证的工作步骤如下：（1）调查研究和收集资料；（2）进行项目结构分析；（3）进行进度计划系统的结构分析；（4）确定项目的工作编码；（5）编制各层（各级）进度计划；（6）协调各层进度计划的关系和编制总进度计划；（7）若所编制的总进度计划不符合项目的进度目标，则设法调整；（8）若经过多次调整，进度目标无法实现，则报告项目决策者。因此，本题正确选项为 D。

6.（2018-79）大型建设工程项目总进度纲要的主要内容包括（　　）。

A. 项目实施总体部署　　　　　　　B. 总进度规划

C. 施工准备与资源配置计划　　　　D. 确定里程碑事件的计划进度目标

E. 总进度目标实现的条件和应采取的措施

【答案】A、B、D、E。总进度纲要的主要内容包括：（1）项目实施的总体部署；（2）总进度规划；（3）各子系统进度规划；（4）确定里程碑事件的计划进度目标；（5）总进度目标实现的条件和应采取的措施等。因此，本题正确选项为 A、B、D、E。

7.（2017-27）关于建设工程项目总进度目标的说法，正确的是（　　）。

A. 建设工程项目总进度目标的控制是施工总承包方项目管理的任务

B. 项目实施阶段的总进度指的就是施工进度

C. 在进行项目总进度目标控制前，应分析和论证目标实现的可能性

D. 项目总进度目标论证就是要编制项目的总进度计划

【答案】C。建设工程项目的总进度目标指的是整个项目的进度目标，它是在项目决策阶段项目定义时确定的，项目管理的主要任务是在项目的实施阶段对项目的目标进行控制。建设工程项目总进度目标的控制是业主方项目管理的任务（若采用建设项目总承包的模式，协助业主进行项目总进度目标的控制也是建设项目总承包方项目管理的任务）。在进行建设工程项目总进度目标控制前，首先应分析和论证目标实现的可能性。若项目总进度目标不可能实现，则项目管理者应提出调整项目总进度目标的建议，提请项目决策者审议。大型建设工程项目总进度目标论证的核心工作是通过编制总进度纲要论证总进度目标实现的可能性。因此，本题正确选项为 C。

8.（2017-28）建设工程项目总进度目标论证的主要工作包括：①进行进度计划系统的结构分析；②进行项目结构分析；③确定项目的工作编码；④协调各层进度计划的关系；⑤编制各层进度计划。其正确的工作步骤是（　　）。

A. ①→②→③→④→⑤　　　　　B. ③→②→④→①→⑤

C. ②→①→③→⑤→④　　　　　D. ①→③→②→④→⑤

【答案】C。建设工程项目总进度目标论证的工作步骤如下：（1）调查研究和收集资料；（2）进行项目结构分析；（3）进行进度计划系统的结构分析；（4）确定项目的工作编码；（5）编制各层（各级）进度计划；（6）协调各层进度计划的关系和编制总进度计划；（7）若所编制的总进度计划不符合项目的进度目标，则设法调整；（8）若经过多次调整，

进度目标无法实现，则报告项目决策者。因此，本题正确选项为 C。

9.（2017-29）对某综合楼项目实施阶段的总进度目标进行控制的主体是（　　）。

A. 设计单位　　　　　　　　　　B. 建设单位

C. 施工单位　　　　　　　　　　D. 监理单位

【答案】B。建设工程项目总进度目标的控制是业主方项目管理的任务（若采用建设项目总承包的模式，协助业主进行项目总进度目标的控制也是建设项目总承包方项目管理的任务）。因此，本题正确选项为 B。

10.（2017-79）关于建设工程项目进度计划系统的说法，正确的有（　　）。

A. 项目进度计划系统的建立和完善是逐步进行的

B. 在项目进展过程中进度计划需要不断地调整

C. 供货方根据需要和用途可编制不同深度的进度计划系统

D. 业主方只需编制总进度规划和控制性进度规划

E. 业主方与施工方进度控制的目标和时间范畴相同

【答案】A、B、C。建设工程项目进度计划系统是由多个相互关联的进度计划组成的系统，它是项目进度控制的依据。由于各种进度计划编制所需要的必要资料是在项目进展过程中逐步形成的，因此项目进度计划系统的建立和完善也有一个过程，它也是逐步完善的。A 选项说法正确。进度控制的过程是在确保进度目标的前提下，在项目进展的过程中不断调整进度计划的过程。B 选项说法正确。由于项目进度控制不同的需要和不同的用途，业主方和项目各参与方可以编制多个不同的建设工程项目进度计划系统。C 选项说法正确。各参与方可以编制由不同功能的计划构成的进度计划系统包括：控制性进度规划（计划）；指导性进度规划（计划）；实施性（操作性）进度计划等。D 选项说法错误。业主方进度控制的任务是控制整个项目实施阶段的进度，包括控制设计准备阶段的工作进度、设计工作进度、施工进度、物资采购工作进度以及项目动用前准备阶段的工作进度。施工方进度控制的任务是依据施工任务委托合同对施工进度的要求控制施工工作进度，这是施工方履行合同的义务。E 选项说法错误。因此，本题正确选项为 A、B、C。

11.（2016-28）建设工程项目总进度目标论证的工作包括：①进行项目结构分析；②调查研究和收集资料；③编制各层进度计划；④协调各层进度计划的关系和编制总进度计划；⑤确定项目的工作编码，其正确的工作步骤是（　　）。

A. ①→③→④→②→⑤　　　　　　B. ①→④→②→⑤→③

C. ②→①→⑤→③→④　　　　　　D. ②→③→①→④→⑤

【答案】C。建设工程项目总进度目标论证的工作步骤如下：（1）调查研究和收集资料；（2）进行项目结构分析；（3）进行进度计划系统的结构分析；（4）确定项目的工作编码；（5）编制各层（各级）进度计划；（6）协调各层进度计划的关系和编制总进度计划；（7）若所编制的总进度计划不符合项目的进度目标，则设法调整；（8）若经过多次调整，进度目标无法实现，则报告项目决策者。因此，本题正确选项为 C。

12.（2016-79）业主方编制的由不同深度的计划构成的进度计划系统包括（　　）。

A. 总进度计划　　　　　　　　　B. 控制性进度计划

C. 年度进度计划　　　　　　　　D. 单项工程进度计划

E. 项目子系统进度计划

【答案】A、D、E。由不同深度的计划构成的进度计划系统包括：（1）总进度规划（计划）；（2）项目子系统进度规划（计划）；（3）项目子系统中的单项工程进度计划等。因此，本题正确选项为A、D、E。

高频考点2 建设工程项目进度控制的任务

一、本节高频考点总结

各主体项目进度控制的任务

主体	任务
业主方	（1）控制整个项目实施阶段的进度； （2）包括控制设计准备阶段的工作进度、设计工作进度、施工进度、物资采购工作进度以及项目动用前准备阶段的工作进度
设计方	（1）依据设计任务委托合同对设计工作进度的要求控制设计工作进度； （2）使设计工作的进度与招标、施工和物资采购等工作进度相协调
施工方	（1）依据施工任务委托合同对施工进度的要求控制施工工作进度； （2）施工方编制深度不同的控制性和直接指导项目施工的进度计划，以及按不同计划周期编制的计划
供货方	（1）依据供货合同对供货的要求控制供货工作进度； （2）供货进度计划包括供货的所有环节

二、本节考题精析

1.（2020-57）下列进度控制工作中，属于业主方任务的是（   ）。

A. 控制设计准备阶段的工作进度　　　　B. 编制施工图设计进度计划

C. 调整初步设计小组的人员　　　　　　D. 确定设计总说明的编制时间

【答案】A。业主方进度控制的任务是控制整个项目实施阶段的进度，包括控制设计准备阶段的工作进度、设计工作进度、施工进度、物资采购工作进度以及项目动用前准备阶段的工作进度。因此，本题正确选项为A。

2.（2019-21）关于建设工程项目进度计划系统构成的说法，正确的是（   ）。

A. 进度计划系统是对同一个计划采用不同方法表示的计划系统

B. 同一个项目进度计划系统的组成不变

C. 同一个项目进度计划系统中的各进度计划之间不能相互关联

D. 进度计划系统包括对同一个项目按不同周期进度计划组成的计划系统

【答案】D。建设工程项目进度计划系统是由多个相互关联的进度计划组成的系统，它是项目进度控制的依据。A选项说法错误。由于各种进度计划编制所需要的必要资料是在项目进展过程中逐步形成的，因此项目进度计划系统的建立和完善也有一个过程，它也是逐步完善的。B选项说法错误。由于项目进度控制不同的需要和不同的用途，业主方和项目各参与方可以编制多个不同的建设工程项目进度计划系统，如：（1）由多个相互关联的不同计划深度的进度计划组成的计划系统；（2）由多个相互关联的不同计划功能的进度计划组成的计划系统；（3）由多个相互关联的不同项目参与方的进度计划组成的计划系统；（4）由多个相互关联的不同计划周期的进度计划组成的计划系统。C选项说法错误。

此外还有由不同深度的计划构成的进度计划系统、由不同功能的计划构成的进度计划系统、由不同项目参与方的计划构成的进度计划系统、由不同周期的计划构成的进度计划系统。D选项说法正确。因此，本题正确选项为D。

2Z103020 施工进度计划的类型及其作用

内 容		题 号				合计分值
		2020 年	2019 年	2018 年	2017 年	2016 年	
高频考点 1	施工进度计划的类型			80			2
高频考点 2	控制性施工进度计划的作用	85		28		29	4
高频考点 3	实施性施工进度计划的作用	37			80	80	5
合计分值		3		3	2	3	11

【高频考点精讲】

高频考点 1 施工进度计划的类型

一、本节高频考点总结

施工方编制的与施工进度有关的两种计划对比

对比项目	施工企业的施工生产计划	建设工程项目施工进度计划
计划所属范畴	属企业计划的范畴	属工程项目管理的范畴
针对对象	针对整个企业	针对具体的工程项目
编制依据	以整个施工企业为系统，根据施工任务量，企业经营的需求和资源利用的可能性等	以每个建设工程项目的施工为系统，依据企业的施工生产计划的总体安排和履行施工合同的要求，以及施工的条件和资源利用的可能性
编制内容	合理安排计划周期内的施工生产活动	合理安排一个项目施工的进度
编制计划的类型	(1) 年度生产计划； (2) 季度生产计划； (3) 月度生产计划； (4) 旬生产计划	(1) 整个项目施工总进度方案、施工总进度规划、施工总进度计划，注意小型项目只需编制施工总进度计划； (2) 子项目施工进度计划、单体工程施工进度计划； (3) 项目施工的年度施工计划、项目施工的季度施工计划、项目施工的月度施工计划和旬施工作业计划等

按照计划功能划分项目进度计划的特点

类型	特点	说明
控制性施工进度计划	更宏观	（1）大型和特大型建设工程项目需要编制控制性、指导性和实施性施工进度计划；
指导性施工进度计划	与控制性施工进度计划界限并不清晰	（2）小型建设工程项目仅编制两个层次的计划即可
实施性施工进度计划	具体组织施工的进度计划，非常具体	

二、本节考题精析

（2018-80）关于与施工进度有关的计划及其类型的说法，正确的有（　　）。

A. 建设工程项目施工进度计划一般由业主编制

B. 施工企业的施工生产计划属于工程项目管理的范畴

C. 建设工程项目施工进度计划应依据企业的施工生产计划合理安排

D. 施工企业的生产计划编制需要往复多次的协调过程

E. 施工企业的月度生产计划属于实施性施工进度计划

【答案】C、D。建设工程项目施工进度计划一般由承包方编制。A 选项说法错误。施工企业的施工生产计划，属企业计划的范畴。B 选项说法错误。它以整个施工企业为系统，根据施工任务量、企业经营的需求和资源利用的可能性等，合理安排计划周期内的施工生产活动，如年度生产计划、季度生产计划、月度生产计划和旬生产计划等。C 选项说法正确。施工企业的施工生产计划与建设工程项目施工进度计划虽属两个不同系统的计划，但是，两者是紧密相关的。前者针对整个企业，而后者则针对一个具体工程项目，计划的编制有一个自下而上和自上而下的往复多次的协调过程。D 选项说法正确。月度施工计划和旬施工作业计划是用于直接组织施工作业的计划，它是实施性施工进度计划。E 选项说的是生产计划，说法错误。因此，本题正确选项为 C、D。

高频考点 2　控制性施工进度计划的作用

一、本节高频考点总结

控制性施工进度计划的知识归纳

项目	内　容
计划的表现	工程项目的施工总进度规划或施工总进度计划
编制流程	先编制施工总进度规划，逐层分解和细化目标，再编制较具体的施工总进度计划
编制主要目的	对施工承包合同中的施工进度目标再论证，并对进度目标进行分解，确定施工的总体部署以及实现进度目标的里程碑事件的进度目标
主要作用	（1）论证施工总进度目标； （2）分解施工总进度目标来确定里程碑事件的进度目标； （3）是编制实施性进度计划的依据； （4）是编制与该项目相关的其他各种进度计划的依据或参考依据； （5）是施工进度动态控制的依据

二、本节考题精析

1.（2020-85）编制控制性施工进度计划的目的有（　　）。

A. 对施工进度目标进行再论证　　　　B. 确定施工的总体部署

C. 确定施工机械的需求　　　　　　　D. 对进度目标进行分解

E. 确定控制节点的进度目标

【答案】A、B、D、E。控制性施工进度计划编制的主要目的是通过计划的编制，以对施工承包合同所规定的施工进度目标进行再论证，并对进度目标进行分解，确定施工的总体部署，并确定为实现进度目标的里程碑事件的进度目标（或称其为控制节点的进度目标），作为进度控制的依据。因此，本题正确选项为 A、B、D、E。

2. （2018-28）编制控制性施工进度计划的主要目的是（　　　）。

A. 合理安排施工企业计划周期内的生产活动

B. 具体指导建设工程施工

C. 对施工承包合同所规定的施工进度目标进行再论证

D. 确定项目实施计划周期内的资金需求

【答案】C。控制性施工进度计划编制的主要目的是通过计划的编制，以对施工承包合同所规定的施工进度目标进行再论证，并对进度目标进行分解，确定施工的总体部署，并确定为实现进度目标的里程碑事件的进度目标（或称其为控制节点的进度目标），作为进度控制的依据。因此，本题正确选项为 C。

3. （2016-29）施工中可作为整个项目进度控制的纲领性文件，并且作为组织和指挥施工依据的是（　　　）。

A. 施工承包合同　　　　　　　　　　B. 项目年度施工进度计划

C. 实施性施工进度计划　　　　　　　D. 控制性施工进度计划

【答案】D。控制性施工进度计划是整个项目施工进度控制的纲领性文件，是组织和指挥施工的依据。当时在编制控制性施工进度计划时，初步设计还刚开始。因此它不仅是控制施工进度的依据，也是协调设计进度、物资采购计划和制定资金使用计划等的重要参考文件。因此，本题正确选项为 D。

高频考点 3　实施性施工进度计划的作用

一、本节高频考点总结

实施性施工进度计划的知识归纳

项目	内　　容
计划的表现	月度施工计划和旬施工作业计划是实施性施工进度计划
编制依据	结合工程施工具体条件，并以控制性施工进度计划所确定的里程碑事件的进度目标为依据
月度施工计划内容	（1）月度中将要进行的施工作业的名称、实物工程量、工作持续时间、所需的施工机械名称、施工机械的数量等； （2）各施工作业相应的日历天的安排； （3）各施工作业的施工顺序
旬施工计划内容	（1）旬度中每个施工作业（施工工序）的名称、实物工程量、工种、每天的出勤人数、工作班次、工效、工作持续时间、所需的施工机械名称、施工机械的数量、机械的台班产量等； （2）各施工作业相应的日历天的安排； （3）各施工作业的施工顺序

项目	内　容
主要作用	(1) 确定施工作业的具体安排； (2) 人工需求：确定一个月度或旬的人工需求（工种和相应的数量）； (3) 机械需求：确定一个月度或旬的施工机械的需求（机械名称和数量）； (4) 材料需求：确定一个月度或旬的建筑材料（包括成品、半成品和辅助材料等）的需求（名称和数量）； (5) 资金需求：确定一个月度或旬的资金的需求

二、本节考题精析

1. （2020-37）编制实施性施工进度计划的主要作用是（　　）。

A. 论证施工总进度目标　　　　　　B. 确定施工作业的具体安排

C. 确定里程碑事件的进度目标　　　D. 分解施工总进度目标

【答案】B。实施性施工进度计划的主要作用如下：（1）确定施工作业的具体安排；（2）确定（或据此可计算）一个月度或旬的人工需求（工种和相应的数量）；（3）确定（或据此可计算）一个月度或旬的施工机械的需求（机械名称和数量）；（4）确定（或据此可计算）一个月度或旬的建筑材料（包括成品、半成品和辅助材料等）的需求（建筑材料的名称和数量）；（5）确定（或据此可计算）一个月度或旬的资金的需求等。因此，本题正确选项为B。

2. （2017-80）关于实施性施工进度计划作用的说法，正确的有（　　）。

A. 确定施工总进度目标　　　　　　B. 确定里程碑事件的进度目标

C. 确定施工作业的具体安排　　　　D. 确定一定周期内的人工需求

E. 确定一定周期内的资金需求

【答案】C、D、E。实施性施工进度计划的主要作用如下：（1）确定施工作业的具体安排；（2）确定（或据此可计算）一个月度或旬的人工需求（工种和相应的数量）；（3）确定（或据此可计算）一个月度或旬的施工机械的需求（机械名称和数量）；（4）确定（或据此可计算）一个月度或旬的建筑材料（包括成品、半成品和辅助材料等）的需求（建筑材料的名称和数量）；（5）确定（或据此可计算）一个月度或旬的资金的需求等。因此，本题正确选项为C、D、E。

3. （2016-80）关于实施性施工进度计划及其作用的说法，正确的有（　　）。

A. 可以论证项目进度目标　　　　　B. 可以确定里程碑事件的进度目标

C. 可以确定项目的年度资金需求　　D. 可以确定施工作业的具体安排

E. 以控制性施工进度计划为依据编制

【答案】D、E。月度施工计划和旬施工作业计划是用于直接组织施工作业的计划，它是实施性施工进度计划。旬施工作业计划是月度施工计划在一个旬中的具体安排。实施性施工进度计划的编制应结合工程施工的具体条件，并以控制性施工进度计划所确定的里程碑事件的进度目标为依据。A、B、C选项说法都是不正确的。实施性施工进度计划的主要作用如下：（1）确定施工作业的具体安排；（2）确定（或据此可计算）一个月度或旬的人工需求（工种和相应的数量）、施工机械的需求（机械名称和数量）、建筑材料（包括成品、半成品和辅助材料等）的需求（建筑材料的名称和数量）、资金的需求等。因此，本题正确选项为 D、E。

2Z103030　施工进度计划的编制方法

【近年考点统计】

内　容	题　号					合计分值
	2020 年	2019 年	2018 年	2017 年	2016 年	
高频考点 1　横道图进度计划的编制方法		19	29		30	3
高频考点 2　工程网络计划的类型和应用	14、24、46、64、92	26、42、49、61、75、81、86	30、31、32、33、34、37、81	30、31、32、33、81	31、32、33、34、35、81	37
高频考点 3　关键工作、关键路线和时差						
合计分值	6	11	9	6	8	40

【高频考点精讲】

高频考点 1　横道图进度计划的编制方法

一、本节高频考点总结

横道图的优缺点

项目	内　容
缺点	（1）工序（工作）之间的逻辑关系可以设法表达，但不易表达清楚； （2）适用于手工编制计划； （3）没有严谨的进度计划时间参数计算，不能确定计划的关键工作、关键路线与时差； （4）调整只能用手工方式进行，工作量较大； （5）难适应大的进度计划系统
优点	（1）最简单并运用最广的传统的计划方法； （2）适用于小型项目或大型项目子项目，或用于计算资源需要量、概要预示进度，也可用于其他计划技术的表示结果； （3）表达方式直观，计划编制的意图容易看懂

二、本节考题精析

1.（2019-19）某建设工程施工横道图进度计划见下表，则关于该工程施工组织的说法，正确的是（　　）。

施工过程名称	施工进度/ (d)									
	3	6	9	12	15	18	21	24	27	30
支模板	Ⅰ-1	Ⅰ-2	Ⅰ-3	Ⅰ-4	Ⅱ-1	Ⅱ-2	Ⅱ-3	Ⅱ-4		
绑扎钢筋		Ⅰ-1	Ⅰ-2	Ⅰ-3	Ⅰ-4	Ⅱ-1	Ⅱ-2	Ⅱ-3	Ⅱ-4	
浇混凝土			Ⅰ-1	Ⅰ-2	Ⅰ-3	Ⅰ-4	Ⅱ-1	Ⅱ-2	Ⅱ-3	Ⅱ-4

注：Ⅰ、Ⅱ表示楼层；1、2、3、4表示施工段。

A. 各层内施工过程间不存在技术间歇和组织间歇

B. 所有施工过程由于施工楼层的影响，均可能造成施工不连续

C. 由于存在两个施工楼层，每一施工过程均可安排2个施工队伍

D. 在施工高峰期（第9～24日期间），所有施工段上均有工人在施工

【答案】A。由题中的横道图进度计划可知，该计划为一个两层的钢筋混凝土主体结构的施工，施工过程为支模板、绑扎钢筋、浇筑混凝土，分四个施工段，等节奏流水。从进度计划图上看出，该计划不存在技术间歇和组织间歇（技术间歇是指有些工序之间必须留有必要的技术间歇时间，如砌筑与抹灰之间，应在墙体砌筑后留6～10d时间，让墙体充分沉陷、稳定、干燥，然后再抹灰，抹灰层干燥后，才能喷白、刷浆；混凝土浇筑与模板拆除之间，应保证混凝土有一定的硬化时间，达到规定拆模强度后方可拆除等。施工组织原因造成的间歇时间称为组织间歇，如回填土前地下管道检查验收、施工机械转移以及其他作业准备等工作）；由于施工段数大于施工过程数，所以各施工过程能够连续施工，而且只需要配备一个专业工作队；在第9～24天期间，每天有三个专业工作队在三个施工段上进行施工，故有施工段的工作面空闲。因此，本题正确选项为A。

2.（2018-29）关于横道图进度计划的说法，正确的是（　　）。

A. 横道图的一行只能表达一项工作　　B. 横道图的工作可按项目对象排序

C. 工作的简要说明必须放在表头内　　D. 横道图不能表达工作间的逻辑关系

【答案】B。横道图是一种最简单并运用最广的传统的计划方法，尽管有许多新的计划技术，横道图在建设领域中的应用还是非常普遍。通常横道图的表头为工作及其简要说明，项目进展表示在时间表格上，横道图的另一种可能的形式是将工作简要说明直接放在横道上，这样，一行上可容纳多项工作，这一般运用在重复性的任务上。A、C选项说法错误。横道图也可将最重要的逻辑关系标注在内，工序（工作）之间的逻辑关系可以设法表达，但不易表达清楚。D选项说法过于绝对。根据横道图使用者的要求，工作可按照时间先后、责任、项目对象、同类资源等进行排序。B选项说法正确。因此，本题正确选项为B。

3.（2016-30）关于横道图进度计划的说法，正确的是（　　）。

A. 可用于计算资源需要量

B. 尤其适用于较大的进度计划系统

C. 各项工作必须按照时间先后进行排序

D. 不能将工作简要说明直接放在横道上

【答案】A。通常横道图的表头为工作及其简要说明，项目进展表示在时间表格上，横道图的另一种可能的形式是将工作简要说明直接放在横道上，横道图用于小型项目或大型项目子项目上，或用于计算资源需要量、概要预示进度，也可用于其他计划技术的表示结果。因此，本题正确选项为A。

高频考点2　工程网络计划的类型和应用

一、本节高频考点总结

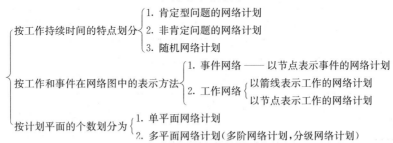

工程网络计划的类型

双代号网络计划的基本概念

项目	子项目	内　　容
箭线	箭线的概念	（1）每条箭线表示一项工作。箭线的箭尾节点 i 表示该工作的开始，箭线的箭头节点 j 表示该工作的完成。 （2）工作名称标注在箭线的上方，完成该项工作所需要的持续时间标注在箭线的下方。 （3）一项工作需用一条箭线和其箭尾和箭头处两个圆圈中的号码来表示，故称为双代号表示法。 （4）箭线分为实箭线和虚箭线
	实箭线	（1）任意一条实箭线都要占用时间、消耗资源（有时只占时间，不消耗资源）； （2）一条箭线表示项目中的一个施工过程，可以是工序、分项工程、分部工程或单位工程，其粗细程度、大小范围的划分根据计划任务的需要来确定
	虚箭线	虚箭线不占用时间，也不消耗资源，起工作之间的联系、区分和断路三个作用： （1）联系作用：表达工作之间相互依存的关系； （2）区分作用：两项工作相同时，使用虚工作加以区分； （3）断路作用：无联系的工作连接上时，加上虚工作将其断开
	箭线绘制	（1）无时间坐标限制的网络图中，箭线的长度可以任意画，占用的时间以下方标注的时间参数为准； （2）有时间坐标限制的网络图中，箭线的长度必须根据持续时间的大小按比例绘制； （3）箭线可以为直线、折线或斜线，方向应从左向右
	箭线表示的工作类型	（1）在双代号网络图中，通常将被研究的工作用 $i-j$ 工作表示； （2）紧排在本工作之前的工作称为紧前工作； （3）紧排在本工作之后的工作称为紧后工作； （4）与之平行进行的工作称为平行工作

项目	子项目	内 容
节点	节点概念	(1) 是网络图中箭线之间的连接点； (2) 在时间上节点反映前后工作的交接点
	节点类型	(1) 起点节点：网络图的第一个节点，它只有外向箭线，一般表示一项任务或一个项目的开始； (2) 终点节点：网络图的最后一个节点，它只有内向箭线，一般表示一项任务或一个项目的完成； (3) 中间节点：网络图中既有内向箭线，又有外向箭线的节点
	节点绘制方法	(1) 双代号网络图中，节点应用圆圈表示，并在圆圈内编号； (2) 一项工作应当只有唯一的一条箭线和相应的一对节点； (3) 箭尾节点的编号小于其箭头节点的编号，即 $i<j$； (4) 节点的编号顺序应从小到大，可不连续，但不允许重复
线路	线路概念	(1) 从起始节点开始，沿箭头方向经过一系列箭线与节点，最后到达终点节点的通路称为线路； (2) 一个网络图中可能有很多条线路； (3) 线路中各项工作持续时间之和就是该线路的长度，即线路所需要的时间
	关键线路	(1) 在各条线路中，总时间最长的线路，称为关键线路； (2) 线路长度小于关键线路的为非关键线路； (3) 关键线路有一条或几条
逻辑关系	概念	工作之间相互制约或相互依赖的关系称为逻辑关系
	表达形式	(1) 工艺关系：生产性工作之间由工艺过程决定的、非生产性工作之间由工作程序决定的先后顺序； (2) 组织关系：工作之间由于组织安排需要或资源（人力、材料、机械设备和资金等）调配需要而规定的先后顺序关系

双代号网络计划的绘图规则

序号	内 容
1	必须正确表达已定的逻辑关系
2	(1) 双代号网络图中，严禁出现循环回路； (2) 循环回路是指从网络图中的某一个节点出发，顺着箭线方向又回到了原来出发点的线路
3	在节点之间严禁出现带双向箭头或无箭头的连线
4	严禁出现没有箭头节点或没有箭尾节点的箭线
5	某些节点有多条外向箭线或多条内向箭线时，可使用母线法绘制（但应满足一项工作用一条箭线和相应的一对节点表示）
6	(1) 绘制网络图时，箭线不宜交叉； (2) 交叉不可避免时，可用过桥法或指向法
7	应只有一个起点节点和一个终点节点（多目标网络计划除外），其他所有节点均是中间节点
8	双代号网络图应条理清楚，布局合理

双代号网络计划时间参数的计算

项目	内容	说 明
工作持续时间 (D_{i-j})		是一项工作从开始到完成的时间
工期 (T)	工期的三种分类	(1) 计算工期：根据网络计划时间参数计算出来的工期，用 T_c 表示； (2) 要求工期：任务委托人所要求的工期，用 T_r 表示； (3) 计划工期：根据要求工期和计算工期所确定的作为实施目标的工期，用 T_p 表示
	计划工期 T_p 的确定	(1) 当已规定了要求工期 T_r 时：$T_p \leqslant T_r$； (2) 当未规定要求工期时，可令计划工期等于计算工期：$T_p = T_e$
网络计划中工作的六个时间参数	最早开始时间 (ES_{i-j})	(1) 概念：是指在各紧前工作全部完成后，工作 $i-j$ 有可能开始的最早时刻； (2) 计算：以网络计划的起点节点为开始节点的工作最早开始时间为零。最早开始时间等于各紧前工作的最早完成时间的最大值
	最早完成时间 (EF_{i-j})	(1) 概念：是指在各紧前工作全部完成后，工作 $i-j$ 有可能完成的最早时刻； (2) 计算：最早完成时间等于最早开始时间加上其持续时间
	最迟开始时间 (LS_{i-j})	(1) 概念：是指在不影响整个任务按期完成的前提下，工作 $i-j$ 必须开始的最迟时刻； (2) 计算：最迟开始时间等于最迟完成时间减去其持续时间
	最迟完成时间 (LF_{i-j})	(1) 概念：是指在不影响整个任务按期完成的前提下，工作 $i-j$ 必须完成的最迟时刻； (2) 计算：最迟完成时间等于各紧后工作的最迟开始时间的最小值
	总时差 (TF_{i-j})	(1) 概念：是指在不影响总工期的前提下，工作 $i-j$ 可以利用的机动时间； (2) 计算：总时差等于其最迟开始时间减去最早开始时间，或等于最迟完成时间减去最早完成时间
	自由时差 (FF_{i-j})	(1) 概念：是指在不影响其紧后工作最早开始的前提下，工作 $i-j$ 可以利用的机动时间； (2) 计算：自由时差等于紧后工作的最早开始时间减去本工作的最早完成时间

单代号网络的知识归纳

项目	内 容
概念	以节点及其编号表示工作，以箭线表示工作之间逻辑关系的网络图，并在节点中加注工作代号、名称和持续时间

项目	内 容
特点	(1) 工作之间的逻辑关系容易表达，不用虚箭线，绘图较简单； (2) 便于检查和修改； (3) 工作持续时间表示在节点之中，没有长度，不够形象直观； (4) 箭线可能产生较多的纵横交叉现象
绘图规则	(1) 必须正确表达已定的逻辑关系； (2) 严禁出现循环回路； (3) 严禁出现双向箭头或无箭头的连线； (4) 严禁出现没有箭尾节点的箭线和没有箭头节点的箭线； (5) 箭线不宜交叉，当交叉不可避免时，可采用过桥法或指向法绘制； (6) 只应有一个起点节点和一个终点节点

双代号时标网络计划的知识归纳

项目	内 容
概念	(1) 以时间坐标为尺度编制的网络计划； (2) 实箭线表示工作； (3) 虚箭线表示虚工作； (4) 波形线表示工作的自由时差
特点	(1) 兼有网络计划与横道计划的优点，能清楚表明计划的时间进程，使用方便； (2) 能在图上直接显示出各项工作的开始与完成时间，工作的自由时差及关键线路； (3) 可以统计每一个单位时间对资源的需要量，以便进行资源优化和调整； (4) 情况发生变化时，对网络计划的修改比较麻烦，要重新绘图
一般规定	(1) 以水平时间坐标为尺度表示工作时间； (2) 时标的时间单位可为时、天、周、月或季； (3) 所有符号在时间坐标上的水平投影位置，都须与其时间参数相对应； (4) 节点中心必须对准相应的时标位置； (5) 虚工作须以垂直方向的虚箭线表示
绘制方法	(1) 间接法绘制：先绘制出时标网络计划，计算各工作的最早时间参数，再根据最早时间参数在时标计划表上确定节点位置； (2) 直接法绘制：根据网络计划中工作之间的逻辑关系及各工作的持续时间，直接在时标计划表上绘制时标网络计划

二、本节考题精析

1. （2020-14）某单代号网络图如下图所示，关于各项工作间逻辑关系的说法，正确的是（　　）。

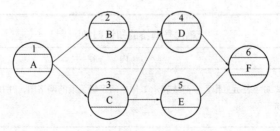

A. E 的紧前工作只有 C   B. A 完成后进行 B、D

C. B 的紧后工作是 D、E   D. C 的紧后工作只有 E

【答案】A。E 的紧前工作只有一个 C。A 选项说法正确。A 完成后进行 B、C。B 选项说法错误。B 的紧后工作是 D。C 选项说法错误。C 的紧后工作有 D 和 E。D 选项说法错误。因此，本题正确选项为 A。

2. （2020-24）网络计划中，某项工作的持续时间是 4d，最早第 2 天开始，两项紧后工作分别最早在第 8 天和第 12 天开始。该项工作的自由时差是( )d。

A. 4   B. 2

C. 6   D. 8

【答案】B。当工作 $i-j$ 有紧后工作 $j-k$ 时，其自由时差应为：$FF_{i-j} = ES_{j-k} - ES_{i-j} - D_{i-j}$。用题干数据带入公式得出该工作自由时差 = 8 - 2 - 4 = 2d。因此，本题正确选项为 B。

3. （2020-46）关于网络计划线路的说法，正确的是( )。

A. 线路段是由多个箭线组成的通路

B. 线路中箭线的长度之和就是该线路的长度

C. 关键线路只有一条，非关键线路可以有多条

D. 线路可依次用该线路上的节点代号来表示

【答案】D。网络图中从起始节点开始，沿箭头方向顺序通过一系列箭线与节点，最后达到终点节点的通路称为线路。在一个网络图中可能有很多条线路，线路中各项工作持续时间之和就是该线路的长度，即线路所需要的时间。一般网络图有多条线路，可依次用该线路上的节点代号来记述。在各条线路中，有一条或几条线路的总时间最长，称为关键路线，一般用双线或粗线标注。其他线路长度均小于关键线路，称为非关键线路。因此，本题正确选项为 D。

4. （2020-64）网络计划中，某项工作的最早开始时间是第 4 天，持续 2d，两项紧后工作的最迟开始时间是第 9 天和第 11 天，该项工作的最迟开始时间是第( )天。

A. 7   B. 6

C. 8   D. 9

【答案】A。两项紧后工作的最迟开始时间是第 9 天和第 11 天，说明该项工作的最迟结束时间不能晚于第 9 天，否则影响紧后工作，因为其持续时间为 2d，因此，其最迟开始时间是第 7 天。因此，本题正确选项为 A。

5. （2020-92）某双代号网络计划如下图所示，关键线路有( )。

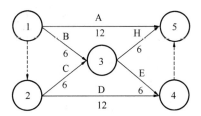

A. ②→③→⑤   B. ①→⑤

C. ①→③→④   D. ②→③→④

E. ①→③→⑤

【答案】B、E。在各条线路中，有一条或几条线路的总时间最长，称为关键路线，一般用双线或粗线标注。其他线路长度均小于关键线路，称为非关键线路。网络图中从起始节点开始，沿箭头方向顺序通过一系列箭线与节点，最后达到终点节点的通路称为线路。起始节点为①，终点节点为⑤。因此，本题正确选项为B、E。

6. (2019-26) 单代号网络计划中，工作C的已知时间参数（单位：d）标注如下图所示，则该工作的最迟开始时间、最早完成时间和总时差分别是( )d。

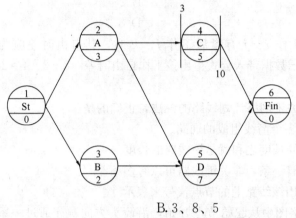

A. 3、10、5
B. 3、8、5
C. 5、10、2
D. 5、8、2

【答案】D。(1) 单代号网络计划中，工作最早完成时间等于该工作最早开始时间加上其持续时间，即：$EF=ES+D=3+5=8$。(2) 计算相邻两项工作之间的时间间隔 LAG，相邻两项工作之间的时间间隔 LAG 等于紧后工作的最早开始时间 ES 和本工作的最早完成时间 EF 之差，即：$LAG=ES-EF=10-8=2$。(3) 计算工作总时差 TF，工作的总时差 TF 应从网络计划的终点节点开始，逆着箭线方向依次逐项计算。网络计划终点节点的总时差 TF，如计划工期等于计算工期，其值为零，即：$TF=0$。其他工作的总时差 TF 等于该工作的各个紧后工作的总时差 TF 加该工作与其紧后工作之间的时间间隔 LAG 之和的最小值，即：$TF=\min \{TF+LAG\} =0+2=2$。(4) 计算工作的最迟开始时间，工作的最迟开始时间 LS 等于该工作的最早开始时间 ES 与其总时差 TF 之和，即：$LS=ES+TF=3+2=5$。因此，本题正确选项为D。

7. (2019-42) 某双代号网络计划如下图所示（时间单位：d），其计算工期是( )d。

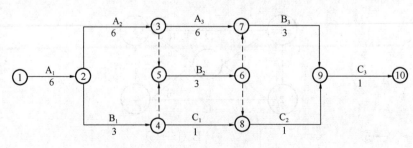

A. 12
B. 14

C. 22   D. 17

【答案】C。本题中根据图示可以看出线路共有如下几条：（1）①②③⑦⑨⑩，工期为 22d。（2）①②③⑤⑥⑦⑨⑩，工期为 19d。（3）①②③⑤⑥⑧⑨⑩，工期为 17d。（4）①②④⑤⑥⑦⑨⑩，工期为 16d。（5）①②④⑤⑥⑧⑨⑩，工期为 14d。（6）①②④⑧⑨⑩，工期为 12d。因此，本题正确选项为 C。

8.（2019-49）某工作有 2 个紧后工作，紧后工作的总时差分别是 3d 和 5d，对应的间隔时间分别是 4d 和 3d，则该工作的总时差是（   ）d。

A. 6   B. 8
C. 9   D. 7

【答案】D。单代号网络计划中，工作 i 的总时差 TF_i 应从网络计划的终点节点开始，逆着箭线方向依次逐项计算。网络计划终点节点的总时差 TF_n，如计划工期等于计算工期，其值为零，即：$TF_n = 0$。其他工作 i 的总时差 TF_i 等于该工作的各个紧后工作 j 的总时差 TF_j 加该工作与其紧后工作之间的时间间隔 LAG_{i-j} 之和的最小值，即：$TF_i = \min\{TF_j + LAG_{i-j}\}$，即 3+4＝7 和 5+3＝8 两个中的最小值。因此，本题正确选项为 D。

9.（2019-61）如下所示网络图中，存在的绘图错误是（   ）。

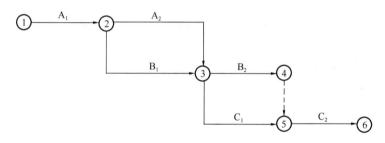

A. 节点编号错误   B. 存在多余节点
C. 有多个终点节点   D. 工作编号重复

【答案】D。网络图中 A_2 和 B_1 的工作编号都是②→③，存在工作编号重复错误。因此，本题正确选项为 D。

10.（2019-75）根据《工程网络计划技术规程》JGJ/T 121—2015，网络计划中确定工作持续时间的方法有（   ）。

A. 经验估算法   B. 试验推算法
C. 定额计算法   D. 三时估算法
E. 写实记录法

【答案】A、B、C、D。根据《工程网络计划技术规程》JGJ/T 121—2015，网络计划中确定工作持续时间的方法有：（1）参照以往工程实践经验估算；（2）经过试验推算；（3）按定额计算（计算公式略）；（4）采用"三时估计法"（计算公式略）。本题答案详细内容参考《工程网络计划技术规程》JGJ/T 121—2015。因此，本题正确选项为 A、B、C、D。

11.（2019-81）网络计划中工作的自由时差是指该工作（   ）。

A. 最迟完成时间与最早完成时间的差
B. 与其所有紧后工作自由时差与间隔时间和的最小值

C. 所有紧后工作最早开始时间的最小值与本工作最早完成时间的差值

D. 与所有紧后工作间波形线段水平长度和的最小值

E. 与所有紧后工作间间隔时间的最小值

【答案】C、D、E。双代号网络中，自由时差（FF_{i-j}）是指在不影响其紧后工作最早开始的前提下，工作 $i-j$ 可以利用的机动时间。当工作 $i-j$ 有紧后工作 $j-k$ 时，其自由时差应为：$FF_{i-j}=ES_{j-k}-EF_{i-j}$，当有多个紧后工作时，就应当是所有紧后工作最早开始时间的最小值与本工作最早完成时间的差值。C 选项说法正确。双代号时标网络计划是以时间坐标为尺度编制的网络计划，时标网络计划中应以实箭线表示工作，以虚箭线表示虚工作，以波形线表示工作的自由时差。若有多个紧后工作，则本工作的自由时差就是与所有紧后工作间波形线段水平长度和的最小值。D 选项说法正确。单代号网络计划中，工作 i 若无紧后工作，其自由时差 FF_j 等于计划工期 T_p 减该工作的最早完成时间 EF_n，即：$FF_n=T_p-EF_n$，当工作 i 有紧后工作 j 时，其自由时差 FF_i 等于该工作与其紧后工作 j 之间的时间间隔 LAG_{i-j} 的最小值，即 $FF_i=\min\{LAG_{i-j}\}$。E 选项说法正确。因此，本题正确选项为 C、D、E。

12.（2019-86）某工程网络计划工作逻辑关系见下表，则工作 A 的紧后工作有（　　）。

工作	A	B	C	D	E	G	H
紧前工作	—	A	A、B	A、C	C、D	A、E	E、G

A. 工作 B　　　　　　　　　　　　B. 工作 C

C. 工作 D　　　　　　　　　　　　D. 工作 G

E. 工作 E

【答案】A、B、C、D。在双代号网络图中，通常将被研究的工作用 $i-j$ 工作表示。紧排在本工作之前的工作称为紧前工作；紧排在本工作之后的工作称为紧后工作；与之平行进行的工作称为平行工作。根据表格显示的工作逻辑关系，A 工作是 B、C、D、G 工作的紧前工作，那么 A 的紧后工作就是 B、C、D、E。因此，本题正确选项为 A、B、C、D。

13.（2018-30）关于双代号网络图中终点节点和箭线关系的说法，正确的是（　　）。

A. 既有内向箭线，又有外向箭线　　　B. 只有内向箭线，没有外向箭线

C. 只有外向箭线，没有内向箭线　　　D. 既无内向箭线，又无外向箭线

【答案】B。起点节点即网络图的第一个节点，它只有外向箭线，一般表示一项任务或一个项目的开始。终点节点即网络图的最后一个节点，它只有内向箭线，一般表示一项任务或一个项目的完成。中间节点即网络图中既有内向箭线，又有外向箭线的节点。因此，本题正确选项为 B。

14.（2018-31）绘制双代号时标网络计划，首先应（　　）。

A. 绘制时标计划表　　　　　　　　　B. 定位起点节点

C. 确定时间坐标长度　　　　　　　　D. 绘制非时标网络计划

【答案】A。双代号时标网络计划的编制方法有两种。间接法绘制：先绘制出时标网络计划，计算各工作的最早时间参数，再根据最早时间参数在时标计划表上确定节点位置，连线完成，某些工作箭线长度不足以到达该工作的完成节点时，用波形线补足。直接

法绘制：根据网络计划中工作之间的逻辑关系及各工作的持续时间，直接在时标计划表上绘制时标网络计划。因此，本题正确选项为 A。

15. （2018-32）关于双代号网络计划的工作最迟开始时间的说法，正确的是（　　）。

A. 最迟开始时间等于各紧后工作最迟开始时间的最大值

B. 最迟开始时间等于各紧后工作最迟开始时间的最小值

C. 最迟开始时间等于各紧后工作最迟开始时间的最大值减去持续时间

D. 最迟开始时间等于各紧后工作最迟开始时间的最小值减去持续时间

【答案】D。最迟开始时间（LS_{i-j}），是指在不影响整个任务按期完成的前提下，工作 $i-j$ 必须开始的最迟时刻。以网络计划的终点节点（$j=n$）为箭头节点的工作的最迟完成时间等于计划工期，即：$LF_{i-n}=T_p$。最迟开始时间等于最迟完成时间减去其持续时间：$LS_{i-j}=LF_{i-j}-D_{i-j}$。最迟完成时间等于各紧后工作的最迟开始时间 LS_{j-k} 的最小值：$LF_{i-j}=\min\{LS_{j-k}\}$ 或 $LF_{i-j}=\min\{LF_{j-k}-D_{j-k}\}$。因此，本题正确选项为 D。

16. （2018-33）单代号网络计划时间参数计算中，相邻两项工作之间的时间间隔（$LAG_{i,j}$）是（　　）。

A. 紧后工作最早开始时间和本工作最早开始时间之差

B. 紧后工作最早开始时间和本工作最早完成时间之差

C. 紧后工作最早完成时间和本工作最早开始时间之差

D. 紧后工作最迟完成时间和本工作最早完成时间之差

【答案】B。相邻两项工作 i 和 j 之间的时间间隔 LAG_{i-j} 等于紧后工作 j 的最早开始时间 ES_j 和本工作的最早完成时间 EF_i 之差，即：$LAG_{i-j}=ES_j-EF_i$。因此，本题正确选项为 B。

17. （2018-34）用工作计算法计算双代号网络计划的时间参数时，自由时差宜按（　　）计算。

A. 工作完成节点的最迟时间减去开始节点的最早时间再减去工作的持续时间

B. 所有紧后工作的最迟开始时间的最小值减去本工作的最早完成时间

C. 本工作与所有紧后工作之间时间间隔的最小值

D. 所有紧后工作的最早开始时间的最小值减去本工作的最早开始时间和持续时间

【答案】D。当工作 $i-j$ 有紧后工作 $j-k$ 时，其自由时差应为：$FF_{i-j}=ES_{j-k}-EF_{i-j}$ 或 $FF_{i-j}=ES_{j-k}-ES_{i-j}-D_{i-j}$。因此，本题正确选项为 D。

18. （2018-37）某建设工程网络计划如下图所示（时间单位：d），工作 C 的自由时差是（　　）d。

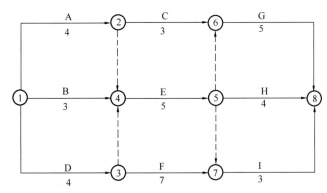

A. 0　　　　　　　　　　　　　　　B. 1

C. 2　　　　　　　　　　　　　　　D. 3

【答案】C。当工作 $i-j$ 有紧后工作 $j-k$ 时，其自由时差应为：$FF_{i-j}=ES_{j-k}-EF_{i-j}$ 或 $FF_{i-j}=ES_{j-k}-ES_{i-j}-D_{i-j}$。最早完成时间等于最早开始时间加上其持续时间。$EF_{i-j}=ES_{i-j}+D_{i-j}$，工作 C 的紧后工作是工作 G，总工期为 14d，根据计算规则，可得工作 C 的自由时差为 2d。因此，本题正确选项为 C。

19.（2018-81）某建设工程网络计划如下图所示（时间单位：月），该网络计划的关键线路有（　　）。

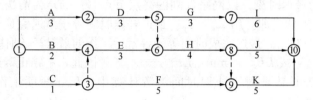

A. ①—②—⑤—⑦—⑩　　　　　　　B. ①—④—⑥—⑧—⑩

C. ①—②—⑤—⑥—⑧—⑩　　　　　D. ①—②—⑤—⑥—⑧—⑨—⑩

E. ①—④—⑥—⑧—⑨—⑩

【答案】A、C、D。①—②—⑤—⑦—⑩工期为 15 个月，①—②—⑤—⑥—⑧—⑩工期为 15 个月，①—②—⑤—⑥—⑧—⑨—⑩工期也是 15 个月，都是关键线路，①—④—⑥—⑧—⑩和①—④—⑥—⑧—⑨—⑩工期为 14 个月。因此，本题正确选项为 A、C、D。

20.（2017-30）根据下表逻辑关系绘制的双代号网络图如下，存在的绘图错误是（　　）。

工作名称	A	B	C	D	E	G	H
紧前工作	—	—	A	A	A、B	C	E

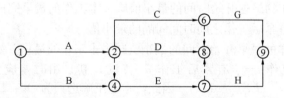

A. 节点编号不对　　　　　　　　　B. 逻辑关系不对

C. 有多个起点节点　　　　　　　　D. 有多个终点节点

【答案】D。本题绘图中明显存在多个终点节点，终点节点是只有箭头指向而没有发出箭头的节点，存在节点⑧和⑨两个终点节点的问题。因此，本题正确选项为 D。

21.（2017-31）某网络计划中，工作 F 有且仅有两项并行的紧后工作 G 和 H，G 工作的最迟开始时间为第 12 天，最早开始时间为第 8 天；H 工作的最迟完成时间为第 14 天，最早完成时间为第 12 天；工作 F 与 G、H 的时间间隔分别为 4d 和 5d，则 F 工作的总时差为（　　）d。

A. 4　　　　　　　　　　　　　　　B. 5

C. 7　　　　　　　　　　　　　　　D. 8

【答案】C。本题考查的是单代号网络计划。工作 F 的总时差等于该工作所有紧后工作的总时差加上该工作与其紧后工作之间的时间间隔之和的最小值，紧后工作 G 的总时差为 4d，紧后工作 H 的总时差为 2d，工作 F 的总时差就应当＝min（4＋4，2＋5）＝7d。因此，本题正确选项为 C。

22.（2017-32）某双代号网络计划中，工作 M 的最早开始时间和最迟开始时间分别为第 12 天和第 15d，其持续时间为 5d；工作 M 有 3 项紧后工作，它们的最早开始时间分别为第 21 天、第 24 天和第 28 天，则工作 M 的自由时差为( )d。

A. 1
B. 4
C. 8
D. 11

【答案】B。自由时差（FF_{i-j}），是指在不影响其紧后工作最早开始的前提下，工作 $i-j$ 可以利用的机动时间。当工作 $i-j$ 有紧后工作 $j-k$ 时，其自由时差应为：$FF_{i-j}=ES_{j-k}-EF_{i-j}$ 或 $FF_{i-j}=ES_{j-k}-ES_{i-j}-D_{i-j}$。存在多个紧后工作时，分别用紧后工作的最早开始时间减前一工作的最早结束时间，自由时差计算出来后选最小值的为本工作的自由时差。因此，本题正确选项为 B。

23.（2017-33）某双代号网络计划如下图所示（时间单位：d），其关键线路有( )条。

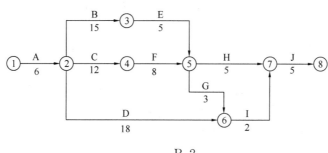

A. 1
B. 2
C. 3
D. 4

【答案】D。自始至终全部由关键工作组成的线路为关键线路，或线路上总的工作持续时间最长的线路为关键线路。网络图上的关键线路可用双线或粗线标注。本题通过分别计算每条线路上的持续时间，计算求得 5 条线路总的时长，①②③⑤⑦⑧为 36d，①②③⑤⑥⑦⑧为 36d，①②④⑤⑦⑧为 36d，①②④⑤⑥⑦⑧为 36d，①⑥⑦⑧为 31d，共有 4 条线路总的工作持续时间都是 36d，这些都是关键线路。因此，本题正确选项为 D。

24.（2017-81）某项目分部工程双代号时标网络计划如下图所示，关于该网络计划的说法，正确的有( )。

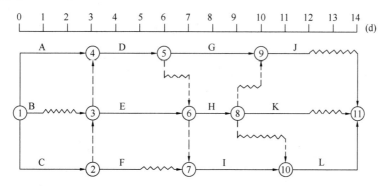

A. 工作A、C、H、L是关键工作　　B. 工作C、E、I、L组成关键线路
C. 工作G的总时差与自由时差相等　　D. 工作H的总时差为2d
E. 工作D的总时差为1d

【答案】B、D、E。时标网络计划应以实箭线表示工作，以虚箭线表示虚工作，以波形线表示工作的自由时差。时标网络计划中虚工作必须以垂直方向的虚箭线表示，有自由时差时加波形线表示。全部由关键工作组成的就是关键线路。据此判断，H工作是有自由时差的，为1d，总时差为2d。A选项说法错误，D选项说法正确。C、E、I、L工作都是关键工作，构成了关键线路。B选项说法正确。工作G自由时差为0，其总时差为2d。C选项说法错误。D工作结束时间为第6天，H工作开始时间为第7天，此外紧后的G工作所在线路存有时差，据此D工作的总时差为1d。E选项说法正确。因此，本题正确选项为B、D、E。

25. (2016-31) 某网络计划中，已知工作M的持续时间为6d，总时差和自由时差分别为3d和1d；检查中发现该工作实际持续时间为9d，则其对工程的影响是（　　）。

A. 既不影响总工期，也不影响其紧后工作的正常进行
B. 不影响总工期，但使其紧后工作的最早开始时间推迟2d
C. 使其紧后工作的最迟开始时间推迟3d，并使总工期延长1d
D. 使其紧后工作的最早开始时间推迟1d，并使总工期延长3d

【答案】B。总时差（TF_{i-j}）是指在不影响总工期的前提下，工作$i-j$可以利用的机动时间。自由时差（FF_{i-j}），是指在不影响其紧后工作最早开始的前提下，工作$i-j$可以利用的机动时间。持续时间实际比计划延迟3d，但是正好由总时差弥补，因此不影响总的工期，但是会影响紧后工作的最早开始时间，因为有自由时差1d，会影响紧后工作最早开始时间2d。因此，本题正确选项为B。

26. (2016-32) 某双代号网络计划如下图所示，其关键线路为（　　）。

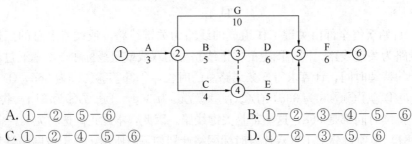

A. ①—②—⑤—⑥　　B. ①—②—③—④—⑤—⑥
C. ①—②—④—⑤—⑥　　D. ①—②—③—⑤—⑥

【答案】D。自始至终全部由关键工作组成的线路为关键线路，或线路上总的工作持续时间最长的线路为关键线路。本题比较简便的做法就是计算四个选项中路线的时长，可知A选项为19，B选项为19，C选项为18，D选项为20。因此，本题正确选项为D。

27. (2016-33) 某网络计划中，工作A有两项紧后工作C和D，C、D工作的持续时间分别为12d、7d，C、D工作的最迟完成时间分别为第18天、第10天，则工作A的最迟完成时间是第（　　）天。

A. 3　　B. 5
C. 6　　D. 8

【答案】A。C工作的最迟完成时间为第18天，因为其持续时间为12d，因此其最迟开始时间为第6天。D工作的最迟完成时间为第10天，因为其持续时间为7d，因此其最

迟开始时间为第 3 天，由于 A 工作有两项紧后工作 C、D，A 工作的最迟完成时间不能影响紧后工作的最迟开始时间，也就是要保证 C、D 两项工作都能按照最迟开始时间开展工作，因此 A 工作的最迟完成时间是第 3 天。因此，本题正确选项为 A。

28.（2016-34）某网络计划中，工作 Q 有两项紧前工作 M、N，M、N 工作的持续时间分别为 4d、5d，M、N 工作的最早开始时间分别为第 9 天、第 11 天，则工作 Q 的最早开始时间是第（　　）天。

A. 9 　　　　　　　　　　　　　　　B. 13

C. 15 　　　　　　　　　　　　　　D. 16

【答案】D。M 工作的最早完成时间为最早开始时间加持续时间，即 9＋4＝13，第 13 天。N 工作的最早完成时间为最早开始时间加持续时间，即 11＋5＝16，第 16 天。因为 M、N 两项工作是 Q 工作的紧前工作，Q 工作的最早开始时间受限于紧前工作的最早完成时间，M 工作结束了并不能开始 Q 工作，需要等 N 工作也完成了才能开始 Q 工作，也就是需要第 16 天才能开始 Q 工作。因此，本题正确选项为 D。

29.（2016-35）某工程有 A、B、C、D、E 五项工作，其逻辑关系为 A、B、C 完成后 D 开始，C 完成后 E 才能开始。则据此绘制的双代号网络图是（　　）。

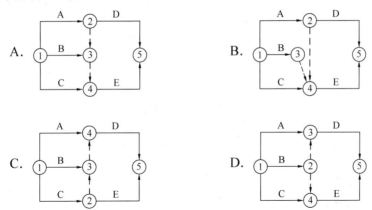

【答案】C。A、B、C 完成后 D 开始，说明 D 有三项紧前工作，箭头共同指向 D，A、B 选项图示只显示 D 工作的紧前工作为 A，B、C 都不是 D 的紧前工作，排除 A、B 选项的图示。D 选项图示说明了 E 选项有两项紧前工作，而不是题干中描述的只有一项 C 工作是其紧前工作，排除 D 选项的图示。因此，本题正确选项为 C。

30.（2016-81）某单代号网络计划如下图所示，其关键线路有（　　）。

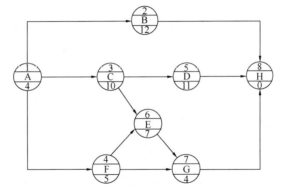

A. ①—②—⑧   B. ①—③—⑤—⑧

C. ①—③—⑥—⑦—⑧   D. ①—④—⑦—⑧

E. ①—④—⑥—⑦—⑧

【答案】B、C。单代号网络计划中，总时差最小的工作是关键工作。关键线路的确定按以下规定：从起点节点开始到终点节点均为关键工作，且所有工作的时间间隔为零的线路为关键线路。根据以上规则计算，只有 B、C 选项符合要。因此，本题正确选项为B、C。

高频考点3 关键工作、关键路线和时差

一、本节高频考点总结

关键工作与关键路线总结

项目	内 容	说 明
关键工作	是网络计划中总时差最小的工作	计划工期等于计算工期时，总时差为零的工作是关键工作
关键路线	(1) 总的工作持续时间最长的线路； (2) 关键路线有可能转移	当计算工期不能满足要求工期时，可通过压缩关键工作的持续时间以满足工期要求，压缩时要注意： (1) 缩短持续时间对质量和安全影响不大的工作； (2) 有充足备用资源的工作； (3) 缩短持续时间所需增加的费用最少的工作

总时差与自由时差

项目	内 容
总时差	是在不影响总工期的前提下，可以利用的机动时间
自由时差	是在不影响其紧后工作最早开始时间的前提下，本工作可以利用的机动时间

二、本节考题精析

本节近年无试题。

2Z103040 施工进度控制的任务和措施

【近年考点统计】

内 容	题 号					合计分值
	2020 年	2019 年	2018 年	2017 年	2016 年	
高频考点1 施工进度控制的任务	43、95	41、65			82	7
高频考点2 施工进度控制的措施	36	74	35、36	34、35、82	36	10
合计分值	4	4	2	4	3	17

高频考点 1　施工进度控制的任务

一、本节高频考点总结

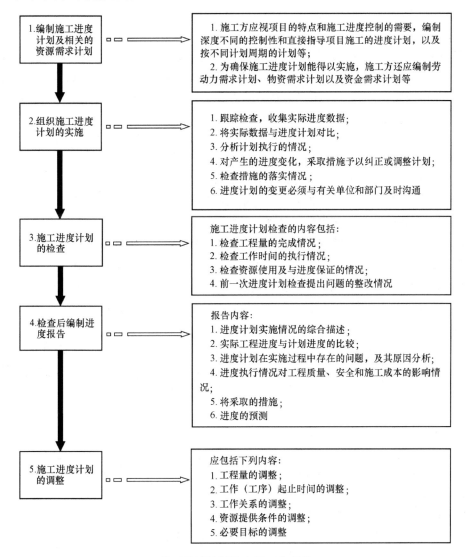

施工进度控制的主要工作环节

注：➡表示流程和顺序；▭▭▭▻表示解释说明作用。

二、本节考题精析

1.（2020-43）下列施工进度控制工作中，属于施工进度计划检查的内容是（　　）。

A. 增加施工班组人数　　　　　　B. 工程量的完成情况

C. 根据业主指令改变工程量　　　D. 根据现场条件改进施工工艺

【答案】B。施工进度计划的检查应按统计周期的规定定期进行，并应根据需要进行不定期的检查。施工进度计划检查的内容包括：（1）检查工程量的完成情况；（2）检查工作时间的执行情况；（3）检查资源使用及进度保证的情况；（4）前一次进度计划检查提出问题的整改情况。因此，本题正确选项为 B。

2.（2020-95）施工方根据项目特点和施工进度控制的需要，编制的施工进度计划有（　　）。

A. 建设项目总进度纲要　　　　　　B. 主体结构施工进度计划
C. 安装工程施工进度计划　　　　　D. 旬施工作业计划
E. 资源需求计划

【答案】B、C、D、E。施工方应视项目的特点和施工进度控制的需要，编制深度不同的控制性和直接指导项目施工的进度计划，以及按不同计划周期的计划等。为确保施工进度计划能得以实施，施工方还应编制劳动力需求计划、物资需求计划以及资金需求计划等。因此，本题正确选项为 B、C、D、E。

3.（2019-41）当施工项目的实际进度比计划进度提前，但业主方不要求提前工期时，适宜采用的进度计划调整方法是（　　）。

A. 适当延长后续关键工作的持续时间以降低资源强度
B. 在时差范围内调整后续非关键工作的起止时间以降低资源强度
C. 进一步分解后续关键工作以增加工作项目，调整逻辑关系
D. 在时差范围内延长后续非关键工作中直接费率大的工作以降低费用

【答案】A。当计算工期不能满足要求工期时，可通过压缩关键工作的持续时间以满足工期要求。实际进度比计划进度提前、但业主方不要求提前工期时，适当延长后续关键工作的持续时间以降低资源强度，节省成本，并确保在计划工期内完成工作。因此，本题正确选项为 A。

4.（2019-65）根据《建设工程项目管理规范》GB/T 50326—2017，进度控制的工作包括：①编制进度计划及资源需求计划；②采取纠偏措施或调整计划；③分析计划执行的情况；④实施跟踪检查，收集实际进度数据。其正确的顺序是（　　）。

A. ④－②－③－①　　　　　　　　B. ②－①－③－④
C. ①－④－③－②　　　　　　　　D. ③－①－④－②

【答案】C。施工方进度控制的主要工作环节包括：（1）编制施工进度计划及相关的资源需求计划；（2）组织施工进度计划的实施；（3）施工进度计划的检查与调整。因此，本题正确选项为 C。

5.（2016-82）施工进度计划检查的内容包括（　　）。

A. 工程量的完成情况　　　　　　　B. 工作时间的执行情况
C. 实际进度与计划进度的偏差　　　D. 前一次检查提出问题的整改情况
E. 资源使用及进度保证的情况

【答案】A、B、D、E。施工进度计划检查的内容包括：（1）检查工程量的完成情况；（2）检查工作时间的执行情况；（3）检查资源使用及与进度保证的情况；（4）前一次进度计划检查提出问题的整改情况。因此，本题正确选项为 A、B、D、E。

高频考点 2　施工进度控制的措施

一、本节高频考点总结

施工方进度控制措施——组织措施

措　施	说　明
重视健全项目管理组织体系	—
专门部门和专人负责进度控制工作	—
包括进度目标的分析和论证、编制进度计划、定期跟踪进度计划的执行情况、采取纠偏措施以及调整进度计划	在任务分工表和管理职能分工表中标示并落实
编制施工进度控制的工作流程	—
进行有关进度控制会议的组织设计	(1) 会议的类型； (2) 各类会议的主持人和参加单位和人员； (3) 各类会议的召开时间； (4) 各类会议文件的整理、分发和确认等

施工方进度控制措施——管理措施

措　施	说　明
涉及管理的思想、方法、手段、承发包模式、合同管理和风险管理	在理顺组织的前提下，进行科学和严谨的管理
严谨地分析和考虑工作之间的逻辑关系，明确关键工作和关键路线和时差	通过编制网络计划实现进度控制科学化
承发包模式的选择	选择合理的合同结构，避免过多的合同交界面
注意分析影响工程进度的风险，采取风险管理措施	常见的影响工程进度的风险： (1) 组织风险； (2) 管理风险； (3) 合同风险； (4) 资源（人力、物力和财力）风险； (5) 技术风险等
重视信息技术应用	—

施工方进度控制措施——经济措施

措　施	说　明
编制与进度计划相适应的资源需求计划（资源进度计划）	包括资金需求计划和其他资源（人力和物力资源）需求计划
考虑加快工程进度所需要的资金	包括将要采取的经济激励措施所需费用

施工方进度控制措施——技术措施

措　　施	说　　明
分析设计技术的影响，确定有无必要和可能进行设计变更	选用有利的设计技术和施工技术进行施工进度控制
分析施工技术的影响，确定有无可能进行施工技术、施工方法和施工机械变更	

二、本节考题精析

1. （2020-36）下列施工进度控制措施中，属于组织措施的是（　　）。

A. 编制进度控制的工作流程　　　　　B. 选择适合进度目标的合同结构

C. 编制资金使用计划　　　　　　　　D. 编制和论证施工方案

【答案】A。施工方进度控制的组织措施如下：（1）组织是目标能否实现的决定性因素，因此，为实现项目的进度目标，应充分重视健全项目管理的组织体系。（2）在项目组织结构中应有专门的工作部门和符合进度控制岗位资格的专人负责进度控制工作。（3）进度控制的主要工作环节包括进度目标的分析和论证、编制进度计划、定期跟踪进度计划的执行情况、采取纠偏措施以及调整进度计划。这些工作任务和相应的管理职能应在项目管理组织设计的任务分工表和管理职能分工表中标示并落实。（4）应编制施工进度控制的工作流程。（5）进度控制工作包含了大量的组织和协调工作，而会议是组织和协调的重要手段，应进行有关进度控制会议的组织设计。因此，本题正确选项为A。

2. （2019-74）下列施工方进度控制的措施中，属于组织措施的有（　　）。

A. 评价项目进度管理的组织风险　　　B. 学习进度控制的管理理念

C. 进行项目进度管理的职能分工　　　D. 优化计划系统的体系结构

E. 规范进度变更的管理流程

【答案】C、E。施工方进度控制的组织措施如下：（1）应充分重视健全项目管理的组织体系。（2）在项目组织结构中应有专门的工作部门和符合进度控制岗位资格的专人负责进度控制工作。（3）进度控制的主要工作环节包括进度目标的分析和论证、编制进度计划、定期跟踪进度计划的执行情况、采取纠偏措施以及调整进度计划。（4）应编制施工进度控制的工作流程，如：①定义施工进度计划系统（由多个相互关联的施工进度计划组成的系统）的组成；②各类进度计划的编制程序、审批程序和计划调整程序等。（5）进度控制工作包含了大量的组织和协调工作，而会议是组织和协调的重要手段，应进行有关进度控制会议的组织设计。因此，本题正确选项为C、E。

3. （2018-35）建设工程施工方进度目标能否实现的决定性因素是（　　）。

A. 组织体系　　　　　　　　　　　　B. 项目经理

C. 施工方案　　　　　　　　　　　　D. 信息技术

【答案】A。组织是目标能否实现的决定性因素，因此，为实现项目的进度目标，应充分重视健全项目管理的组织体系。因此，本题正确选项为A。

4. （2018-36）下列建设工程施工方进度控制的措施中，属于技术措施的是（　　）。

A. 重视信息技术在进度控制中的应用　B. 采用网络计划方法编制进度计划

C. 编制与进度相适应的资源需求计划　D. 分析工程设计变更的必要性和可能性

【答案】D。A选项为管理措施，B选项为管理措施，C选项为经济措施，D选项为技术措施。因此，本题正确选项为 D。

5.（2017-34）下列施工方进度控制的措施中，属于组织措施的是（　　）。

A. 制定进度控制工作流程　　　　　　B. 优化工程施工方案

C. 应用 BIM 信息模型　　　　　　　　D. 采用网络计划技术

【答案】A。A 选项属于组织措施，B 选项属于技术措施，C、D 选项属于管理措施。因此，本题正确选项为 A。

6.（2017-35）为确保建设工程项目进度目标的实现，编制与施工进度计划相适应的资源需求计划，以反映工程实施各阶段所需要的资源。这属于进度控制的（　　）措施。

A. 组织　　　　　　　　　　　　　　B. 管理

C. 经济　　　　　　　　　　　　　　D. 技术

【答案】C。施工进度控制的经济措施涉及工程资金需求计划和加快施工进度的经济激励措施等。（1）为确保进度目标的实现，应编制与进度计划相适应的资源需求计划（资源进度计划），包括资金需求计划和其他资源（人力和物力资源）需求计划，以反映工程施工的各时段所需要的资源。通过资源需求的分析，可发现所编制的进度计划实现的可能性，若资源条件不具备，则应调整进度计划。（2）在编制工程成本计划时，应考虑加快工程进度所需要的资金，其中包括为实现施工进度目标将要采取的经济激励措施所需要的费用。因此，本题正确选项为 C。

7.（2017-82）下列施工方进度控制的措施中，属于管理措施的有（　　）。

A. 构建施工进度控制的组织体系　　　B. 用工程网络计划技术进行进度管理

C. 选择合理的合同结构　　　　　　　D. 采取进度风险的管理措施

E. 编制与施工进度相适应的资源需求计划

【答案】B、C、D。施工方进度控制的管理措施如下：（1）施工进度控制的管理措施涉及管理的思想、管理的方法、管理的手段、承发包模式、合同管理和风险管理等。（2）用工程网络计划的方法编制进度计划必须很严谨地分析和考虑工作之间的逻辑关系，通过工程网络的计算可发现关键工作和关键路线，也可知道非关键工作可使用的时差，工程网络计划的方法有利于实现进度控制的科学化。（3）承发包模式的选择直接关系到工程实施的组织和协调。为了实现进度目标，应选择合理的合同结构，以避免过多的合同交界面而影响工程的进展。工程物资的采购模式对进度也有直接的影响，对此应作比较分析。（4）为实现进度目标，不但应进行进度控制，还应注意分析影响工程进度的风险，并在分析的基础上采取风险管理措施，以减少进度失控的风险量。（5）应重视信息技术（包括相应的软件、局域网、互联网以及数据处理设备等）在进度控制中的应用。A 选项属于组织措施，E 选项属于经济措施。因此，本题正确选项为 B、C、D。

8.（2016-36）下列施工方进度控制的措施中，属于组织措施的是（　　）。

A. 编制进度控制工作流程　　　　　　B. 优选施工方案

C. 重视信息技术的应用　　　　　　　D. 应用工程网络技术编制进度计划

【答案】A。A 选项属于组织措施，B 选项属于技术措施，C、D 选项都属于管理措施。因此，本题正确选项为 A。

2Z104000　施工质量管理

2Z104010　施工质量管理与施工质量控制

【近年考点统计】

内　　容	题　号					合计分值
	2020 年	2019 年	2018 年	2017 年	2016 年	
高频考点 1　施工质量管理和施工质量控制的内涵	19	70			37	3
高频考点 2　影响施工质量的主要因素	11	8、93	38	83	38	8
高频考点 3　施工质量控制的特点与责任	76		39、83	36、37	83	9
合计分值	4	4	4	4	4	20

【高频考点精讲】

高频考点 1　施工质量管理和施工质量控制的内涵

一、本节高频考点总结

施工质量管理和质量控制的基本概念

项目	内　　容
质量	(1) 质量不仅指产品质量，也指工作质量，还包括质量管理活动体系运行的质量； (2) 质量的关注点是一组固有特性，而不是赋予的特性； (3) 质量要求是动态的、发展的和相对的
施工质量	(1) 指建设工程项目施工活动及其产品的质量，包括在安全、使用功能、耐久性、环境保护等方面所有明示和隐含需要的能力的特性综合； (2) 质量要求：建筑工程的适用性、安全性、耐久性、可靠性、经济性及与环境的协调性

施工质量验收合格要求

1. 符合《建筑工程施工质量验收统　标准》GB 50300　2013 和相关专业验收规范的规定
2. 符合工程勘察、设计文件的要求

施工质量管理和施工质量控制

项目	内　　容
质量管理	(1) 指挥和控制组织的协调的活动，包括制定质量方针和质量目标； (2) 通过质量策划、质量控制、质量保证和质量改进等来实施和实现全部质量管理职能的所有活动

项目	内　　容
施工质量管理	(1) 指在施工安装和验收阶段，指挥和控制工程施工组织关于质量的相互协调的活动； (2) 包括策划、组织、计划、实施、检查、监督和审核等所有管理活动的总和； (3) 工程项目经理负全责
质量控制	属于质量管理的组成部分
施工质量控制	在明确的质量方针指导下，通过对施工方案和资源配置的计划、实施、检查和处置，进行事前控制、事中控制和事后控制的系统过程

二、本节考题精析

1.（2020-19）下列建筑工程施工质量要求中，能够体现个性化的是（　　）。

A. 国家法律、法规的要求　　　　　B. 质量管理体系标准的要求

C. 施工质量验收标准的要求　　　　D. 工程勘察、设计文件的要求

【答案】D。建筑工程施工质量验收合格应符合下列规定：（1）符合工程勘察、设计文件的要求；（2）符合标准和相关专业验收规范的规定。上述规定（1）是要符合勘察、设计对施工提出的要求。工程勘察、设计单位针对本工程的水文地质条件，根据建设单位的要求，从技术和经济结合的角度，为满足工程的使用功能和安全性、经济性、与环境的协调性等要求，以图纸、文件的形式对施工提出要求，是针对每个工程项目的个性化要求。这个要求可以归结为"按图施工"。因此，本题正确选项为D。

2.（2019-70）下列对工程项目施工质量的要求中，体现个性化要求的是（　　）。

A. 符合国家法律、法规的要求

B. 不仅要保证产品质量，还要保证施工活动质量

C. 符合工程勘察、设计文件的要求

D. 符合施工质量评定等级的要求

【答案】C。见第1题解析。

3.（2016-37）施工质量特性主要体现在由施工形成的建筑产品的（　　）等。

A. 适用性、安全性、耐久性、可靠性

B. 适用性、安全性、美观性、耐久性

C. 安全性、耐久性、美观性、可靠性

D. 适用性、先进性、耐久性、可靠性

【答案】A。施工质量是指建设工程施工活动及其产品的质量，即通过施工使工程的固有特性满足建设单位（业主或顾客）需要并符合国家法律、行政法规和技术标准、规范的要求，包括在安全、使用功能、耐久性、环境保护等方面满足所有明示和隐含的需要和期望的能力的特性总和；其质量特性主要体现在由施工形成的建筑工程的适用性、安全性、耐久性、可靠性、经济性及与环境的协调性等六个方面。因此，本题正确选项为A。

高频考点 2　影响施工质量的主要因素

一、本节高频考点总结

施工质量的影响因素

项目	内容
人的因素 （Man）	包括直接参与施工的决策者、管理者和作业者
材料的因素 （Material）	包括工程材料和施工用料，又包括原材料、半成品、成品、构配件等
机械的因素 （Machine）	机械设备包括工程设备、施工机械和各类施工工器具
方法的因素 （Method）	施工方法包括施工技术方案、施工工艺、工法和施工技术措施等
环境的因素 （Environment）	（1）现场自然环境因素：工程地质、水文、气象条件和周边建筑、地下障碍物以及其他不可抗力等； （2）施工质量管理环境因素：施工单位质量保证体系、质量管理制度和各参建施工单位之间的协调等； （3）施工作业环境因素：施工现场的给水排水条件，各种能源介质供应，施工照明、通风、安全防护设施，施工场地空间条件和通道，以及交通运输和道路条件等

二、本节考题精析

1.（2020-11）下列影响施工质量的环境因素中，属于管理环境因素的是（　　）。

A. 施工现场平面布置和空间环境

B. 施工现场道路交通状况

C. 施工现场安全防护设施

D. 施工参建单位之间的协调

【答案】D。施工质量管理环境因素：主要指施工单位质量管理体系、质量管理制度和各参建施工单位之间的协调等因素。根据承发包的合同结构，理顺管理关系，建立统一的现场施工组织系统和质量管理的综合运行机制，确保工程项目质量保证体系处于良好的状态，创造良好的质量管理环境和氛围，是施工顺利进行、提高施工质量的保证。D 选项属于施工质量管理环境因素，A、B、C 三项属于施工作业环境因素。因此，本题正确选项为 D。

2.（2019-8）为消除施工质量通病而采用新型脚手架应用技术的做法，属于质量影响因素中对（　　）因素的控制。

A. 材料　　　　　　　　　　B. 机械

C. 方法　　　　　　　　　　D. 环境

【答案】C。施工方法包括施工技术方案、施工工艺、工法和施工技术措施等。从某种程度上说，技术工艺水平的高低，决定了施工质量的优劣。采用先进合理的工艺、技术，依据规范的工法和作业指导书进行施工，必将对组成质量因素的产品精度、强度、平整度、清洁度、耐久性等物理、化学特性等方面起到良性的推进作用。比如建设主管部门在建筑业中推广应用的多项新技术，包括地基基础和地下空间工程技术、高性能混凝土技术、高强度钢筋和预应力技术、新型模板及脚手架应用技术、钢结构技术、建筑防水技术以及 BIM 等信息技术，对消除质量通病保证建设工程质量起到了积极作用，收到了明显的效果。因此，本题正确选项为 C。

3.（2019-93）下列施工质量的影响因素中，属于质量管理环境因素的有(   )。

A. 施工单位的质量管理制度　　　　B. 各参建单位之间的协调程度

C. 管理者的质量意识　　　　　　　D. 运输设备的使用状况

E. 施工现场的道路条件

【答案】A、B。环境的因素主要包括施工现场自然环境因素、施工质量管理环境因素和施工作业环境因素。(1) 施工现场自然环境因素：主要指工程地质、水文、气象条件和周边建筑、地下障碍物以及其他不可抗力等对施工质量的影响因素。(2) 施工质量管理环境因素：主要指施工单位质量管理体系、质量管理制度和各参建施工单位之间的协调等因素。(3) 施工作业环境因素：主要指施工现场平面和空间环境条件，各种能源介质供应、施工照明、通风、安全防护设施，施工场地给水排水以及交通运输和道路条件等因素。因此，本题正确选项为 A、B。

4.（2018-38）下列影响建设工程施工质量的因素中，作为施工质量控制基本出发点的因素是(   )。

A. 人　　　　　　　　　　　　　　B. 机械

C. 材料　　　　　　　　　　　　　D. 环境

【答案】A。施工质量控制应以控制人的因素为基本出发点。人，作为控制对象，人的工作应避免失误；作为控制动力，应充分调动人的积极性，发挥人的主导作用；必须有效控制参与施工的人员素质，不断提高人的质量活动能力，才能保证施工质量。因此，本题正确选项为 A。

5.（2017-83）下列影响施工质量的因素中，属于材料因素的有(   )。

A. 计量器具　　　　　　　　　　　B. 建筑构配件

C. 工程设备　　　　　　　　　　　D. 新型模板

E. 安全防护设施

【答案】B、D。材料包括工程材料和施工用料，又包括原材料、半成品、成品、构配件和周转材料等。各类材料是工程施工的物质条件，材料质量是工程质量的基础，材料质量不符合要求，工程质量就不可能达到标准。所以加强对材料的质量控制，是保证工程质量的重要基础。因此，本题正确选项为 B、D。

6.（2016-38）影响施工质量的五大要素是指人、材料、机械及(   )。

A. 方法与设计方案　　　　　　　　B. 投资额与合同工期

C. 投资额与环境　　　　　　　　　D. 方法与环境

【答案】D。影响施工质量的主要因素有"人（Man）、材料（Material）、机械（Machine）、方法（Method）及环境（Environment）"等五大方面，即 4M1E。因此，本题正确选项为 D。

高频考点3　施工质量控制的特点与责任

一、本节高频考点总结

施工质量控制的责任

项目	内　容
施工单位对建设工程的施工质量负责	（1）施工单位对建设工程的施工质量负责。施工单位应当建立质量责任制，确定工程项目的项目经理、技术负责人和施工管理负责人。建设工程实行总承包的，总承包单位应当对全部建设工程质量负责；建设工程勘察、设计、施工、设备采购的一项或者多项实行总承包的，总承包单位应当对其承包的建设工程或者采购的设备的质量负责。 （2）总承包单位依法将建设工程分包给其他单位的，分包单位应当按照分包合同的约定对其分包工程的质量向总承包单位负责，总承包单位与分包单位对分包工程的质量承担连带责任。 （3）施工单位必须建立、健全施工质量的检验制度，严格工序管理，作好隐蔽工程的质量检查和记录。隐蔽工程在隐蔽前，施工单位应当通知建设单位和建设工程质量监督机构。 （4）施工单位对施工中出现质量问题的建设工程或者竣工验收不合格的建设工程，应当负责返修。 （5）施工单位应当建立、健全教育培训制度，加强对职工的教育培训；未经教育培训或者考核不合格的人员，不得上岗作业
质量终身责任	（1）建筑工程五方责任主体项目负责人是指承担建筑工程项目建设的建设单位项目负责人、勘察单位项目负责人、设计单位项目负责人、施工单位项目经理、监理单位总监理工程师。 （2）建筑工程五方责任主体项目负责人质量终身责任，是指参与新建、扩建、改建的建筑工程项目负责人按照国家法律法规和有关规定，在工程设计使用年限内对工程质量承担相应责任。 （3）建设单位项目负责人对工程质量承担全面责任，不得违法发包、肢解发包，不得以任何理由要求勘察、设计、施工、监理单位违反法律法规和工程建设标准，降低工程质量，其违法违规或不当行为造成工程质量事故或质量问题应当承担责任。 （4）勘察、设计单位项目负责人应当保证勘察设计文件符合法律法规和工程建设强制性标准的要求，对因勘察、设计导致的工程质量事故或质量问题承担责任。 （5）施工单位项目经理应当按照经审查合格的施工图设计文件和施工技术标准进行施工，对因施工导致的工程质量事故或质量问题承担责任。 （6）监理单位总监理工程师应当按照法律法规、有关技术标准、设计文件和工程承包合同进行监理，对施工质量承担监理责任

质量终身责任追究的规定

项目	内　容
依法追究项目负责人的情形	（1）发生工程质量事故； （2）发生投诉、举报、群体性事件、媒体报道并造成恶劣社会影响的严重工程质量问题； （3）由于勘察、设计或施工原因造成尚在设计使用年限内的建筑工程不能正常使用； （4）存在其他需追究责任的违法违规行为
项目经理的责任追究方式	（1）项目经理为相关注册执业人员的，责令停止执业1年；造成重大质量事故的，吊销执业资格证书，5年以内不予注册；情节特别恶劣的，终身不予注册； （2）构成犯罪的，移送司法机关依法追究刑事责任； （3）处单位罚款数额5%以上10%以下的罚款； （4）向社会公布曝光

注：国务院办公厅转发的住房和城乡建设部《关于完善质量保障体系提升建筑工程品质指导意见》（国办函〔2019〕92号）提出，落实施工单位主体责任。施工单位应完善质量管理体系，建立岗位责任制度，设置质量管理机构，配备专职质量负责人，加强全面质量管理。推行工程质量安全手册制度，推进工程质量管理标准化，将质量管理要求落实到每个项目和员工。建立质量责任标识制度，对关键工序、关键部位隐蔽工程实施举牌验收，加强施工记录和验收资料管理，实现质量责任可追溯。施工单位对建筑工程的施工质量负责，不得转包、违法分包工程。

二、本节考题精析

1. （2020-76）关于施工质量控制责任的说法，正确的有（　　）。

A. 项目经理可以不参加地基基础、主体结构等分部工程的验收

B. 项目经理负责组织编制、论证和实施危险性较大分部分项工程专项施工方案

C. 质量终身责任是指参与工程建设的项目负责人在工程施工期限内对工程质量承担相应责任

D. 项目经理必须组织对进入现场的建筑材料、构配件、设备、预拌混凝土等进行检验

E. 发生工程质量事故，县级以上地方人民政府住房和城乡建设主管部门应追究项目负责人的质量终身责任

【答案】B、D、E。项目经理必须组织做好隐蔽工程的验收工作，参加地基基础、主体结构等分部工程的验收，参加单位工程和工程竣工验收；必须在验收文件上签字，不得签署虚假文件。A选项说法错误。项目经理必须按照工程设计图纸和技术标准组织施工，不得偷工减料；负责组织编制施工组织设计，负责组织制定质量安全技术措施，负责组织编制、论证和实施危险性较大分部分项工程专项施工方案；负责组织质量安全技术交底。B选项说法正确。建筑工程五方责任主体项目负责人质量终身责任，是指参与新建、扩建、改建的建筑工程项目负责人按照国家法律法规和有关规定，在工程设计使用年限内对工程质量承担相应责任。C选项说法错误。项目经理必须组织对进入现场的建筑材料、构配件、设备、预拌混凝土等进行检验，未经检验或检验不合格，不得使用；必须组织对涉及结构安全的试块、试件以及有关材料进行取样检测，送检试样不得弄虚作假，不得篡改或者伪造检测报告，不得明示或暗示检测机构出具虚假检测报告。D选项说法正确。发生工程质量事故等情形，县级以上地方人民政府住房和城乡建设主管部门应当依法追究项目负责人的质量终身责任。E选项说法正确。因此，本题正确选项为B、D、E。

2. （2018-39）根据建筑工程质量终身责任制要求，施工单位项目经理对建设工程质量承担责任的时间期限是（　　）。

A. 建筑工程实际使用年限

B. 建设单位要求年限

C. 建筑工程设计使用年限

D. 缺陷责任期

【答案】C。建筑工程五方责任主体项目负责人质量终身责任，是指参与新建、扩建、改建的建筑工程项目负责人按照国家法律法规和有关规定，在工程设计使用年限内对工程质量承担相应责任。因此，本题正确选项为C。

3. （2018-83）根据建设工程的工程特点和施工生产特点，施工质量控制的特点有（　　）。

A. 终检局限性大

B. 控制的难度大

C. 需要控制的因素多

D. 控制的成本高

E. 过程控制要求高

【答案】A、B、C、E。施工质量控制的特点是由建设项目的工程特点和施工生产的特点决定的，施工质量控制必须考虑和适应这些特点，进行有针对性的管理。(1) 需要控制的因素多。(2) 控制的难度大。(3) 过程控制要求高。(4) 终检局限大。除了 D 选项都是施工质量控制的特点。因此，本题正确选项为 A、B、C、E。

4.（2017-36）关于施工质量控制特点的说法，正确的是（   ）。

A. 需要控制的因素少，只有 4M1E 五大方面

B. 施工生产的流动性导致控制的难度大

C. 生产受业主监督，因此过程控制要求低

D. 工程竣工验收是对施工质量的全面检查

【答案】B。工程项目的施工质量受到多种因素的影响，需要控制的因素多。这些因素包括地质、水文、气象和周边环境等自然条件因素，勘察、设计、材料、机械、施工工艺、操作方法、技术措施，以及管理制度、办法等人为的技术管理因素。过程控制要求高。A 选项说法错误。工程项目在施工过程中，工序衔接多、中间交接多、隐蔽工程多，施工质量具有一定的过程性和隐蔽性。上道工序的质量往往会影响下道工序的质量，下道工序的施工往往又掩盖了上道工序的质量。因此，在施工质量控制工作中，必须强调过程控制。加强对施工过程的质量检查，及时发现和整改存在的质量问题，并及时做好检查、签证记录，为证明施工质量提供必要的证据。C 选项说法错误。工程项目的终检（竣工验收）只能从表面进行检查，难以发现在施工过程中产生、又被隐蔽了的质量隐患，存在较大的局限性。如果在终检时才发现严重质量问题，要整改也很难，如果不得不推倒重建，必然导致重大损失。终检局限大，要注意过程控制。D 选项说法错误。因此，本题正确选项为 B。

5.（2017-37）根据《建设工程质量管理条例》，对因过错造成一般质量事故的相关注册执业人员，责令其停止执业的时间为（   ）年。

A. 1   B. 2

C. 3   D. 5

【答案】A。根据《建设工程质量管理条例》，对施工单位项目经理按以下方式进行责任追究：项目经理为相关注册执业人员的，责令停止执业 1 年；造成重大质量事故的，吊销执业资格证书，5 年以内不予注册；情节特别恶劣的，终身不予注册。因此，本题正确选项为 A。

6.（2016-83）施工质量控制的特点有（   ）。

A. 需要控制的因素多

B. 控制的难度大

C. 过程控制要求高

D. 终检局限性大

E. 结果控制要求高

【答案】A、B、C、D。施工质量控制的特点：(1) 需要控制的因素多。(2) 控制的难度大。(3) 过程控制要求高。(4) 终检局限大。因此，本题正确选项为 A、B、C、D。

2Z104020 施工质量管理体系

【近年考点统计】

内 容	题 号					合计分值
	2020年	2019年	2018年	2017年	2016年	
高频考点1 工程项目施工质量保证体系的建立和运行	17	60	40、49、84	38、84	84	11
高频考点2 施工企业质量管理体系的建立和认证	23、59、94	50、78	41	39、40	40	11
合计分值	5	4	5	5	3	22

【高频考点精讲】

高频考点1 工程项目施工质量保证体系的建立和运行

一、本节高频考点总结

施工质量保证体系的内容

项目	内 容	说 明
项目施工质量目标	(1) 须有明确的质量目标,并符合项目质量总目标的要求; (2) 以工程承包合同为基本依据,逐级分解目标	(1) 从时间角度展开,实施全过程的控制; (2) 从空间角度展开,实现全方位和全员管理
项目施工质量计划	(1) 以特定项目为对象,是将施工质量验收统一标准以及企业质量手册和程序文件的通用要求,与特定项目联系起来的文件; (2) 应根据企业的质量手册和本项目质量目标来编制; (3) 施工质量计划可以按内容分为施工质量工作计划和施工质量成本计划	(1) 施工质量工作计划主要内容包括:项目质量目标的具体描述;对整个项目施工质量形成的各工作环节的责任和权限的定量描述;采用的特定程序、方法和工作指导书;重要工序的试验、检验、验证和审核大纲;质量计划修订和完善的程序;为达到质量目标所采取的其他措施。 (2) 施工质量成本计划是规定最佳质量成本水平的费用计划,是开展质量成本管理的基准。 (3) 质量成本可分为运行质量成本和外部质量保证成本。运行质量成本是指为运行质量体系达到和保持规定的质量水平所支付的费用,外部质量保证成本是指依据合同要求向顾客提供所需要的客观证据所支付的费用,包括采用特殊的和附加的质量保证措施、程序以及检测试验和评定的费用
思想保证体系	全面质量管理的思想、观点和方法,使全员树立质量意识	"质量第一""一切为用户服务"

项目	内 容	说 明
组织保证体系	建立健全各级质量管理组织	组织保证体系主要有： （1）落实建筑工人实名制管理； （2）健全各种规章制度； （3）明确规定各职能部门主管人员和参与施工人员承担的任务、职责和权限； （4）建立质量信息系统
工作保证体系	明确工作任务和建立工作制度	（1）施工准备阶段的质量控制：确保施工质量的首要工作； （2）施工阶段的质量控制：确保施工质量的关键； （3）竣工验收阶段的质量控制：应做好成品保护，不让不合格工程进入下一道工序或进入市场

施工质量保证体系的运行（PDCA循环）

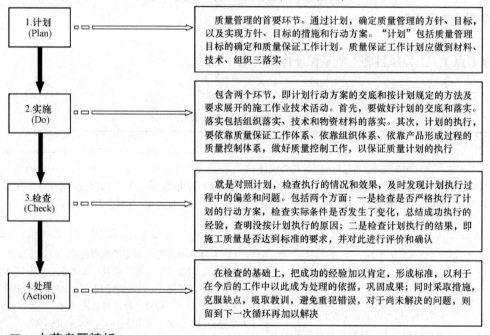

二、本节考题精析

1.（2020-17）下列施工质量控制工作中，属于 PDCA 中"处理"环节的是（　　）。

A. 确定项目施工应达到的质量标准

B. 纠正计划执行中的质量偏差

C. 按质量计划开展施工技术活动

D. 检查施工质量是否达到标准

【答案】B。施工质量保证体系的运行，应以质量计划为主线，以过程管理为重心，应用 PDCA 循环的原理，按照计划、实施、检查和处理的步骤展开。处理（Action）是在检查的基础上，把成功的经验加以肯定，形成标准，以利于在今后的工作中以此作为处理的依据，巩固成果；同时采取措施，纠正计划执行中的偏差，克服缺点，改正错误，对于暂时未能解决的问题，可记录在案留到下一次循环加以解决。因此，本题正确选项为 B。

2.（2019-60）在项目质量成本的构成内容中，特殊质量保证措施费用属于（　　）。

A. 外部损失成本　　　　　　　　B. 内部损失成本

C. 外部质量保证成本　　　　　　D. 预防成本

【答案】C。质量成本可分为运行质量成本和外部质量保证成本。运行质量成本是指为运行质量体系达到和保持规定的质量水平所支付的费用，包括预防成本、鉴定成本、内部损失成本和外部损失成本。外部质量保证成本是指依据合同要求向顾客提供所需要的客观证据所支付的费用，包括特殊的和附加的质量保证措施、程序、数据、检测试验和评定的费用。因此，本题正确选项为 C。

3.（2018-40）建设工程施工质量保证体系运行的主线是（　　）。

A. 质量计划　　　　　　　　　　B. 过程管理

C. PDCA 循环　　　　　　　　　D. 质量手册

【答案】A。施工质量保证体系的运行，应以质量计划为主线，以过程管理为重心，应用 PDCA 循环的原理，按照计划、实施、检查和处理的步骤展开。质量保证体系运行状态和结果的信息应及时反馈，随时进行质量保证体系的能力评价和调节。因此，本题正确选项为 A。

4.（2018-49）根据《环境管理体系　要求及使用指南》GB/T 24001—2016，PDCA 循环中 "A" 环节指的是（　　）。

A. 策划　　　　　　　　　　　　B. 支持和运行

C. 改进　　　　　　　　　　　　D. 绩效评价

【答案】C。用 PDCA 循环的原理，按照计划、实施、检查和处理的步骤展开。计划（Plan）、实施（Do）、检查（Check）、处理（Action）。因此，本题正确选项为 C。

5.（2018-84）下列建设工程施工质量保证体系的内容中，属于组织保证体系的有（　　）。

A. 进行技术培训　　　　　　　　B. 编制施工质量计划

C. 成立质量管理小组　　　　　　D. 建立质量信息系统

E. 分解施工质量目标

【答案】C、D。组织保证体系主要由健全各种规章制度，明确规定各职能部门主管人员和参与施工人员在保证和提高工程质量中所承担的任务、职责和权限，成立质量管理小组（QC 小组），建立质量信息系统等内容构成。因此，本题正确选项为 C、D。

6.（2017-38）建立工程项目施工质量保证体系的目标是（　　）。

A. 保证体系文件的严格执行　　　B. 控制产品生产的过程质量

C. 保证管理体系运行的质量　　　D. 控制和保证施工产品的质量

【答案】D。工程项目的施工质量保证体系以控制和保证施工产品质量为目标，从施工准备、施工生产到竣工投产的全过程，运用系统的概念和方法，在全体人员的参与下，建立一套严密、协调、高效的全方位的管理体系，从而实现工程项目施工质量管理的制度化、标准化。因此，本题正确选项为 D。

7.（2017-84）施工质量成本中，运行质量成本包括（　　）。

A. 预防成本   B. 鉴定成本

C. 内部损失成本   D. 外部损失成本

E. 外部质量保证成本

【答案】A、B、C、D。质量成本可分为运行质量成本和外部质量保证成本。运行质量成本是指为运行质量体系达到和保持规定的质量水平所支付的费用，包括预防成本、鉴定成本、内部损失成本和外部损失成本。外部质量保证成本是指依据合同要求向顾客提供所需要的客观证据所支付的费用，包括特殊的和附加的质量保证措施、程序、数据、检测试验和评定的费用。因此，本题正确选项为 A、B、C、D。

8. (2016-84) 施工质量保证体系中，属于工作保证体系内容的有(　　)。

A. 明确工作任务   B. 编制质量计划

C. 成立质量管理小组   D. 分解质量目标

E. 建立工作制度

【答案】A、E。工作保证体系主要是明确工作任务和建立工作制度，落实在以下三个阶段：(1) 施工准备阶段。在这个阶段要完成各项技术准备工作，进行技术交底和技术培训，制定相应的技术管理制度；按质量控制和检查验收的需要，对工程项目进行划分并分级编号；建立工程测量控制网和测量控制制度；进行施工平面设计，建立施工场地管理制度；建立健全材料、机械管理制度等。(2) 施工阶段。加强工序管理，建立质量检查制度，严格实行自检、互检和专检，开展群众性的 QC 活动，强化过程控制，以确保施工阶段的工作质量。(3) 竣工验收阶段。应做好成品保护，严格按规范标准进行检查验收和必要的处置，不让不合格工程进入下一道工序或进入市场，并做好相关资料的收集整理和移交，建立回访制度等。因此，本题正确选项为 A、E。

高频考点2　施工企业质量管理体系的建立和认证

一、本节高频考点总结

质量管理原则

序号	原则名称	原则含义
1	以顾客为关注焦点	首要关注点是满足顾客要求并且努力超越顾客期望
2	领导作用	各级领导建立统一的宗旨和方向，并创造全员积极参与实现组织的质量目标的条件
3	全员积极参与	整个组织内各级胜任、经授权并积极参与的人员，是提高组织创造和提供价值能力的必要条件
4	过程方法	将活动作为相互关联、功能连贯的过程组成的体系来理解和管理时，可以更加有效和高效地得到一致的、可预知的结果
5	改进	成功的组织持续关注改进
6	循证决策	基于数据和信息的分析和评价的决策，更有可能产生期望的结果
7	关系管理	为了持续成功，组织需要管理与有关相关方（如供方）的关系

施工质量保证体系的内容

构成项目	说　明	内　容
质量手册	是质量管理体系的规范，阐明企业的质量政策、质量体系和质量实践的文件，是纲领性文件	质量手册的主要内容包括： (1) 企业的质量方针、质量目标； (2) 组织机构和质量职责； (3) 各项质量活动的基本控制程序或体系要素； (4) 质量评审、修改和控制管理办法
程序文件	质量手册的支持性文件	程序文件包括： (1) 文件控制程序； (2) 质量记录管理程序； (3) 不合格品控制程序； (4) 内部审核程序； (5) 预防措施控制程序； (6) 纠正措施控制程序等
质量计划	是为了确保过程的有效运行和控制，在程序文件的指导下，针对特定的项目、产品、过程或合同，规定由谁及何时应使用哪些程序和相关资源，采取何种质量措施的文件	(1) 通常可引用质量手册的部分内容或程序文件中适用于特定情况的部分； (2) 施工企业质量管理体系中的质量计划，由各个施工项目的施工质量计划组成
质量记录	是证明各阶段产品质量达到要求和质量体系运行有效的证据	

施工企业质量管理体系的建立与运行

项目	内　容	说　明
概念	是建立质量方针和质量目标并实现目标的体系	企业质量管理的核心，是贯彻质量管理和质量保证标准的关键
建立与运行的三个阶段	质量管理体系的建立	企业的质量方针、质量目标、质量手册、程序文件和质量记录等体系文件
	质量体系文件编制	(1) 质量管理体系的重要组成部分； (2) 是企业进行质量管理和质量保证的基础； (3) 编制质量体系文件是建立和保持体系有效运行的重要基础工作； (4) 编制的质量体系文件包括：质量手册、质量计划、质量体系程序、详细作业文件和质量记录
	质量体系的运行	—
注意	第三方认证机构认证，认证的有效期为三年，每年一次接受认证机构对企业质量管理体系实施的监督管理	

二、本节考题精析

1. (2020-23) 企业质量管理体系文件应由(　　)等构成。

A. 质量目标、质量手册、质量计划和质量记录

B. 质量手册、程序文件、质量计划和质量记录

C. 质量方针、质量手册、程序文件和质量记录

D. 质量手册、质量计划、质量记录和质量评审

【答案】B。质量管理体系的文件主要由质量手册、程序文件、质量计划和质量记录等构成。因此，本题正确选项为B。

2. (2020-59) 企业质量管理体系的认证应由（　　）进行。

A. 企业最高管理者　　　　　　　　B. 政府相关主管部门

C. 公正的第三方认证机构　　　　　D. 企业所属的行业协会

【答案】C。质量管理体系由公正的第三方认证机构，依据质量管理体系的要求标准，审核企业质量管理体系要求的符合性和实施的有效性，进行独立、客观、科学、公正的评价，得出结论。认证应按申请、审核、审批与注册发证等程序进行。因此，本题正确选项为C。

3. (2020-94) 根据《质量管理体系 基础和术语》GB/T 19000—2016，施工企业质量管理应遵循的原则有（　　）。

A. 过程方法　　　　　　　　　　　B. 循证决策

C. 以内控体系为关注焦点　　　　　D. 全员积极参与

E. 领导作用

【答案】A、B、D、E。《质量管理体系 基础和术语》GB/T 19000—2016 提出了质量管理的七项原则：（1）以顾客为关注焦点；（2）领导作用；（3）全员积极参与；（4）过程方法；（5）改进；（6）循证决策；（7）关系管理。因此，本题正确选项为A、B、D、E。

4. (2019-50) 施工企业实施和保持质量管理体系应遵循的纲领性文件是（　　）。

A. 质量计划　　　　　　　　　　　B. 质量记录

C. 质量手册　　　　　　　　　　　D. 程序文件

【答案】C。质量手册是质量管理体系的规范，是阐明一个企业的质量政策、质量体系和质量实践的文件，是实施和保持质量体系过程中长期遵循的纲领性文件。质量手册的主要内容包括：企业的质量方针、质量目标；组织机构和质量职责；各项质量活动的基本控制程序或体系要素；质量评审、修改和控制管理办法。因此，本题正确选项为C。

5. (2019-78) 根据《质量管理体系 基础和术语》GB/T 19000—2016，质量管理应遵循的原则有（　　）。

A. 过程方法　　　　　　　　　　　B. 循证决策

C. 全员积极参与　　　　　　　　　D. 领导作用

E. 以内部实力为关注焦点

【答案】A、B、C、D。见第3题解析。

6. (2018-41) 关于施工企业质量管理体系文件构成的说法，正确的是（　　）。

A. 质量计划是纲领性文件

B. 质量记录应阐述企业质量目标和方针

C. 程序文件是质量手册的支持性文件

D. 质量手册应阐述项目各阶段的质量责任和权限

【答案】C。质量计划是为了确保过程的有效运行和控制，在程序文件的指导下，针对特定的产品、过程、合同或项目，而制定出的专门质量措施和活动顺序的文件。A 选项说法错误。质量记录是产品质量水平和质量体系中各项质量活动进行及结果的客观反映，是证明各阶段产品质量达到要求和质量体系运行有效的证据。B 选项说法错误。程序文件是质量手册的支持性文件，是企业落实质量管理工作而建立的各项管理标准、规章制度，是企业各职能部门为贯彻落实质量手册要求而规定的实施细则。C 选项说法正确。质量手册是质量管理体系的规范，是阐明一个企业的质量政策、质量体系和质量实践的文件，是实施和保持质量体系过程中长期遵循的纲领性文件。D 选项说法错误。因此，本题正确选项为 C。

7.（2017-39）企业质量管理体系的文件中，在实施和保持质量体系过程中要长期遵循的纲领性文件是（　　）。

A. 作业指导书　　　　　　　　　　B. 质量计划

C. 质量手册　　　　　　　　　　　D. 质量记录

【答案】C。质量手册是阐明一个企业的质量政策、质量体系和质量实践的文件，是实施和保持质量体系过程中长期遵循的纲领性文件。质量手册的主要内容包括：企业的质量方针、质量目标；组织机构和质量职责；各项质量活动的基本控制程序或体系要素；质量评审、修改和控制管理办法。因此，本题正确选项为 C。

8.（2017-40）关于质量管理体系认证与监督的说法，正确的是（　　）。

A. 企业质量管理体系由国家认证认可监督委员会认证

B. 企业获准认证的有效期为六年

C. 企业获准认证后第三年接受认证机构的监督管理

D. 企业获准认证后应经常性的进行内部审核

【答案】D。质量管理体系由公正的第三方认证机构，依据质量管理体系的要求标准，审核企业质量管理体系要求的符合性和实施的有效性，进行独立、客观、科学、公正的评价，得出结论。A 选项说法错误。认证应按申请、审核、审批与注册发证等程序进行。企业获准认证的有效期为三年。B 选项说法错误。企业获准认证后，应经常性的进行内部审核，保持质量管理体系的有效性，并每年一次接受认证机构对企业质量管理体系实施的监督管理。C 选项说法错误，D 选项说法正确。获准认证后监督管理工作的主要内容有企业通报、监督检查、认证注销、认证暂停、认证撤销、复评及重新换证等。因此，本题正确选项为 D。

9.（2016-40）第三方认证机构对施工企业质量管理体系实施的监督管理应每（　　）进行一次。

A. 三个月　　　　　　　　　　　　B. 半年

C. 一年　　　　　　　　　　　　　D. 三年

【答案】C。企业获准认证的有效期为三年。企业获准认证后，应经常性的进行内部审核，保持质量管理体系的有效性，并每年一次接受认证机构对企业质量管理体系实施的监督管理。获准认证后监督管理工作的主要内容有企业通报、监督检查、认证注销、认证暂停、认证撤销、复评及重新换证等。因此，本题正确选项为 C。

2Z104030 施工质量控制的内容和方法

内　　容	题　　号					合计分值
	2020 年	2019 年	2018 年	2017 年	2016 年	
高频考点 1　施工质量控制的基本环节和一般方法	28	34				2
高频考点 2　施工准备的质量控制	12	15、43		41、42	41、42	7
高频考点 3　施工过程的质量控制		24	42	43	43、44	5
高频考点 4　施工质量验收	40		43、44			3
合计分值	3	4	3	3	4	17

【高频考点精讲】

高频考点 1　施工质量控制的基本环节和一般方法

一、本节高频考点总结

施工质量控制的基本环节

基本环节	内　　容
事前质量控制	(1) 编制施工质量计划，明确质量目标，制定施工方案，设置质量管理点，落实质量责任； (2) 分析导致质量目标偏离的各种影响因素，制定有效的预防措施
事中质量控制	(1) 关键是坚持质量标准； (2) 控制的重点是工序质量、工作质量和质量控制点的控制
事后质量控制	(1) 包括对质量活动结果的评价、认定和对质量偏差的纠正； (2) 重点是发现施工质量方面的缺陷，提出施工质量改进的措施

施工质量控制的依据

依据	内　　容
共同性依据	工程建设合同；设计文件、设计交底及图纸会审记录、设计修改和技术变更等；有关的法律和法规性文件
专门技术性依据	规范、规程、标准、规定
项目专用性依据	指本项目的工程建设合同、勘察设计文件、设计交底及图纸会审记录、设计修改和技术变更通知，以及相关会议记录和工程联系单等

现场质量检查的方法

方法	含义	具体内容	示例
目测法	凭借感官进行检查，也称观感质量检验	看，根据质量标准要求进行外观检查	清水墙面是否洁净，喷涂的密实度和颜色是否良好、均匀
		摸，通过触摸手感进行检查、鉴别	油漆的光滑度，浆活是否牢固、不掉粉
		敲，运用敲击工具进行音感检查	对水磨石、面砖、石材饰面等，进行敲击检查
		照，通过人工光源或反射光照射，检查难以看到或光线较暗的部位	管道井、电梯井等内的管线、设备安装质量，装饰吊顶内连接及设备安装质量
实测法	通过实测判断质量是否符合要求	靠，用直尺、塞尺检查诸如墙面、地面、路面等的平整度	—
		量，用测量工具和计量仪表等检查断面尺寸、轴线、标高、湿度、温度等的偏差	大理石板拼缝尺寸与超差数量，摊铺沥青拌和料的温度，混凝土坍度的检测等
		吊，利用托线板以及线锤吊线检查垂直度	砌体垂直度检查、门窗的安装等
		套，以方尺套方，辅以塞尺检查	对阴阳角的方正、踢脚线的垂直度、预制构件的方正、门窗口及构件的对角线检查等
试验法	包括理化试验和无损检测两种	理化试验。包括物理力学性能和化学成分及其含量的测定	(1) 物理性能方面测定：密度、含水量、凝结时间、安定性及抗渗、耐磨、耐热性能等； (2) 化学成分及其含量的测定：钢筋中的磷、硫含量，混凝土中粗集料中的活性氧化硅成分，以及耐酸、耐碱、抗腐蚀性等
		无损检测。用专门的仪器仪表从表面探测结构物、材料、设备的内部组织结构或损伤情况	超声波探伤、X射线探伤、γ射线探伤

二、本节考题精析

1. (2020-28) 下列施工现场质量检查项目中，适宜采用试验法的是(　　)。

A. 钢筋的力学性能检验　　　　　　　B. 混凝土坍落度的检测

C. 砌体的垂直度检查　　　　　　　　D. 沥青拌合料的温度检测

【答案】A。试验法：是指通过必要的试验手段对质量进行判断的检查方法。主要包括：(1) 理化试验。工程中常用的理化试验包括物理力学性能方面的检验和化学成分及其含量的测定等两个方面。(2) 无损检测。利用专门的仪器仪表从表面探测结构物、材料、设备的内部组织结构或损伤情况。常用的无损检测方法有超声波探伤、X射线探伤、γ射线探伤等。因此，本题正确选项为A。

2. (2019-34) 下列质量控制活动中，属于事中质量控制的是(　　)。

A. 设置质量控制点　　　　　　　　　B. 明确质量责任

C. 评价质量活动结果　　　　　　　　D. 约束质量活动行为

【答案】D。事中质量控制即在施工质量形成过程中，对影响施工质量的各种因素进行全面的动态控制。事中控制首先是对质量活动的行为约束，其次是对质量活动过程和结果的监督控制。事中控制的关键是坚持质量标准，控制的重点是对工序质量、工作质量和质量控制点的控制。A、B选项属于事前质量控制，C选项属于事后质量控制。因此，本题正确选项为D。

高频考点 2　施工准备的质量控制

一、本节高频考点总结

工程项目划分：把整个工程逐级划分为单位工程、分部工程、分项工程和检验批，并分级进行编号，据此来进行质量控制和检查验收，这是进行施工质量控制的一项重要基础工作。

技术准备：在正式开展施工作业活动前进行的技术准备工作。这类工程内容繁多，主要在室内进行。

施工质量控制的准备工作

准备工作		内　容
工程项目划分	单位工程	具备独立施工条件，并能形成独立使用功能的建筑物或构筑物为一个单位工程
	分部工程	（1）应按专业性质、建筑部位确定； （2）当分部工程较大或较复杂时，可按材料种类、施工特点、施工程序、专业系统及类别等划分为若干子分部工程
	分项工程	应按主要工种、材料、施工工艺、设备类别等进行划分
	检验批	根据施工及质量控制和专业验收需要按楼层、施工段、变形缝等进行划分
	室外工程	划分为室外建筑环境工程和室外安装工程
技术准备的质量控制		（1）对技术准备工作成果的复核审查，检查是否符合相关技术规范、规程的要求； （2）制订施工质量控制计划，设置质量控制点，明确关键部位的质量管理点

现场施工准备的质量控制

控制工作	内　容	说　明
工程定位和标高基准的控制	测量质量直接决定工程的定位和标高是否正确	施工单位须对建设单位提供的原始坐标点、基准线和水准点等进行复核，并将复测结果上报监理工程师审核，批准后才能建立施工测量控制网
施工平面布置的控制	建设单位应按照合同约定并考虑施工单位施工的需要	施工单位要合理科学地规划使用施工场地，制订施工场地质量管理制度，并做好施工现场的质量检查记录

材料的质量控制

项目	内　容
采购订货关	（1）施工单位应制定合理的材料采购供应计划，在广泛掌握市场信息的基础上，建立严格的合格供应方资格审查制度，优选材料的生产单位或者销售总代理单位（以下简称"建材供货商"），选用已经建材备案的、达到建设工程设计文件要求的建材产品。 （2）建材供应商应当对产品质量进行严格把关，不得向建设工程提供未经检验或者检验不合格的建材产品和假冒伪劣产品；在销售建材产品的同时，应当向买受人提供产品使用说明书、有效的建材备案证及产品质量保证书

项目	内 容
进场检验关	（1）施工单位应当按照现行的《建筑工程检测试验技术管理规范》JGJ 190—2010 和工程项目的设计要求、建立建材进场验证制度，严格核验相关的建材备案证、产品质量保证书、有效期内的产品检测报告等供现场备查的证明文件和资料，做好建材采购、验收、检验和使用综合台账，并按规定对进场建材进行复验把关，对重要建材的使用，必须经过监理工程师签字和项目经理签准。必要时，监理工程师应对进场建材进行平行检验。 （2）装配式建筑部品部件实行驻厂监造制度。混凝土预制构件的原材料质量、钢筋加工和连接的力学性能、混凝土强度、构件结构性能、装饰材料、保温材料及拉结件的质量等均应根据国家现行有关标准进行检查和检验，并应具有生产操作规程和质量检验记录。混凝土预制构件出厂时的混凝土强度不宜低于设计混凝土强度等级值的 75％
存储和使用关	（1）施工单位必须加强材料进场后的存储和使用管理，避免材料变质（如水泥的受潮结块、钢筋的锈蚀等）和使用规格、性能不符合要求的材料造成工程质量事故。 （2）施工单位既要做好对材料的合理调度，避免现场材料的大量积压，又要做好材料的合理堆放，并正确使用材料，在使用材料时进行及时的检查和监督，对预拌混凝土要强化生产、运输、使用环节的质量管理

施工机械设备的质量控制

控制项目	内 容
机械设备的选型	按照技术上先进、生产上适用、经济上合理、使用上安全、操作上方便的原则进行选择
主要性能参数指标的确定	主要性能参数是选择机械设备的依据
使用操作要求	（1）贯彻"人机固定"原则，实行定机、定人、定岗位职责的使用管理制度； （2）做好机械设备的例行保养工作，使机械保持良好的技术状态

二、本节考题精析

1.（2020-12）混凝土预制构件出厂时的混凝土强度不宜低于设计混凝土强度等级值的（　　）。

A. 50％　　　　　　　　　　　　B. 65％

C. 75％　　　　　　　　　　　　D. 90％

【答案】C。混凝土预制构件出厂时的混凝土强度不宜低于设计混凝土强度等级值的75％。因此，本题正确选项为C。

2.（2019-15）建设工程施工质量验收时，分部工程的划分一般按（　　）确定。

A. 施工工艺、设备类别　　　　　　B. 专业性质、工程部位

C. 专业类别、工程规模　　　　　　D. 材料种类、施工程序

【答案】B。分部工程的划分应按下列原则确定：（1）可按专业性质、工程部位确定。（2）当分部工程较大或较复杂时，可按材料种类、施工特点、施工程序、专业系统及类别等划分为若干子分部工程。分项工程可按主要工种、材料、施工工艺、设备类别等进行划分。检验批可根据施工质量控制和专业验收需要，按工程量、楼层、施工段、变形缝等进行划分。因此，本题正确选项为B。

3. (2019-43) 为了保证工程质量，对重要建材的使用，必须经过(   )。

A. 总监理工程师签字

B. 监理工程师签字、项目经理签准

C. 业主现场代表签准

D. 业主现场代表签字、监理工程师签准

【答案】B。施工单位应当按照现行的《建筑工程检测试验技术管理规范》JGJ 190—2010 和工程项目的设计要求、建立建材进场验证制度，严格核验相关的建材备案证、产品质量保证书、有效期内的产品检测报告等供现场备查的证明文件和资料，做好建材采购、验收、检验和使用综合台账，并按规定对进场建材进行复验把关，对重要建材的使用，必须经过监理工程师签字和项目经理签准。必要时，监理工程师应对进场建材进行平行检验。因此，本题正确选项为B。

4. (2017-41) 下列施工准备质量控制的工作中，属于技术准备的是(   )。

A. 复核原始坐标   B. 规划施工场地

C. 布置施工机械   D. 设置质量控制点

【答案】D。技术准备是指在正式开展施工作业活动前进行的技术准备工作。这类工作内容繁多，主要在室内进行，例如：熟悉施工图纸，进行详细的设计交底和图纸审查；细化施工技术方案和施工人员、机具的配置方案，编制施工作业技术指导书，绘制各种施工详图（如测量放线图、大样图及配筋、配板、配线图表等），进行必要的技术交底和技术培训。技术准备的质量控制，包括对上述技术准备工作成果的复核审查，检查这些成果有无错漏，是否符合相关技术规范、规程的要求和对施工质量的保证程度；制订施工质量控制计划，设置质量控制点，明确关键部位的质量管理点等。因此，本题正确选项为D。

5. (2017-42) 下列工程材料采购时，供货商必须提供《生产许可证》的是(   )。

A. 黏土烧结砖   B. 建筑防水卷材

C. 脚手架用钢管   D. 混凝土外加剂

【答案】B。材料供货商对下列材料必须提供《生产许可证》：钢筋混凝土用热轧带肋钢筋、冷轧带肋钢筋、预应力混凝土用钢材（钢丝、钢棒和钢绞线）、建筑防水卷材、水泥、建筑外窗、建筑幕墙、建筑钢管脚手架扣件、人造板、铜及铜合金管材、混凝土输水管、电力电缆等材料产品。因此，本题正确选项为B。

6. (2016-41) 为保证工程质量，材料供应商必须提供《生产许可证》的材料是(   )。

A. 建筑用石   B. 预应力混凝土用钢材

C. 建筑用砂   D. 防水涂料

【答案】B。材料供货商对下列材料必须提供《生产许可证》：钢筋混凝土用热轧带肋钢筋、冷轧带肋钢筋、预应力混凝土用钢材（钢丝、钢棒和钢绞线）、建筑防水卷材、水泥、建筑外窗、建筑幕墙、建筑钢管脚手架扣件、人造板、铜及铜合金管材、混凝土输水管、电力电缆等材料产品。因此，本题正确选项为B。

7. (2016-42) 为保证工程质量，施工单位应对进场钢筋抽取试样进行(   )的力学性能试验。

A. 拉伸和抗剪   B. 冷弯和抗压

C. 冷弯和抗剪   D. 拉伸和冷弯

【答案】D。同一牌号、同一炉罐号、同一规格、同一等级、同一交货状态的钢筋，每批不大于 60t。从每批钢筋中抽取 5% 进行外观检查。力学性能试验从每批钢筋中任选两根钢筋，每根取两个试样分别进行拉伸试验（包括屈服点、抗拉强度和伸长率）和冷弯试验。因此，本题正确选项为 D。

高频考点3 施工过程的质量控制

一、本节高频考点总结

施工过程的质量控制

项 目	内 容
技术交底	(1) 项目开工前由项目技术负责人向施工负责人或分包人进行书面技术交底。 (2) 技术交底资料应办理签字手续并归档保存。 (3) 每一分部工程开工前均应进行作业技术交底。技术交底书应由施工项目技术人员编制，并经项目技术负责人批准实施。 (4) 技术交底的形式有：书面、口头、会议、挂牌、样板、示范操作等
测量控制	常见的施工测量复核有： (1) 工业建筑测量复核； (2) 民用建筑的测量复核； (3) 高层建筑测量复核； (4) 管线工程测量复核
计量控制	计量控制的工作重点是： (1) 建立计量管理部门和配置计量人员； (2) 建立健全和完善计量管理的规章制度； (3) 严格按规定有效控制计量器具的使用、保管、维修和检验； (4) 监督计量过程的实施，保证计量的准确
工序施工质量控制	(1) 以工序质量控制为基础和核心，工序的质量控制是施工阶段质量控制的重点； (2) 工序施工质量控制主要包括：工序施工条件控制、工序施工效果控制
特殊过程的质量控制	特殊过程的质量控制是施工阶段质量控制的重点
成品保护的控制	措施一般有防护、包裹、覆盖、封闭等几种方法

必须进行现场质量检测的工程

检测项目	内 容
地基基础工程	(1) 地基及复合地基承载力检测； (2) 工程桩的承载力检测； (3) 桩身质量检验
主体结构工程	(1) 混凝土、砂浆、砌体强度现场检测； (2) 钢筋及钢筋半成品、钢筋网片质量检测； (3) 钢筋保护层厚度检测； (4) 混凝土预制构件强度检测

检测项目	内　　容
建筑幕墙工程	(1) 铝塑复合板的剥离强度检测； (2) 石材的弯曲强度；室内用花岗石的放射性检测； (3) 玻璃幕墙用结构胶的邵氏硬度、标准条件拉伸粘结强度、相容性试验；石材用结构胶粘结强度及石材用密封胶的污染性检测； (4) 建筑幕墙的气密性、水密性、风压变形性能、层间变位性能检测； (5) 硅酮结构胶相容性检测
钢结构及管道工程	(1) 钢结构及钢管焊接质量无损检测； (2) 钢结构、钢管防腐及防火涂装检测； (3) 钢结构节点、机械连接用紧固标准件及高强度螺栓力学性能检测

选择质量控制点的原则

1. 对工程质量形成过程产生直接影响的关键部位、工序或环节及隐蔽工程
2. 施工过程中的薄弱环节，或者质量不稳定的工序、部位或对象
3. 对下道工序有较大影响的上道工序
4. 采用新技术、新工艺、新材料的部位或环节
5. 施工上无把握的、施工条件困难的或技术难度大的工序或环节
6. 用户反馈指出和过去有过返工的不良工序

质量控制点重点控制的对象

1. 人的行为
2. 材料的质量与性能
3. 施工方法与关键操作
4. 施工技术参数
5. 技术间歇
6. 施工顺序
7. 易发生或常见的质量通病
8. 新技术、新材料及新工艺的应用
9. 产品质量不稳定和不合格率较高的工序
10. 特殊地基或特种结构

二、本节考题精析

1. （2019-24）施工单位在项目开工前编制的测量控制方案，一般应经（　　）批准后实施。

A. 项目经理　　　　　　　　　　B. 业主代表

C. 施工员　　　　　　　　　　　D. 项目技术负责人

【答案】D。项目开工前应编制测量控制方案，经项目技术负责人批准后实施。对相关部门提供的测量控制点应在施工准备阶段做好复核工作，经审批后进行施工测量放线，并保存测量记录。在施工过程中应对设置的测量控制点、线妥善保护，不准擅自移动。施工过程中必须认真进行施工测量复核工作，这是施工单位应履行的技术工作职责，其复核结果应报送监理工程师复验确认后，方能进行后续相关工序的施工。因此，本题正确选项为 D。

2. （2018-42）施工单位在建设工程开工前编制的测量控制方案，需经（　　）批准后

方可实施。

    A. 施工项目经理   B. 总监理工程师

    C. 甲方工程师   D. 项目技术负责人

【答案】D。项目开工前应编制测量控制方案，经项目技术负责人批准后实施。对相关部门提供的测量控制点应在施工准备阶段做好复核工作，经审批后进行施工测量放线，并保存测量记录。因此，本题正确选项为 D。

    3.（2017-43）项目开工前，项目技术负责人应向（   ）进行书面技术交底。

    A. 项目经理   B. 施工班组长

    C. 承担施工的负责人   D. 操作工人

【答案】C。做好技术交底是保证施工质量的重要措施之一。项目开工前应由项目技术负责人向承担施工的负责人或分包人进行书面技术交底，技术交底资料应办理签字手续并归档保存。因此，本题正确选项为 C。

    4.（2016-43）项目开工前的技术交底书应由施工项目技术人员编制，经（   ）批准实施。

    A. 项目经理   B. 项目技术负责人

    C. 总监理工程师   D. 专业监理工程师

【答案】B。项目开工前应由项目技术负责人向承担施工的负责人或分包人进行书面技术交底，技术交底资料应办理签字手续并归档保存。每一分部工程开工前均应进行作业技术交底。技术交底书应由施工项目技术人员编制，并经项目技术负责人批准实施。因此，本题正确选项为 B。

    5.（2016-44）施工过程中，施工单位必须认真进行施工测量复核工作，并应将复核结果报送（   ）复验确认。

    A. 监理工程师   B. 项目经理

    C. 建设单位项目负责人   D. 项目技术负责人

【答案】A。施工过程中必须认真进行施工测量复核工作，这是施工单位应履行的技术工作职责，其复核结果应报送监理工程师复验确认后，方能进行后续相关工序的施工。因此，本题正确选项为 A。

高频考点 4　施工质量验收

一、本节高频考点总结

施工过程的工程质量验收

验收程序（由小到大）	上一环节的质量	上一环节的资料	上一环节安全及功能的检验和抽样	观感质量	本环节抽查	验收组织	参加人
检验批	✓	✓				监理工程师	施工单位技术质量负责人
分项工程	✓	✓				监理工程师	施工单位技术质量负责人
分部工程	✓	✓	✓	✓		总监理工程师	项目经理、业主代表

验收程序 （由小到大）	上一环节 的质量	上一环节 的资料	上一环节安全 及功能的检验 和抽样	观感质量	本环节抽查	验收组织	参加人
单位工程	✓	✓	✓	✓	✓	建设单位 负责人	施工单位、 监理单位、 设计单位 负责人

施工项目竣工质量验收的条件和附录文件

序号	项目	内　　容
1	施工项目 竣工质量 验收的条件	（1）完成工程设计和合同约定的各项内容。 （2）施工单位在工程完工后对工程质量进行了检查，确认工程质量符合有关法律、法规和工程建设强制性标准，符合设计文件及合同要求，并提出工程竣工报告。工程竣工报告应经项目经理和施工单位有关负责人审核签字。 （3）对于委托监理的工程项目，监理单位对工程进行了质量评估，具有完整的监理资料，并提出工程质量评估报告。工程质量评估报告应经总监理工程师和监理单位有关负责人审核签字。 （4）勘察、设计单位对勘察、设计文件及施工过程中由设计单位签署的设计变更通知书进行了检查，并提出质量检查报告。质量检查报告应经该项目勘察、设计负责人和勘察、设计单位有关负责人审核签字。 （5）有完整的技术档案和施工管理资料。 （6）有工程使用的主要建筑材料、建筑构配件和设备的进场试验报告，以及工程质量检测和功能性试验资料。 （7）建设单位已按合同约定支付工程款。 （8）有施工单位签署的工程质量保修书。 （9）对于住宅工程，进行分户验收并验收合格，建设单位按户出具《住宅工程质量分户验收表》。 （10）建设主管部门及工程质量监督机构责令整改的问题全部整改完毕。 （11）法律、法规规定的其他条件
2	工程竣工 验收报告 所附文件	（1）施工许可证。 （2）施工图设计文件审查意见。 （3）上述竣工质量验收的条件中（2）、（3）、（4）、（8）项规定的文件。 （4）验收组人员签署的工程竣工验收意见。 （5）法规、规章规定的其他有关文件

工程质量不符合要求时的处理方式

工程质量不符合要求的处理方式	相应的验收方式
返工重做或更换器具、设备	重新进行验收
经有资质的检测单位鉴定达到设计要求	予以验收
经检测鉴定达不到设计要求，但经原设计单位核算认可能满足安全和使用功能	可以予以验收
经返修或加固，能满足安全使用要求	可按技术处理方案和协商文件进行验收
通过返修和加固仍不能满足安全使用要求的	严禁验收

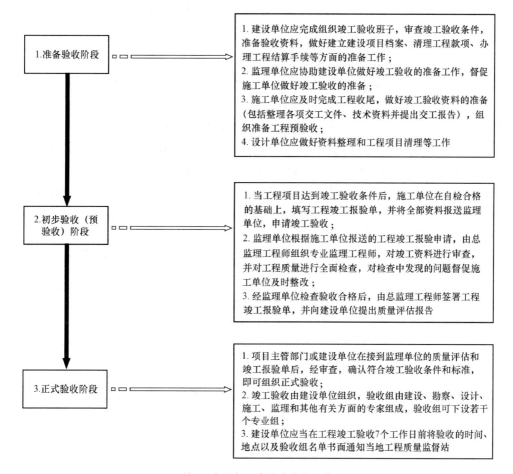

施工项目竣工质量验收的程序

注：━━▶表示流程和顺序；□□▷表示解释说明。

竣工验收会议的规定

序号	程序	内　　　容
1	各单位汇报情况	建设、勘察、设计、施工、监理单位分别汇报工程合同履行情况和在工程建设各个环节执行法律、法规和工程建设强制性标准的情况
2	审阅档案资料	审阅建设、勘察、设计、施工、监理单位的工程档案资料
3	实地查验	实地查验工程质量
4	形成意见	参与工程竣工验收的建设、勘察、设计、施工、监理等各方不能形成一致意见时，应当协商提出解决方法，待意见一致后，重新组织工程竣工验收，必要时可提请建设行政主管部门或质量监督站调解

二、本节考题精析

1.（2020-40）根据《建筑工程施工质量验收统一标准》GB 50300—2013，对施工单位采取相应措施消除一般项目缺陷后的检验批验收应采取的做法是（　　）。

A. 经原设计单位复核后予以验收

B. 经检测单位鉴定后予以验收

C. 按验收程序重新组织验收

D. 按技术处理方案和协商文件进行验收

【答案】C。一般情况下，不合格现象在最基层的验收单位——检验批验收时就应发现并及时处理，否则将影响后续批和相关的分项工程、分部工程的验收。所有质量隐患必须尽快消灭在萌芽状态，这是以强化验收促进过程控制原则的体现。对质量不符合要求的处理分以下四种情况：第一种情况，是指在检验批验收时，其主控项目不能满足验收规范或一般项目超过偏差限值的子项数不符合检验规定的要求时，应及时进行处理。其中，严重的缺陷应推倒重来；一般的缺陷通过返修或更换器具、设备予以处理，应允许在施工单位采取相应的措施消除缺陷后重新验收。重新验收结果如能够符合相应的专业工程质量验收规范要求，则应认为该检验批合格。因此，本题正确选项为C。

2.（2018-43）建设工程施工过程中对分部工程质量验收时，应该给出综合质量评价的检查项目是（　　）。

A. 观感质量验收　　　　　　　　B. 分项工程质量验收

C. 质量控制资料验收　　　　　　D. 主体结构功能检测

【答案】A。观感质量验收。这类检查往往难以定量，只能以观察、触摸或简单量测的方式进行，并由各个人的主观印象判断，检查结果并不给出"合格"或"不合格"的结论，而是综合给出质量评价。对于评价为"差"的检查点应通过返修处理等补救。因此，本题正确选项为A。

3.（2018-44）在建设工程施工过程的质量验收中，检验批的合格质量主要取决于（　　）。

A. 主控项目的检验结果

B. 主控项目和一般项目的检验结果

C. 资料检查完整、合格和主控项目检验结果

D. 资料检查完整、合格和一般项目的检验结果

【答案】B。检验批的合格质量主要取决于对主控项目和一般项目的检验结果。主控项目是对检验批的基本质量起决定性影响的检验项目，因此，必须全部符合有关专业工程验收规范的规定。这意味着主控项目不允许有不符合要求的检验结果，这种项目的检查具有"否决权"，必须从严要求。因此，本题正确选项为B。

2Z104040　施工质量事故预防与处理

【近年考点统计】

内　容	题　号					合计分值
	2020 年	2019 年	2018 年	2017 年	2016 年	
高频考点 1　工程质量事故分类		18、84	45	85	45、46、85	10

内　容	题　号					合计分值
	2020 年	2019 年	2018 年	2017 年	2016 年	
高频考点 2　施工质量事故的预防						
高频考点 3　施工质量事故的处理	30、91	31	46、85	44	39	9
合计分值	3	4	4	3	5	19

【高频考点精讲】

高频考点 1　工程质量事故分类

一、本节高频考点总结

工程质量事故的概念

序号	项目	内　容
1	质量不合格	工程产品没有满足某个规定的要求为质量不合格，与预期或规定用途有关的不合格，称为质量缺陷
2	质量问题	工程质量不合格，必须进行返修、加固或报废处理，造成直接经济损失在 5000 元以下的，为质量问题，由企业自行处理
3	质量事故	工程质量不合格，必须进行返修、加固或报废处理，造成直接经济损失在 5000 元（含 5000 元）以上的为质量事故

工程质量事故的分类

划分标准	分　类	说　明
按事故造成损失严重程度划分	特别重大事故	30 人以上死亡，或 100 人以上重伤，或者 1 亿元以上直接经济损失
	重大事故	10 人以上 30 人以下死亡，或 50 人以上 100 人以下重伤，或者 5000 万元以上 1 亿元以下直接经济损失
	较大事故	3 人以上 10 人以下死亡，或 10 人以上 50 人以下重伤，或者 1000 万元以上 5000 万元以下直接经济损失
	一般事故	3 人以下死亡，或 10 人以下重伤，或者 100 万元以上 1000 万元以下直接经济损失
按事故责任分类	指导责任事故	指由于工程实施指导或领导失误而造成的质量事故
	操作责任事故	指在施工过程中，由于实施操作者不按规程和标准实施操作，而造成的质量事故
按质量事故产生的原因分类	技术原因引发的质量事故	指在工程项目实施中由于设计、施工在技术上的失误而造成的质量事故
	管理原因引发的质量事故	管理上的不完善或失误引发的质量事故
	社会、经济原因引发的质量事故	指由于经济因素及社会上存在的弊端和不正之风引起建设中的错误行为，而导致出现质量事故

注："以上"包括本数，"以下"不包括本数。

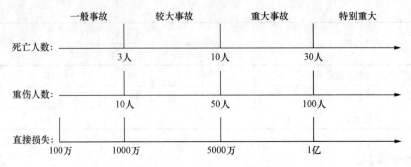

一般事故　　　较大事故　　　重大事故　　　特别重大

死亡人数：────────┼────────┼────────┼────────→
　　　　　　　　　3人　　　　　10人　　　　30人

重伤人数：────────┼────────┼────────┼────────→
　　　　　　　　10人　　　　50人　　　　100人

直接损失：────────┼────────┼────────┼────────→
　　　　　100万　　1000万　　5000万　　　1亿

工程质量事故按造成损失的程度分类

二、本节考题精析

1.（2019-18）某工程施工中，操作工人不听从指导，在浇筑混凝土时随意加水造成混凝土质量事故，按事故责任分类，该事故属于（　　）。

A. 操作责任事故　　　　　　　　　B. 自然灾害事故

C. 指导责任事故　　　　　　　　　D. 一般责任事故

【答案】A。操作责任事故：指在施工过程中，由于操作者不按规程和标准实施操作，而造成的质量事故。例如，浇筑混凝土时随意加水，或振捣疏漏造成混凝土质量事故等。因此，本题正确选项为 A。

2.（2019-84）根据工程质量事故造成损失的程度分级，属于重大事故的有（　　）。

A. 50 人以上 100 人以下重伤

B. 3 人以上 10 人以下死亡

C. 1 亿元以上直接经济损失

D. 1000 万元以上 5000 万元以下直接经济损失

E. 5000 万元以上 1 亿元以下直接经济损失

【答案】A、E。重大事故，是指造成 10 人以上 30 人以下死亡，或者 50 人以上 100 人以下重伤，或者 5000 万元以上 1 亿元以下直接经济损失的事故。A、E 选项属于重大事故，B、C、D 选项分别属于较大事故、特别重大事故、较大事故。因此，本题正确选项为 A、E。

3.（2018-45）根据《质量管理体系 基础和术语》GB/T 19000—2016，工程产品与规定用途有关的不合格，称为（　　）。

A. 质量通病　　　　　　　　　　　B. 质量缺陷

C. 质量问题　　　　　　　　　　　D. 质量事故

【答案】B。凡工程产品未满足质量要求，就称之为质量不合格；与预期或规定用途有关的不合格，称为质量缺陷。凡是工程质量不合格，必须进行返修、加固或报废处理，由此造成直接经济损失低于规定限额的称为质量问题。由于建设、勘察、设计、施工、监理等单位违反工程质量有关法律法规和工程建设标准，使工程产生结构安全、重要使用功能等方面的质量缺陷，造成人身伤亡或者重大经济损失的称为质量事故。因此，本题正确选项为 B。

4.（2017-85）下列施工质量事故中，属于指导责任事故的有（　　）。

A. 负责人放松质量标准造成的质量事故

B. 混凝土振捣疏漏造成的质量事故

C. 负责人追求施工进度造成的质量事故

D. 砌筑工人不按操作规程施工导致墙体倒塌

E. 浇筑混凝土时操作者随意加水使强度降低造成的质量事故

【答案】A、C。指导责任事故：指由于工程指导或领导失误而造成的质量事故。例如，由于工程负责人不按规范指导施工，强令他人违章作业，或片面追求施工进度，放松或不按质量标准进行控制和检验，降低施工质量标准等而造成的质量事故。操作责任事故：指在施工过程中，由于操作者不按规程和标准实施操作，而造成的质量事故。例如，浇筑混凝土时随意加水，或振捣疏漏造成混凝土质量事故等。此外还有自然灾害事故。因此，本题正确选项为 A、C。

5. (2016-45) 某工程混凝土浇筑过程中发生脚手架倒塌，造成 11 名施工人员当场死亡。此次工程质量事故等级应认定为(   )。

A. 特别重大事故 　　　　　　　B. 重大事故

C. 较大事故 　　　　　　　　　D. 一般事故

【答案】B。工程质量事故分为 4 个等级：(1) 特别重大事故，是指造成 30 人以上死亡，或者 100 人以上重伤，或者 1 亿元以上直接经济损失的事故；(2) 重大事故，是指造成 10 人以上 30 人以下死亡，或者 50 人以上 100 人以下重伤，或者 5000 万元以上 1 亿元以下直接经济损失的事故；(3) 较大事故，是指造成 3 人以上 10 人以下死亡，或者 10 人以上 50 人以下重伤，或者 1000 万元以上 5000 万元以下直接经济损失的事故；(4) 一般事故，是指造成 3 人以下死亡，或者 10 人以下重伤，或者 100 万元以上 1000 万元以下直接经济损失的事故。因此，本题正确选项为 B。

6. (2016-46) 由于工程负责人不按规范指导施工，随意压缩工期造成的质量事故，按事故责任分类，属于(   )。

A. 指导责任事故 　　　　　　　B. 操作责任事故

C. 自然灾害事故 　　　　　　　D. 技术责任事故

【答案】A。指导责任事故：指由于工程指导或领导失误而造成的质量事故。例如，由于工程负责人不按规范指导施工，强令他人违章作业，或片面追求施工进度，放松或不按质量标准进行控制和检验，降低施工质量标准等而造成的质量事故。因此，本题正确选项为 A。

7. (2016-85) 下列引发工程质量事故的原因中，属于管理原因的有(   )。

A. 施工方法选用不当 　　　　　B. 质量控制不严格

C. 检验制度不严密 　　　　　　D. 盲目追求利润而不顾质量

E. 特大暴雨导致质量不合格

【答案】B、C。质量事故产生的原因分类：(1) 技术原因引发的质量事故：指在工程项目实施中由于设计、施工在技术上的失误而造成的质量事故。例如，结构设计计算错误，对地质情况估计错误，采用了不适宜的施工方法或施工工艺等引发质量事故。A 选项属于技术原因引起。(2) 管理原因引发的质量事故：指管理上的不完善或失误引发的质量事故。例如，施工单位或监理单位的质量管理体系不完善，检验制度不严密，质量控制不严格，质量管理措施落实不力，检测仪器设备管理不善而失准，材料检验不严等原因引起的质量事故。B、C 选项属于管理原因引起。（3）社会、经济原因引发的质量事故：是指由于经济因素及社会上存在的弊端和不正之风导致建设中的错误行为，而发生质量事故。例如，某些施工企业盲目追求利润而不顾工程质量；在投标报价中恶意压低标价，中标后则采用随意修改方案或偷工减料等违法手段而导致发生的质量事故。D 选项属于社会经济原因引起。（4）其他原因引发的质量事故：指由于其他人为事故（如设备事故、安全事故等）或严重的自然灾害等不可抗力的原因，导致连带发生的质量事故。E 选项属于此类原因范围。因此，本题正确选项为 B、C。

高频考点 2　施工质量事故的预防

一、本节高频考点总结

施工质量施工的发生与预防

序号	项目	内　容
1	常见的质量通病	（1）基础不均匀下沉，墙身开裂； （2）现浇钢筋混凝土工程出现蜂窝、麻面、露筋； （3）现浇钢筋混凝土阳台、雨篷根部开裂或倾覆、坍塌； （4）砂浆、混凝土配合比控制不严，任意加水，强度得不到保证； （5）屋面、厨房、卫生间渗水、漏水； （6）墙面抹灰起壳、裂缝、起麻点、不平整； （7）地面及楼面起砂、起壳、开裂； （8）门窗变形，缝隙过大，密封不严； （9）水暖电工安装粗糙，不符合使用要求； （10）结构吊装就位偏差过大； （11）预制构件裂缝，预埋件移位，预应力张拉不足； （12）砖墙接槎或预留脚手眼不符合规范要求； （13）金属栏杆、管道、配件锈蚀； （14）墙纸粘贴不牢、空鼓、折皱，压平起光； （15）饰面砖拼缝不平、不直，空鼓，脱落； （16）喷浆不均匀，脱色、掉粉
2	施工质量事故发生的原因	（1）非法承包，偷工减料； （2）违背基本建设程序； （3）勘察设计的失误； （4）施工的失误； （5）自然条件的影响
3	施工质量事故预防的具体措施	（1）严格依法进行施工组织管理； （2）严格按照基本建设程序办事； （3）认真做好工程地质勘察； （4）科学地加固处理好地基； （5）进行必要的设计审查复核； （6）严格把好建筑材料及制品的质量关； （7）强化从业人员管理； （8）加强施工过程的管理； （9）做好应对不利施工条件和各种灾害的预案； （10）加强施工安全与环境管理

二、本节考题精析

本节近年无试题。

高频考点3　施工质量事故的处理

一、本节高频考点总结

施工质量事故处理的依据

1. 质量事故的实况资料
2. 有关合同及合同文件
3. 有关的技术文件和档案
4. 相关的建设法规

施工质量事故处理的程序

1. 事故调查
2. 事故的原因分析
3. 制定事故处理的技术方案
4. 事故处理
5. 事故处理的鉴定验收

施工质量事故调查报告的内容

1. 工程概况
2. 事故情况
3. 事故发生后所采取的临时防护措施
4. 事故调查中的有关数据、资料
5. 事故原因分析与初步判断
6. 事故处理的建议方案与措施
7. 事故涉及人员与主要责任者的情况等

施工质量事故处理的基本要求

1. 质量事故的处理应达到安全可靠、不留隐患、满足生产和使用要求、施工方便、经济合理的目的
2. 重视消除造成事故的原因，注意综合治理
3. 正确确定处理的范围和正确选择处理的时间和方法
4. 加强事故处理的检查验收工作，认真复查事故处理的实际情况
5. 确保事故处理期间的安全

质量事故处理方式（按严重程度由轻到重排序）

序号	项目	内　　容
1	不作处理	质量问题虽然达不到规定的要求或标准，但情况不严重，对工程的使用和安全影响很小，经过分析、论证和设计单位认可后，可不作专门处理，具体如下： （1）不影响结构安全、生产工艺和使用要求的； （2）后道工序可以弥补的质量缺陷； （3）法定检测单位鉴定合格的； （4）出现的质量缺陷，经检测鉴定达不到设计要求，但经原设计单位核算，仍能满足结构安全和使用功能的

序号	项目	内 容
2	返修处理	存在一定的缺陷，但经过返修后可以达到要求的质量标准，又不影响使用功能或外观的要求，可采取返修处理
3	限制使用	质量缺陷按返修方法处理后，无法保证达到规定的使用要求和安全要求，而又无法返工处理的情况下，可按限制使用处理
4	返工处理	质量缺陷经过修补处理后不能满足规定的质量标准要求，或不具备补救可能性则必须采取返工处理
5	报废处理	采取上述办法后，仍不能满足规定的要求或标准，按报废处理

二、本节考题精析

1.（2020-30）施工质量事故的处理工作包括：①事故调查；②事故处理；③事故原因分析；④制定事故处理方案。仅就上述工作而言正确的顺序是（ ）。

A.①-③-④-②　　　　　　　　　B.①-②-③-④

C.①-③-②-④　　　　　　　　　D.③-①-②-④

【答案】A。施工质量事故处理的一般程序：事故调查、事故的原因分析、制定事故处理的技术方案、事故处理、事故处理的鉴定验收、提交处理报告。因此，本题正确选项为A。

2.（2020-91）施工质量事故调查报告的主要内容包括（ ）。

A. 工程项目和参建单位概况　　　　B. 事故基本情况

C. 事故处理结论　　　　　　　　　D. 事故处理方案

E. 事故发生后采取的应急防护措施

【答案】A、B、E。事故调查报告，其主要内容包括：工程项目和参建单位概况；事故基本情况；事故发生后所采取的应急防护措施；事故调查中的有关数据、资料；对事故原因和事故性质的初步判断，对事故处理的建议；事故涉及人员与主要责任者的情况等。因此，本题正确选项为A、B、E。

3.（2019-31）根据《房屋建筑和市政基础设施工程质量事故报告和调查处理》（建质〔2010〕111号），施工质量事故发生后，事故现场有关人员应立即向工程（ ）报告。

A. 建设单位负责人　　　　　　　　B. 施工单位负责人

C. 监理单位负责人　　　　　　　　D. 设计单位负责人

【答案】A。施工质量事故发生后，按照《房屋建筑和市政基础设施工程质量事故报告和调查处理》（建质〔2010〕111号）的规定，事故现场有关人员应立即向工程建设单位负责人报告。工程建设单位负责人接到报告后，应于1h内向事故发生地县级以上人民政府住房和城乡建设主管部门及有关部门报告。同时，施工项目有关负责人应根据事故现场实际情况，及时采取必要措施抢救人员和财产，保护事故现场，防止事故扩大。因此，本题正确选项为A。

4.（2018-46）建设工程施工质量事故的处理程序中，确定处理结果是否达到预期目的、是否依然存在隐患，属于（　　）环节的工作。

    A. 事故调查　　　　　　　　　　　B. 事故原因分析

    C. 制定事故处理技术方案　　　　　D. 事故处理鉴定验收

  【答案】D。事故处理的鉴定验收是指：质量事故的处理是否达到预期的目的，是否依然存在隐患，应当通过检查鉴定和验收做出确认。事故处理的质量检查鉴定，应严格按施工验收规范和相关的质量标准的规定进行，必要时还应通过实际量测、试验和仪器检测等方法获取必要的数据，以便准确地对事故处理的结果做出鉴定，最终形成结论。因此，本题正确选项为 D。

  5.（2018-85）下列建设工程资料中，可以作为施工质量事故处理依据的有（　　）。

    A. 质量事故状况的描述　　　　　　B. 设计委托合同

    C. 施工记录　　　　　　　　　　　D. 现场制备材料的质量证明资料

    E. 工程竣工报告

  【答案】A、B、C、D。施工质量事故处理的依据有：（1）质量事故的实况资料：包括质量事故发生的时间、地点；质量事故状况的描述；质量事故发展变化的情况；有关质量事故的观测记录、事故现场状态的照片或录像；事故调查组调查研究所获得的第一手资料。（2）有关的合同文件：包括工程承包合同、设计委托合同、设备与器材购销合同、监理合同及分包合同等。（3）有关的技术文件和档案：主要是有关的设计文件（如施工图纸和技术说明）、与施工有关的技术文件、档案和资料（如施工方案、施工计划、施工记录、施工日志、有关建筑材料的质量证明资料、现场制备材料的质量证明资料、质量事故发生后对事故状况的观测记录、试验记录或试验报告等）。（4）相关的建设法规。因此，本题正确选项为 A、B、C、D。

  6.（2017-44）当工程质量缺陷经加固、返工处理后仍无法保证达到规定的安全要求，但没有完全丧失使用功能时，适宜采用的处理方法是（　　）。

    A. 不作处理　　　　　　　　　　　B. 限制使用

    C. 报废处理　　　　　　　　　　　D. 返修处理

  【答案】B。当工程质量缺陷按修补方法处理后无法保证达到规定的使用要求和安全要求，而又无法返工处理的情况下，不得已时可做出诸如结构卸荷或减荷以及限制使用的决定。因此，本题正确选项为 B。

  7.（2016-39）工程质量缺陷按修补方案处理后，仍无法保证达到规定的使用和安全要求，又无法返工处理的，其正确的处理方式是（　　）。

    A. 不做处理　　　　　　　　　　　B. 报废处理

    C. 限制使用　　　　　　　　　　　D. 加固处理

  【答案】C。当工程质量缺陷按修补方法处理后无法保证达到规定的使用要求和安全要求，而又无法返工处理的情况下，不得已时可做出诸如结构卸荷或减荷以及限制使用的决定。因此，本题正确选项为 C。

2Z104050　建设行政管理部门对施工质量的监督管理

【近年考点统计】

内　容	题　号					合计分值
	2020 年	2019 年	2018 年	2017 年	2016 年	
高频考点 1　施工质量监督管理的制度	34、90	44		45、86	86	9
高频考点 2　施工质量监督管理的实施	50	25、76	47、48、86	46	47、48	11
合计分值	4	4	4	4	4	20

【高频考点精讲】

高频考点 1　施工质量监督管理的制度

一、本节高频考点总结

政府对施工质量的监督职能

序号	项目	内　容
1	监督管理部门职责的划分	统一监督管理：国务院建设行政主管部门 专业建设工程质量的监督管理：国家交通、水利等有关部门
2	监督管理的基本规定	主要目的：保证建设工程使用安全和环境质量
		基本依据：法律、法规和工程建设强制性标准
		主要方式：可以由县级以上地方人民政府建设主管部门委托所属的工程质量监督机构实施，可采取政府购买服务的方式，委托具备条件的社会力量进行工程质量监督检查和抽测
		主要内容：工程实体质量监督和工程质量行为监督
		主要手段：施工许可制度和竣工验收备案制度
3	政府质量监督的性质	监督、检查、管理及执法行为
4	政府质量监督的权限	(1) 要求被检查的单位提供有关工程质量的文件和资料； (2) 进入被检查单位的施工现场进行检查； (3) 发现有影响工程质量的问题时，责令改正； (4) 有关单位和个人对政府建设行政主管部门和其他有关部门进行的监督检查应当支持与配合，不得拒绝或者阻碍建设工程质量监督检查人员依法执行职务

序号	项目	内 容
5	政府质量监督的内容	（1）执行法律法规和工程建设强制性标准的情况； （2）抽查涉及工程主体结构安全和主要使用功能的工程实体质量； （3）抽查工程质量责任主体和质量检测等单位的工程质量行为； （4）抽查主要建筑材料、建筑构配件的质量； （5）对工程竣工验收进行监督； （6）组织或者参与工程质量事故的调查处理； （7）定期对本地区工程质量状况进行统计分析； （8）依法对违法违规行为实施处罚

二、本节考题精析

1.（2020-34）关于工程质量监督的说法，正确的是（　　）。

A. 施工单位在项目开工前向监督机构申报质量监督手续

B. 建设行政主管部门对工程质量监督的性质属于行政执法行为

C. 建设行政主管部门质量监督的范围包括永久性及临时性建设工程

D. 工程质量监督指的是主管部门对工程实体质量情况实施的监督

【答案】B。工程质量监督的性质属于行政执法行为，是为了保护人民生命和财产安全，由主管部门依据有关法律法规和工程建设强制性标准，对工程实体质量和工程建设、勘察、设计、施工、监理单位（此五类单位简称为工程质量责任主体）和质量检测等单位的工程质量行为实施监督。因此，本题正确选项为 B。

2.（2020-90）建设行政主管部门对工程质量监督的内容包括（　　）。

A. 抽查质量检测单位的工程质量行为

B. 抽查工程质量责任主体的工程质量行为

C. 参与工程质量事故的调查处理

D. 监督工程竣工验收

E. 审查工程建设标准的完整性

【答案】A、B、C、D。工程质量监督管理包括下列内容：（1）执行法律法规和工程建设强制性标准的情况；（2）抽查涉及工程主体结构安全和主要使用功能的工程实体质量；（3）抽查工程质量责任主体和质量检测等单位的工程质量行为；（4）抽查主要建筑材料、建筑构配件的质量；（5）对工程竣工验收进行监督；（6）组织或者参与工程质量事故的调查处理；（7）定期对本地区工程质量状况进行统计分析；（8）依法对违法违规行为实施处罚。因此，本题正确选项为 A、B、C、D。

3.（2019-44）政府对工程质量监督的行为从性质上属于（　　）。

A. 技术服务　　　　　　　　　　B. 委托代理

C. 司法审查　　　　　　　　　　D. 行政执法

【答案】D。工程质量监督的性质属于行政执法行为，是为了保护人民生命和财产安全，由主管部门依据有关法律法规和工程建设强制性标准，对工程实体质量和工程建设、勘察、设计、施工、监理单位（此五类单位简称为工程质量责任主体）和质量检测等单位的工程质量行为实施监督。因此，本题正确选项为 D。

4. （2017-45）关于政府质量监督性质与权限的说法，正确的是（　　）。

A. 政府质量监督机构有权颁发施工企业资质证书

B. 政府质量监督属于行政调解行为

C. 政府质量监督机构应对质量检测单位的工程质量行为进行监督

D. 工程质量监督的具体工作必须由当地人民政府建设主管部门实施

【答案】C。施工企业资质证书是建设行政主管部门颁发的。A 选项说法错误。政府质量监督的性质属于行政执法行为，是主管部门依据有关法律法规和工程建设强制性标准，对工程实体质量和工程建设、勘察、设计、施工、监理单位和质量检测等单位的工程质量行为实施监督。B 选项说法错误。工程质量监督管理的具体工作可以由县级以上地方人民政府建设主管部门委托所属的工程质量监督机构实施。D 选项说法错误。因此，本题正确选项为 C。

5. （2017-86）政府质量监督机构实施监督检查时，有权采取的措施有（　　）。

A. 要求被检查单位提供相关工程财务台账

B. 进入被检查单位的施工现场进行检查

C. 发现有影响工程质量的问题时，责令改正

D. 降低企业资质等级

E. 吊销企业营业执照

【答案】B、C。政府建设行政主管部门和其他有关部门履行工程质量监督检查职责时，有下列三项职权：（1）要求被检查的单位提供有关工程质量的文件和资料；（2）进入被检查单位的施工现场进行检查；（3）发现有影响工程质量的问题时，责令改正。有关单位和个人对政府建设行政主管部门和其他有关部门进行的监督检查应当支持与配合，不得拒绝或者阻碍建设工程质量监督检查人员依法执行职务。因此，本题正确选项为 B、C。

6. （2016-86）政府质量监督管理的内容有（　　）。

A. 抽查主要建筑材料的质量　　　　　B. 监督工程竣工验收

C. 依法处罚违法违规行为　　　　　　D. 定期统计分析本地区工程质量情况

E. 抽查施工进度计划的执行情况

【答案】A、B、C、D。政府对建设工程质量监督的职能主要包括以下几个方面：（1）监督检查施工现场工程建设参与各方主体的质量行为。检查施工现场参与工程建设各方主体及有关人员的资质或资格；检查勘察、设计、施工、监理单位的质量管理体系和质量责任落实情况；检查有关质量文件、技术资料是否齐全并符合规定。（2）监督检查工程实体的施工质量，特别是基础、主体结构、主要设备安装等涉及结构安全和使用功能的施工质量。（3）监督工程质量验收。监督建设单位组织的工程竣工验收的组织形式、验收程序以及在验收过程中提供的有关资料和形成的质量评定文件是否符合有关规定，实体质量是否存在严重缺陷，工程质量验收是否符合国家标准。因此，本题正确选项为 A、B、C、D。

高频考点 2　施工质量监督管理的实施

一、本节高频考点总结

施工质量政府监督的实施

序号	阶段	内　容
1	受理建设单位对工程质量监督的申报	（1）在工程项目开工前，监督机构接受建设单位有关建设工程质量监督的申报手续； （2）对建设单位提供的有关文件进行审查，审查合格签发有关质量监督文件； （3）工程质量监督手续可以与施工许可证或者开工报告合并办理
2	制定工作计划并组织实施	（1）在工程项目开工前，监督机构在施工现场召开由参建各方代表参加的监督会议，公布监督方案，提出监督要求，并进行第一次监督检查工作。检查的重点是参与工程建设各方主体的质量行为。 （2）检查的主要内容有： ① 检查参与工程项目建设各方的质量保证体系建立情况，包括组织机构、质量控制方案、措施及质量责任制等制度； ② 审查参与建设各方的工程经营资质证书和相关人员的执业资格证书； ③ 审查按建设程序规定的开工前必须办理的各项建设行政手续是否齐全完备； ④ 审查施工组织设计、监理规划等文件以及审批手续； ⑤ 检查的结果记录保存
3	对工程实体质量和工程质量责任主体等单位工程质量行为抽查、抽测	（1）日常检查和抽查抽测相结合，采取"双随机、一公开"（随机抽取检查对象，随机选派监督检查人员，及时公开检查情况和查处结果）检查方式和"互联网＋监管"模式。 （2）对工程项目建设中的结构主要部位（如桩基、基础、主体结构等）除进行常规检查外，监督机构还应在分部工程验收时进行监督，监督检查验收合格后，方可进行后续工程的施工，建设单位应将施工、设计、监理和建设单位各方分别签字的质量验收证书在验收后三天内报送工程质量监督机构备案； （3）对违反有关规定、造成工程质量事故和严重质量问题的单位和个人依法严肃查处曝光。对查实的问题可签发《质量问题整改通知单》或《局部暂停施工指令单》，对问题严重的单位也可根据问题的性质采取临时收缴资质证书等处理措施
4	监督工程竣工验收	（1）竣工验收前就质量监督检查中提出的质量问题的整改情况进行复查，了解整改情况； （2）竣工验收时参加竣工验收的会议，对验收的程序及验收的过程进行监督； （3）编制单位工程质量监督报告，在竣工验收之日起五天内提交竣工验收备案部门； （4）对不符合验收要求的责令改正； （5）对存在的问题进行处理，并向备案部门提出书面报告
5	建立工程质量监督档案	（1）建设工程质量监督档案按单位工程建立； （2）经监督机构负责人签字后归档，按规定年限保存

二、本节考题精析

1．（2020-50）政府质量监督机构参加工程竣工验收会议的目的（　　）。

A．签发工程竣工验收意见

B．对验收的组织形式、程序等进行监督

C．对工程实体质量进行检查验收

D. 检查核实有关工程质量的文件和资料

【答案】B。在竣工阶段，监督机构主要是按规定对工程竣工验收工作进行监督：（1）竣工验收前，针对在质量监督检查中提出的质量问题的整改情况进行复查，了解其整改的情况；（2）竣工验收时，参加竣工验收的会议，对验收的组织形式、程序等进行监督。工程竣工验收合格后，建设单位应当在建筑物明显部位设置永久性标牌，载明建设、勘察、设计、施工、监理单位等工程质量责任主体的名称和主要责任人姓名。因此，本题正确选项为B。

2. (2019-25) 工程项目建设中的桩基工程经监督检查验收合格后，建设单位应将质量验收证明在验收后(   )内报送工程质量监督机构备案。

A. 3d
B. 7d
C. 10d
D. 1个月

【答案】A。对工程项目建设中的结构主要部位（如桩基、基础、主体结构等）除进行常规检查外，监督机构还应在分部工程验收时进行监督，监督检查验收合格后，方可进行后续工程的施工，建设单位应将施工、设计、监理和建设单位各方分别签字的质量验收证明在验收后3d内报送工程质量监督机构备案。因此，本题正确选项为A。

3. (2019-76) 建设行政管理部门对工程质量监督的内容有(   )。

A. 审核工程建设标准的完整性
B. 抽查质量检测单位的工程质量行为
C. 抽查工程质量责任主体的工程质量行为
D. 参与工程质量事故的调查处理
E. 监督工程竣工验收

【答案】B、C、D、E。建设行政管理部门对施工质量监督管理的实施程序如下：（1）受理建设单位办理质量监督手续；（2）制定工作计划并组织实施；（3）对工程实体质量和工程质量责任主体等单位工程质量行为进行抽查、抽测；（4）监督工程竣工验收；（5）形成工程质量监督报告；（6）建立工程质量监督档案。因此，本题正确选项为B、C、D、E。

4. (2018-47) 政府质量监督机构检查参与工程项目建设各方的质量保证体系的建立情况，属于(   )质量监督的内容。

A. 项目开工前
B. 施工过程
C. 竣工验收阶段
D. 建立档案阶段

【答案】A。在工程项目开工前，监督机构接受建设单位有关建设工程质量监督的申报手续，并对建设单位提供的有关文件进行审查，审查合格签发有关质量监督文件。建设单位凭工程质量监督文件，向建设行政主管部门申领施工许可证。因此，本题正确选项为A。

5. (2018-48) 建设工程主体结构施工中，政府质量监督机构安排监督检查的频率至少是(   )。

A. 每周一次
B. 每旬一次
C. 每月一次
D. 每季度一次

【答案】C。监督机构按照监督方案对工程项目全过程施工的情况进行不定期的检查。

检查的内容主要是：参与工程建设各方的质量行为及质量责任制的履行情况，工程实体质量和质量控制资料的完成情况，其中对基础和主体结构阶段的施工应每月安排监督检查。因此，本题正确选项为 C。

6.（2018-86）某建设工程基础分部工程施工过程中，政府质量监督活动内容有（　　）。

A. 检查参与工程建设各方的质量行为

B. 检查参与工程建设各方的组织机构

C. 检查参与工程建设各方的质量责任制履行情况

D. 审查参与工程建设各方人员资格证书

E. 监督基础分部工程验收

【答案】A、C、E。监督机构按照监督方案对工程项目全过程施工的情况进行不定期的检查。检查的内容主要是：参与工程建设各方的质量行为及质量责任制的履行情况，工程实体质量和质量控制资料的完成情况，其中对基础和主体结构阶段的施工应每月安排监督检查。因此，本题正确选项为 A、C、E。

7.（2017-46）工程质量监督机构接受建设单位提交的有关建设工程质量监督申报手续，审查合格后应签发（　　）。

A. 质量监督文件　　　　　　　　B. 施工许可证

C. 质量监督报告　　　　　　　　D. 第一次监督记录

【答案】A。在工程项目开工前，监督机构接受建设单位有关建设工程质量监督的申报手续，并对建设单位提供的有关文件进行审查，审查合格签发有关质量监督文件。建设单位凭工程质量监督文件，向建设行政主管部门申领施工许可证。因此，本题正确选项为 A。

8.（2016-47）政府质量监督机构在监督检查过程中发现门窗工程质量不合格，并查实是承包商原因造成，则应签发（　　）。

A. 质量问题整改通知单　　　　　B. 全部暂停施工指令单

C. 临时收缴资质证书通知单　　　D. 吊销资质证书通知单

【答案】A。监督机构对在施工过程中发生的质量问题、质量事故进行查处。根据质量监督检查的状况，对查实的问题可签发"质量问题整改通知单"或"局部暂停施工指令单"，对问题严重的单位也可根据问题的性质签发"临时收缴资质证书通知书"等处理意见。因此，本题正确选项为 A。

9.（2016-48）在施工过程中，除不定期的监督检查外，质量监督机构还应每月安排监督检查的是（　　）。

A. 基础工程　　　　　　　　　　B. 屋面防水工程

C. 外装修工程　　　　　　　　　D. 室内管网工程

【答案】A。监督机构按照监督方案对工程项目全过程施工的情况进行不定期的检查。检查的内容主要是：参与工程建设各方的质量行为及质量责任制的履行情况，工程实体质量和质量控制资料的完成情况，其中对基础和主体结构阶段的施工应每月安排监督检查。因此，本题正确选项为 A。

2Z105000 施工职业健康安全与环境管理

2Z105010 职业健康安全管理体系与环境管理体系

内　　容	题　　号					合计分值
	2020 年	2019 年	2018 年	2017 年	2016 年	
高频考点 1　职业健康安全体系与环境管理体系标准	20、63、81		50		50	6
高频考点 2　职业健康安全与环境管理的目的和要求		67	87	87	49	6
高频考点 3　职业健康安全管理体系与环境管理体系的建立和运行		56、85		47	87	6
合计分值	4	4	3	3	4	18

【高频考点精讲】

高频考点 1　职业健康安全体系与环境管理体系标准

一、本节高频考点总结

职业健康安全管理体系标准实施的特点

序号	项目	内　　容
1	结构系统采用 PDCA 循环管理模式	标准由"领导作用—策划—支持和运行—绩效评价—改进"五大要素构成，采用了 PDCA 动态循环、不断上升的螺旋式运行模式，体现了持续改进的动态管理思想
2	规定了职业健康安全（OH&S）管理体系的要求，并给出了其使用指南	使组织能够通过防止与工作相关的伤害和健康损害以及主动改进其职业健康安全绩效来提供安全和健康的工作场所
3	有助于组织实现其职业健康安全管理体系的预期结果	依照组织的职业健康安全方针，其职业健康安全管理体系的预期结果包括： （1）持续改进职业健康安全绩效； （2）满足法律法规要求和其他要求； （3）实现职业健康安全目标
4	适用于任何规模、类型和活动的组织	它适用于组织控制下的职业健康安全风险，这些风险必须考虑到诸如组织运行所处环境、组织工作人员和其他相关方的需求和期望等因素

序号	项目	内容
5	能使组织管理其职业健康安全风险并提升其职业健康安全绩效	职业健康安全管理体系可有助于组织满足法律法规要求和其他要求
6	内容全面、充实、可操作性强	为组织提供了一套科学、有效的职业健康安全管理手段，不仅要求组织强化安全管理，完善组织安全生产的自我约束机制，而且要求组织提升社会责任感和对社会的关注度，形成组织良好的社会形象
7	组织必须对全体员工进行系统的安全培训	强化组织内全体成员的安全意识，可以增强劳动者身心健康，提高职工的劳动效率，从而为组织创造更大的经济效益
8	等同国际通行标准，有助于参与国际市场竞争	贯彻执行职业健康安全管理标准将有助于消除贸易壁垒，从而可以为参与国际市场竞争创造必备的条件

中国环境管理体系标准的特点与应用原则

项目	内容
标准的特点	(1) 普遍采用并作为其认证的依据； (2) 在市场经济的驱动下促进提高环境管理水平； (3) 采用 PDCA 动态循环、不断上升的螺旋式管理运行模式； (4) 标准着重强调与环境污染预防、环境保护等法律法规的兼容性； (5) 标准注重体系的科学性、完整性和灵活性； (6) 标准具有与其他管理体系的兼容性
应用原则	(1) 强调自愿性原则，不改变组织的法律责任； (2) 需建立并实施结构化的管理体系； (3) 着眼于采用系统的管理措施； (4) 不必成为独立的管理系统，应纳入组织整个管理体系中； (5) 关键是坚持持续改进和环境污染预防； (6) 须有组织最高管理者的承诺和责任以及全员的参与

二、本节考题精析

1. (2020-20) 根据《环境管理体系 要求及使用指南》GB/T 24001—2016，下列环境因素中，属于外部存在的是(　　)。

A. 组织的全体职工　　　　　　　　B. 影响人类生存的各种自然因素

C. 组织的管理团队　　　　　　　　D. 静态组织结构

【答案】B。在《环境管理体系 要求及使用指南》GB/T 24001—2016 中，认为环境是指"组织运行活动的外部存在，包括空气、水、土地、自然资源、植物、动物、人，以及它（他）们之间的相互关系"。这个定义是以组织运行活动为主体，其外部存在主要是指人类认识到的、直接或间接影响人类生存的各种自然因素及它（他）们之间的相互关系。因此，本题正确选项为 B。

2. (2020-63) 施工企业职业健康安全管理体系的运行中，管理评审应由(　　)承担。

A. 项目经理　　　　　　　　　　　B. 施工企业的最高管理者

C. 项目技术负责人　　　　　　　　D. 施工企业安全负责人

【答案】B。最高管理者应按计划的时间间隔，对组织的职业健康安全管理体系进行评审，以确保其持续适宜性、充分性和有效性。评审应包括评价改进的可能性和对职业健康安全管理体系进行修改的需求，包括对职业健康安全方针和职业健康安全目标的修改需求。因此，本题正确选项为 B。

3.（2020-81）《环境管理体系 要求及使用指南》GB/T 24001—2016 中，应对风险和机遇的措施部分包括的内容有（　　）。

A. 总则　　　　　　　　　　　B. 环境因素

C. 合规义务　　　　　　　　　D. 环境目标

E. 措施的策划

【答案】A、B、C、E。应对风险和机遇的措施部分包括的内容有：总则、环境因素、合规义务、措施的策划。因此，本题正确选项为 A、B、C、E。

4.（2018-50）关于职业健康安全与环境管理体系中管理评审的说法，正确的是（　　）。

A. 管理评审是施工企业接受政府监督的一种机制

B. 管理评审是施工企业最高管理者对管理体系的系统评价

C. 管理评审是管理体系自我保证和自我监督的一种机制

D. 管理评审是对管理体系运行中执行相关法律情况进行的评价

【答案】B。管理评审是指最高管理者应按计划的时间间隔，对组织的职业健康安全管理体系进行评审，以确保其持续适宜性、充分性和有效性。评审应包括评价改进的可能性和对职业健康安全管理体系进行修改的需求，包括对职业健康安全方针和职业健康安全目标的修改需求。因此，本题正确选项为 B。

5.（2016-50）施工企业职业健康安全与环境管理体系的管理评审是（　　）。

A. 管理体系接受政府监督的一种体制

B. 企业最高管理者对管理体系的系统评价

C. 管理体系自我保证和自我监督的一种机制

D. 对企业执行相关法律情况的评价

【答案】B。最高管理者应按计划的时间间隔，对组织的职业健康安全管理体系进行评审，以确保其持续适宜性、充分性和有效性。评审应包括评价改进的可能性和对职业健康安全管理体系进行修改的需求，包括对职业健康安全方针和职业健康安全目标的修改需求，这称为管理评审。因此，本题正确选项为 B。

高频考点 2　职业健康安全与环境管理的目的和要求

一、本节高频考点总结

施工职业健康安全与环境管理的目的

序号	项目	内　　容
1	建设工程施工职业健康安全管理的目的	（1）防止和减少生产安全事故、保护产品生产者的健康与安全、保障人民群众的生命和财产免受损失； （2）控制影响工作场所内员工、临时工作人员、合同方人员、访问者和其他有关部门人员健康和安全的条件和因素； （3）考虑和避免因管理不当对员工健康和安全造成的危害

序号	项目	内　　容
2	建设工程施工环境管理的目的	（1）保护和改善施工现场的环境； （2）采取措施控制施工现场对环境的污染和危害； （3）注意对资源的节约和避免资源的浪费

施工职业健康安全与环境管理的要求

序号	项目	内　　容
1	施工职业健康安全管理的基本要求	（1）坚持安全第一、预防为主和防治结合的方针。 （2）企业的法定代表人是安全生产的第一负责人，项目负责人是施工项目安全生产的主要负责人。 （3）在工程设计阶段按照要求进行设计。 （4）在工程施工阶段，包括安全生产技术措施计划、应急救援预案等要完善，建设工程实行总承包的，由总承包单位对施工现场的安全生产负总责并自行完成工程主体结构的施工。分包单位应当接受总承包单位的安全生产管理，分包合同中应当明确各自的安全生产方面的权利、义务。分包单位不服从管理导致生产安全事故的，由分包单位承担主要责任，总承包和分包单位对分包工程的安全生产承担连带责任。 （5）应明确和落实工程安全环保设施费用、安全施工和环境保护措施费等各项费用。 （6）施工企业须为从事危险作业的人员在现场工作期间办理意外伤害保险。 （7）现场应将生产区与生活、办公区分离，配备紧急处理医疗设施，使现场的生活设施符合卫生防疫要求，采取防暑、降温、保温、消毒、防毒等措施
2	施工环境管理的基本要求	（1）涉及依法划定的自然保护区、风景名胜区、生活饮用水水源保护区及其他需要特别保护的区域时，工程施工应符合国家有关法律法规及该区域内建设工程项目环境管理的规定。 （2）建设工程应当采用节能、节水措施等，禁止生产、销售和使用有毒、有害物质超过国家标准的建筑材料和装修材料。 （3）建设工程项目中防治污染的设施，必须与主体工程同时设计、同时施工、同时投产使用，验收合格后，该建设工程项目方可投入生产或者使用。 （4）尽量减少建设工程施工所产生的噪声对周围生活环境的影响。 （5）拟采取的污染防治措施应确保污染物排放达到国家和地方规定的排放标准，满足污染物总量控制要求。 （6）应采取生态保护措施，有效预防和控制生态破坏。 （7）禁止引进不符合我国环境保护规定要求的技术和设备。 （8）任何单位不得将产生严重污染的生产设备转移给没有污染防治能力的单位使用

工程施工职业健康安全管理应遵循的程序

1. 识别并评价危险源及风险
2. 确定职业健康安全目标
3. 编制并实施项目职业健康安全技术措施计划
4. 职业健康安全技术措施计划实施结果验证
5. 持续改进相关措施和绩效

二、本节考题精析

1. (2019-67) 工程施工职业健康安全管理工作包括：①确定职业健康安全目标；②识别并评价危险源及风险；③持续改进相关措施和绩效；④编制技术措施计划；⑤措施计划实施结果验证。正确的程序是（   ）。

A. ①-②-④-⑤-③　　　　　　　　B. ①-②-⑤-④-③
C. ②-①-④-⑤-③　　　　　　　　D. ②-①-④-③-⑤

【答案】C。工程施工职业健康安全管理应遵循下列程序：（1）识别并评价危险源及风险；（2）确定职业健康安全目标；（3）编制并实施项目职业健康安全技术措施计划；（4）职业健康安全技术措施计划实施结果验证；（5）持续改进相关措施和绩效。因此，本题正确选项为C。

2. (2018-87) 根据《建设工程安全生产管理条例》和《职业健康安全管理体系》GB/T 28000 标准，对建设工程施工职业健康安全管理的基本要求有（   ）。

A. 施工企业必须对本企业的安全生产负全面责任
B. 设计单位对已发生的生产安全事故处理提出指导意见
C. 施工项目负责人和专职安全生产管理人员应持证上岗
D. 坚持安全第一、预防为主和防治结合的方针
E. 实行总承包的工程，分包单位应当接受总承包单位的安全生产管理

【答案】A、C、D、E。建设工程对施工职业健康安全管理的基本要求如下：（1）坚持安全第一、预防为主和防治结合的方针，建立职业健康安全管理体系并持续改进职业健康安全管理工作。（2）施工企业在其经营生产的活动中必须对本企业的安全生产负全面责任。（3）在工程设计阶段，设计单位应按照有关建设工程法律法规的规定和强制性标准的要求，进行安全保护设施的设计；对涉及施工安全的重点部分和环节在设计文件中应进行注明，并对防范生产安全事故提出指导意见，防止因设计考虑不周而导致生产安全事故的发生；对于采用新结构、新材料、新工艺的建设工程和特殊结构的建设工程，设计文件中提出保障施工作业人员安全和预防生产安全事故的措施和建议。（4）在工程施工阶段，施工企业应根据风险预防要求和项目的特点，制定职业健康安全生产技术措施计划；在进行施工平面图设计和安排施工计划时，应充分考虑安全、防火、防爆和职业健康等因素；施工企业应制定安全生产应急救援预案，建立相关组织，完善应急准备措施；发生事故时，应按国家有关规定，向有关部门报告；处理事故时，应防止二次伤害。（5）建设工程实行总承包的，由总承包单位对施工现场的安全生产负总责并自行完成工程主体结构的施工。分包单位应当接受总承包单位的安全生产管理，分包合同中应当明确各自的安全生产方面的权利、义务。分包单位不服从管理导致生产安全事故的，由分包单位承担主要责任，总承包和分包单位对分包工程的安全生产承担连带责任。（6）应明确和落实工程安全环保设施费用、安全文明施工和环境保护措施费等各项费用。（7）施工企业应按有关规定必须为从事危险作业的人员在现场工作期间办理意外伤害保险。（8）现场应将生产区与生活、办公区分离，配备紧急处理医疗设施，使现场的生活设施符合卫生防疫要求，采取防暑、降温、保温、消毒、防毒等措施。因此，本题正确选项为A、C、D、E。

3. (2017-87) 根据《建设工程安全生产管理条例》和《职业健康安全管理体系》GB/T 28000 标准，建设工程对施工职业健康安全管理的基本要求包括（   ）。

A. 工程施工阶段，施工企业应制定职业健康安全生产技术措施计划

B. 施工企业在其经营生产的活动中必须对本企业的安全生产负全面责任

C. 工程设计阶段，设计单位应制定职业健康安全生产技术措施计划

D. 实行总承包的建设工程，由总承包单位对施工现场的安全生产负总责

E. 实行总承包的建设工程，分包单位应当接受总承包单位的安全生产管理

【答案】A、B、D、E。见第2题解析。

4.（2016-49）关于施工企业职业健康安全与环境管理要求的说法，正确的是（　　）。

A. 取得安全生产许可证的施工企业，可以不设立安全生产管理机构

B. 企业法定代表人是安全生产的第一负责人，项目经理是施工项目生产的主要负责人

C. 建设工程实行总承包的，分包合同中明确各自安全生产方面的权利和义务，分包单位发生安全生产事故时，总承包单位不承担连带责任

D. 建设工程项目中防治污染的设施，经监理单位验收合格后方可投入使用

【答案】B。设立安全生产管理机构是取得安全生产许可证的前提条件，取得后也要保持。A选项说法错误。建设工程实行总承包的，分包合同中明确各自安全生产方面的权利和义务，分包单位发生安全生产事故时，总承包单位对外要承担连带责任，承担完连带责任后再按照内部协议分担责任。C选项说法错误。建设工程项目中防治污染的设施要经过环保部门的验收才能投入使用。D选项说法错误。因此，本题正确选项为B。

高频考点3　职业健康安全管理体系与环境管理体系的建立和运行

一、本节高频考点总结

施工职业健康安全管理体系与环境管理体系的建立

序号	项目	内容
1	领导决策	最高管理者亲自决策
2	成立工作组	最高管理者或授权管理者代表成立工作小组负责建立体系，成员要覆盖施工企业的主要职能部门，组长最好由管理者代表担任
3	人员培训	目的是使有关人员了解建立体系的重要性，了解标准的主要思想和内容
4	初始状态评审	进行危险源辨识和风险评价、环境因素识别和重要环境因素评价，作为后续工作的基础
5	制定方针、目标、指标和管理方案	（1）方针是施工企业总的指导方向和行动准则，是评价一切后续活动的依据； （2）目标、指标的制定与企业的总目标相一致
6	管理体系策划与设计	确定施工企业机构职责和筹划各种运行程序
7	体系文件编写	包括管理手册、程序文件、作业文件二个层次： （1）管理手册是管理体系的纲领性文件； （2）程序文件的内容可按"4W1H"的顺序和内容来编写； （3）作业文件一般包括作业指导书（操作规程）、管理规定、监测活动准则及程序文件引用的表格。其编写的内容和格式与程序文件的要求基本相同
8	文件的审查、审批和发布	编写完成后应进行审查、审批，然后发布

序号	项目	内　　容
1	管理体系的运行体系	(1) 培训意识和能力； (2) 信息交流：是确保各要素构成一个完整、动态、持续改进的体系和基础； (3) 文件管理； (4) 执行控制程序； (5) 监测； (6) 不符合、纠正和预防措施； (7) 记录
2	管理体系的维持	(1) 内部审核； (2) 管理评审； (3) 合规性评价：公司级评价每年进行一次

二、本节考题精析

1. (2019-56) 下列施工职业健康安全与环境管理体系的运行、维持活动中，属于管理体系运行的是（　　）。

A. 管理评审 　　　　　　　　　　B. 内部审核

C. 合规性评价 　　　　　　　　　　D. 文件管理

【答案】D。管理体系的运行包括：(1) 培训意识和能力；(2) 信息交流；(3) 文件管理；(4) 执行控制程序；(5) 监测；(6) 不符合、纠正和预防措施；(7) 记录。管理体系的维持包括：(1) 内部审核；(2) 管理评审；(3) 合规性评价。因此，本题正确选项为D。

2. (2019-85) 职业健康安全管理体系文件包括（　　）。

A. 管理手册 　　　　　　　　　　B. 程序文件

C. 管理方案 　　　　　　　　　　D. 初始状态评审文件

E. 作业文件

【答案】A、B、E。体系文件包括管理手册、程序文件、作业文件三个层次。管理手册是对施工企业整个管理体系的整体性描述，为体系的进一步展开以及后续程序文件的制定提供了框架要求和原则规定，是管理体系的纲领性文件。程序文件的内容可按"4W1H"的顺序和内容来编写，即明确程序中管理要素由谁做（who），什么时间做（when），在什么地点做（where），做什么（what），怎么做（how）。程序文件的一般格式可按照目的和适用范围、引用的标准及文件、术语和定义、职责、工作程序、报告和记录的格式以及相关文件等的顺序来编写。作业文件是指管理手册、程序文件之外的文件，一般包括作业指导书（操作规程）、管理规定、监测活动准则及程序文件引用的表格。因此，本题正确选项为A、B、E。

3. (2017-47) 职业健康安全管理体系与环境管理体系的管理评审，应由施工企业的（　　）进行。

A. 项目经理 　　　　　　　　　　B. 技术负责人

C. 专职安全员 　　　　　　　　　　D. 最高管理者

【答案】D。管理评审是由施工企业的最高管理者对管理体系的系统评价，判断企业的管理体系面对内部情况的变化和外部环境是否充分适应有效，由此决定是否对管理体系做出调整，包括方针、目标、机构和程序等。因此，本题正确选项为D。

4. (2016-87) 职业健康安全与环境管理体系的作业文件一般包括（　　）。

A. 作业指导书　　　　　　　　　B. 管理规定

C. 绩效报告　　　　　　　　　　D. 监测活动准则

E. 程序文件引用的表格

【答案】A、B、D、E。体系文件包括管理手册、程序文件、作业文件三个层次。管理手册是对施工企业整个管理体系的整体性描述，是管理体系的纲领性文件。程序文件的内容可按"4W1H"的顺序和内容来编写，即明确程序中管理要素由谁做（who），什么时间做（when），在什么地点做（where），做什么（what），怎么做（how）。作业文件是指管理手册、程序文件之外的文件，一般包括作业指导书（操作规程）、管理规定、监测活动准则及程序文件引用的表格。因此，本题正确选项为A、B、D、E。

2Z105020　施工安全生产管理

【近年考点统计】

内　容	题　号					合计分值
	2020 年	2019 年	2018 年	2017 年	2016 年	
高频考点 1　安全生产管理制度	29、82	7、39、94	88	48、88	51、88	15
高频考点 2　危险源的识别和风险控制	56	62	52	49		4
高频考点 3　安全隐患的处理	70		51	50	52	4
合计分值	5	5	4	5	4	23

【高频考点精讲】

高频考点 1　安全生产管理制度

一、本节高频考点总结

施工安全生产管理制度体系建立的原则

1. 贯彻"安全第一，预防为主"的方针
2. 适用于工程施工全过程的安全管理和控制
3. 符合法律、行政法规及规程的要求
4. 项目经理部应充实体系，确保工程项目的施工安全
5. 加强对施工项目安全生产管理，指导、帮助项目经理部建立和实施该体系

施工安全生产管理制度体系的主要内容

序号	项目	内　容
1	安全生产责任制度（最基本、核心的安全管理制度）	（1）实行总承包的由总承包单位负责，分包单位向总包单位负责，服从总包单位对施工现场的安全管理，分包单位在其分包范围内建立施工现场安全生产管理制度，并组织实施。 （2）施工现场应按工程项目大小配备专（兼）职安全人员。以建筑工程为例，可按建筑面积 1 万 m² 以下的工地至少有一名专职人员；1 万 m² 以上的工地设 2～3 名专职人员；5 万 m² 以上的大型工地，按不同专业组成安全管理组进行安全监督检查

序号	项目	内 容
2	安全生产许可证制度	(1) 国务院建设主管部门负责中央管理的建筑施工企业安全生产许可证的颁发和管理；其他企业由省、自治区、直辖市人民政府建设主管部门进行颁发和管理。 (2) 严禁未取得安全生产许可证建筑施工企业从事建筑施工活动。 (3) 安全生产许可证的有效期为 3 年。期满需要延期的，提前 3 个月向原安全生产许可证颁发管理机关办理延期手续。 (4) 有效期内未发生死亡事故的，安全生产许可证有效期延期 3 年
3	政府安全生产监督检查制度	(1) 各行业安全综合监督管理：应急管理部门。 (2) 建设工程安全生产实施监督管理：建设行政主管部门。 (3) 专业建设工程安全生产的监督管理：交通、水利等有关部门
4	安全生产教育培训制度	(1) 管理人员的安全教育范围：企业领导，项目经理、技术负责人和技术干部，行政管理干部，企业安全管理人员，班组长和安全员。 (2) 特种作业人员的安全教育：每 3 年复审 1 次操作证。有效期内，连续从事本工种 10 年以上，复审时间可以延长至每 6 年 1 次。 (3) 企业员工的安全教育：新员工上岗前的三级〔企业（公司）、项目（或工区、工程处、施工队）、班组三级〕安全教育、改变工艺和变换岗位安全教育、经常性安全教育三种形式
5	安全措施计划制度	(1) 安全技术措施。 (2) 职业卫生措施。 (3) 辅助用房间及设施。 (4) 安全宣传教育措施。 　安全技术措施计划编制可以按照"工作活动分类→危险源识别→风险确定→风险评价→制定安全技术措施计划评价→安全技术措施计划的充分性"的步骤进行
6	特种作业人员持证上岗制度	(1) 适用范围：垂直运输机械作业人员、起重机械安装拆卸工、爆破作业人员、起重信号工、登高架设作业人员等特种作业人员。 (2) 管理：每 3 年复审一次，连续从事本工种 10 年以上的，严格遵守有关安全生产法律法规的，经原考核发证机关或者从业所在地考核发证机关同意，特种作业操作证的复审时间可以延长至每 6 年 1 次；离开特种作业岗位达 6 个月以上的特种作业人员，应当重新进行实际操作考核合格后上岗
7	专项施工方案专家论证制度	(1) 需要编制专项施工方案经施工单位技术负责人、总监理工程师签字后实施，由专职安全生产管理人员进行现场监督：基坑支护与降水工程；土方开挖工程；模板工程；起重吊装工程；脚手架工程；拆除、爆破工程等。 (2) 施工单位组织专家论证、审查的范围：深基坑、地下暗挖工程、高大模板工程的专项施工方案
8	严重危及施工安全的工艺、设备、材料淘汰制度	不得继续使用此类工艺和设备，也不得转让他人使用
9	施工起重机械使用登记制度	(1) 施工单位应当自验收合格之日起三十日内，向建设行政主管等部门登记。 (2) 登记标志应当置于或者附着于该设备的显著位置

序号	项目	内　　容
10	安全检查制度	（1）安全检查的方式：企业组织的定期安全检查，各级管理人员的日常巡回安全检查，专业性安全检查，季节性安全检查，节假日前后的安全检查，班组自检、互检、交接检查，不定期安全检查等。 （2）安全检查的内容：查思想、查管理、查隐患、查整改、查伤亡事故处理等。重点是检查"三违"和安全责任制的落实。 （3）安全隐患的处理程序：对查出的安全隐患，不能立即整改的，要制定整改计划，定人、定措施、定经费、定完成日期，并应按照"登记—整改—复查—销案"的程序处理安全隐患
11	生产安全事故报告和调查处理制度	生产安全事故报告和调查处理制度作了明确的规定，参见后续内容
12	"三同时"制度	（1）与主体工程同时设计、同时施工、同时投入生产和使用。 （2）投产后不得将安全设施闲置不用，生产设施必须和安全设施同时使用
13	安全预评价制度	根据建设项目可行性研究报告内容，分析和预测该建设项目可能存在的危险、有害因素的种类和程度，提出合理可行的安全对策措施及建议
14	工伤和意外伤害保险制度	（1）工伤保险属于法定的强制性保险。 （2）施工企业应为职工办理工伤保险并缴纳保险费。鼓励企业为从事危险作业的职工办理意外伤害保险，支付保险费

二、本节考题精析

1.（2020-29）施工企业在安全生产许可证有效期内严格遵守有关安全生产的法律法规，未发生死亡事故的。安全生产许可证期满时，经原安全生产许可证的颁发管理机关同意，可不经审查延长有效期（　　）年。

A. 1　　　　　　　　　　　　　　B. 2

C. 5　　　　　　　　　　　　　　D. 3

【答案】D。企业在安全生产许可证有效期内，严格遵守有关安全生产的法律法规，未发生死亡事故的，安全生产许可证有效期届满时，经原安全生产许可证颁发管理机关同意，不再审查，安全生产许可证有效期延期3年。因此，本题正确选项为D。

2.（2020-82）对施工特种作业人员安全教育的管理要求有（　　）。

A. 特种作业操作证每5年审核一次

B. 上岗作业前必须进行专门的安全技术培训

C. 培训考核合格取得操作证后方可独立作业

D. 培训和考核的重点是安全技术基础知识

E. 特种作业操作证的复审时间可有条件延长至6年一次

【答案】B、C、E。对特种作业人员的安全教育应注意以下3点：（1）特种作业人员上岗作业前，必须进行专门的安全技术和操作技能的培训教育，这种培训教育要实行理论教学与操作技术训练相结合的原则，重点放在提高其安全操作技术和预防事故的实际能力上。（2）培训后，经考核合格方可取得操作证，并准许独立作业。（3）取得操作证特种作业人员，必须定期进行复审。特种作业操作证每3年复审1次。特种作业人员在特种作业操作证有效期内，连续从事本工种10年以上，严格遵守有关安全生产法律法规的，经原考核发证机关或者从业所在地考核发证机关同意，特种作业操作证的复审时间可以延长至每 6 年 1 次。因此，本题正确选项为 B、C、E。

3.（2019-7）下列建筑施工企业为从事危险作业的职工办理的保险中，属于非强制性保险的是（　　）。

A. 工伤保险　　　　　　　　　　　B. 意外伤害保险

C. 基本医疗保险　　　　　　　　　D. 失业保险

【答案】B。建筑施工企业作为用人单位，为职工参加工伤保险并交纳工伤保险费是其应尽的法定义务，但为从事危险作业的职工投保意外伤害险并非强制性规定，是否投保意外伤害险由建筑施工企业自主决定。因此，本题正确选项为 B。

4.（2019-39）根据《特种作业人员安全技术培训考核管理规定》，对首次取得特种作业操作证的人员，其证书的复审周期为（　　）年一次。

A. 1　　　　　　　　　　　　　　　B. 6

C. 3　　　　　　　　　　　　　　　D. 10

【答案】C。取得操作证特种作业人员，必须定期进行复审。特种作业操作证每 3 年复审 1 次。特种作业人员在特种作业操作证有效期内，连续从事本工种 10 年以上，严格遵守有关安全生产法律法规的，经原考核发证机关或者从业所在地考核发证机关同意，特种作业操作证的复审时间可以延长至每 6 年 1 次。因此，本题正确选项为 C。

5.（2019-94）根据《建设工程安全生产管理条例》，应组织专家进行专项施工方案论证、审查的分部分项工程有（　　）。

A. 起重吊装工程　　　　　　　　　B. 深基坑工程

C. 拆除工程　　　　　　　　　　　D. 地下暗挖工程

E. 高大模板工程

【答案】B、D、E。工程中涉及深基坑、地下暗挖工程、高大模板工程的专项施工方案，施工单位还应当组织专家进行论证、审查。因此，本题正确选项为 B、D、E。

6.（2018-88）下列施工企业员工的安全教育中，属于经常性安全教育的有（　　）。

A. 事故现场会　　　　　　　　　　B. 岗前三级教育

C. 安全生产会议　　　　　　　　　D. 变换岗位时的安全教育

E. 安全活动日

【答案】A、C、E。经常性安全教育的形式有：每天的班前班后会上说明安全注意事项；安全活动日；安全生产会议；事故现场会；张贴安全生产招贴画、宣传标语及标志等。因此，本题正确选项为 A、C、E。

7.（2017-48）根据《建设工程安全生产管理条例》，施工单位应自施工起重机械架设验收合格之日起最多不超过（　　）日内，向建设行政主管部门或者其他有关部门登记。

A. 30　　　　　　　　　　　　　　B. 40

C. 50　　　　　　　　　　　　　　D. 60

【答案】A。《建设工程安全生产管理条例》规定："施工单位应当自施工起重机械和整体提升脚手架、模板等自升式架设设施验收合格之日起三十日内，向建设行政主管部门或者其他有关部门登记。登记标志应当置于或者附着于该设备的显著位置。"因此，本题正确选项为 A。

8. （2017-88）根据《建设工程安全生产管理条例》，对达到一定规模的危险性较大的分部分项工程，正确的安全管理做法有（　　）。

　　A. 施工单位应当编制专项施工方案，并附具安全验算结果

　　B. 所有专项施工方案均应组织专家进行论证、审查

　　C. 专项施工方案由专职安全生产管理人员进行现场监督

　　D. 专项施工方案经现场监理工程师签字后即可实施

　　E. 专项施工方案应由企业法定代表人审批

　　【答案】A、C。施工单位应当在施工组织设计中编制安全技术措施和施工现场临时用电方案，对下列达到一定规模的危险性较大的分部分项工程编制专项施工方案，并附具安全验算结果，经施工单位技术负责人、总监理工程师签字后实施，由专职安全生产管理人员进行现场监督，包括基坑支护与降水工程；土方开挖工程；模板工程；起重吊装工程；脚手架工程；拆除、爆破工程；国务院建设行政主管部门或者其他有关部门规定的其他危险性较大的工程。对前款所列工程中涉及深基坑、地下暗挖工程、高大模板工程的专项施工方案，施工单位还应当组织专家进行论证、审查。因此，本题正确选项为A、C。

9. （2016-51）根据《建设工程安全生产管理条例》，施工单位应对达到一定规模的危险性较大的分部分项工程编制专项施工方案，经施工单位技术负责人和（　　）签字后实施。

　　A. 项目经理　　　　　　　　　　　B. 项目技术负责人

　　C. 建设单位项目负责人　　　　　　D. 总监理工程师

　　【答案】D。施工单位应当在施工组织设计中编制安全技术措施和施工现场临时用电方案，对下列达到一定规模的危险性较大的分部分项工程编制专项施工方案，并附具安全验算结果，经施工单位技术负责人、总监理工程师签字后实施，由专职安全生产管理人员进行现场监督，包括基坑支护与降水工程；土方开挖工程；模板工程；起重吊装工程；脚手架工程；拆除、爆破工程；国务院建设行政主管部门或者其他有关部门规定的其他危险性较大的工程。因此，本题正确选项为D。

10. （2016-88）根据《建设工程安全生产管理条例》，施工单位应当组织专家对专项施工方案进行论证、审查的分部分项工程有（　　）。

　　A. 起重吊装工程　　　　　　　　　B. 深基坑工程

　　C. 拆除工程　　　　　　　　　　　D. 高大模板工程

　　E. 地下暗挖工程

　　【答案】B、D、E。工程中涉及深基坑、地下暗挖工程、高大模板工程的专项施工方案，施工单位还应当组织专家进行论证、审查。因此，本题正确选项为B、D、E。

高频考点2　危险源的识别和风险控制

一、本节高频考点总结

危险源的分类

序号	项目	第一类危险源	第二类危险源
1	含义	通常把可能发生意外释放的能量（能源或能量载体）或危险物质称作第一类危险源	造成约束、限制能量和危险物质措施失控的各种不安全因素称作第二类危险源

序号	项目	第一类危险源	第二类危险源
2	表现	危险性的大小主要取决于以下几个方面： (1) 能量或危险物质的量； (2) 能量或危险物质意外释放的强度； (3) 意外释放的能量或危险物质的影响范围	主要体现在设备故障或缺陷（物的不安全状态）、人为失误（人的不安全行为）和管理缺陷等几个方面
3	性质	(1) 是事故发生的前提； (2) 是事故的主体，决定事故的严重程度	(1) 是第一类危险源导致事故的必要条件； (2) 出现的难易，决定事故发生可能性的大小
4	风险控制方法	采取消除危险源、限制能量和隔离危险物质、个体防护、应急救援等方法	(1) 提高各类设施的可靠性以消除或减少故障、增加安全系数、设置安全监控系统、改善作业环境等； (2) 最重要的是加强员工的安全意识培训和教育

危险源识别与评估

序号	项目	内容
1	危险源类型	人的因素；物的因素；环境因素；管理因素
2	危险源的识别方法	(1) 专家调查法：优点是简便、易行，缺点是受专家的知识、经验和占有资料的限制，可能出现遗漏。常用的有头脑风暴法（Brainstorming）和德尔菲（Delphi）法。 (2) 安全检查表（SCL）法：优点是简单易懂、容易掌握，可以事先组织专家编制检查内容，使安全、检查做到系统化、完整化；缺点是只能做出定性评价
3	危险源的评估	分为 Ⅰ、Ⅱ、Ⅲ、Ⅳ、Ⅴ 五个风险等级

风险等级评估表

风险级别（大小）　　后果（f） 可能性（p）	轻度损失（轻微伤害）	中度损失（伤害）	重大损失（严重伤害）
很大	Ⅲ	Ⅳ	Ⅴ
中等	Ⅱ	Ⅲ	Ⅳ
极小	Ⅰ	Ⅱ	Ⅲ

表中：Ⅰ—可忽略风险；Ⅱ—可容许风险；Ⅲ—中度风险；Ⅳ—重大风险；Ⅴ—不容许风险。

基于不同风险水平的风险控制措施计划表

风　险	措　施
可忽略的	不采取措施且不必保留文件记录
可容许的	不需要另外的控制措施，应考虑投资效果更佳的解决方案或不增加额外成本的改进措施，需要监视来确保控制措施得以维持
中度的	应努力降低风险，但应仔细测定并限定预防成本，并在规定的时间期限内实施降低风险的措施
重大的	直至风险降低后才能开始工作，为降低风险有时必须配给大量的资源
不容许的	(1) 只有当风险已经降低时，才能开始或继续工作； (2) 如果无限的资源投入也不能降低风险，就必须禁止工作

二、本节考题精析

1.（2020-56）下列施工现场危险源中，属于第一类危险源的是（　　）。

A. 现场存放大量油漆　　　　　　B. 工人焊接操作不规范

C. 油漆存放没有相应的防护措施　　D. 焊接设备缺乏维护保养

【答案】A。根据危险源在事故发生发展中的作用，把危险源分为两大类，即第一类危险源和第二类危险源。能量和危险物质的存在是危害产生的根本原因，通常把可能发生意外释放的能量（能源或能量载体）或危险物质称作第一类危险源。第一类危险源是事故发生的物理本质，危险性主要表现为导致事故而造成后果的严重程度方面。第一类危险源危险性的大小主要取决于以下几个方面：（1）能量或危险物质的量；（2）能量或危险物质意外释放的强度；（3）意外释放的能量或危险物质的影响范围。因此，本题正确选项为A。

2.（2019-62）下列风险控制方法中，属于第一类危险源控制方法的是（　　）。

A. 消除或减少故障　　　　　　　B. 隔离危险物质

C. 增加安全系数　　　　　　　　D. 设置安全监控系统

【答案】B。（1）第一类危险源控制方法：可以采取消除危险源、限制能量和隔离危险物质、个体防护、应急救援等方法。建设工程可能遇到不可预测的各种自然灾害引发的风险，只能采取预测、预防、应急计划和应急救援等措施，以尽量消除或减少人员伤亡和财产损失。（2）第二类危险源控制方法：提高各类设施的可靠性以消除或减少故障、增加安全系数、设置安全监控系统、改善作业环境等。最重要的是加强员工的安全意识培训和教育，克服不良的操作习惯，严格按章办事，并在生产过程保持良好的生理和心理状态。因此，本题正确选项为B。

3.（2018-52）下列风险控制方法中，适用于第一类危险源控制的是（　　）。

A. 提高各类施工设施的可靠性

B. 设置安全监控系统

C. 隔离危险物质

D. 改善作业环境

【答案】C。第一类危险源控制方法：可以采取消除危险源、限制能量和隔离危险物质、个体防护、应急救援等方法。建设工程可能遇到不可预测的各种自然灾害引发的风险，只能采取预测、预防、应急计划和应急救援等措施，以尽量消除或减少人员伤亡和财产损失。因此，本题正确选项为C。

4.（2017-49）项目安全管理的第二类危险源控制中，最重要的工作是（　　）。

A. 改善施工作业环境

B. 建立安全生产监控体系

C. 制定应急救援体系

D. 加强员工的安全意识培训和教育

【答案】D。第二类危险源控制方法：提高各类设施的可靠性以消除或减少故障、增加安全系数、设置安全监控系统、改善作业环境等。最重要的是加强员工的安全意识培训和教育，克服不良的操作习惯，严格按章办事，并在生产过程保持良好的生理和心理状态。因此，本题正确选项为D。

高频考点 3　安全隐患的处理

一、本节高频考点总结

施工安全隐患的处理

序号	项目	内　容
1	处理原则	(1) 冗余安全度处理原则； (2) 单项隐患综合处理原则； (3) 直接隐患与间接隐患并治原则； (4) 预防与减灾并重处理原则； (5) 重点处理原则； (6) 动态处理原则
2	安全隐患的 处理方法	(1) 当场指正，限期纠正，预防隐患发生； (2) 做好记录，及时整改，消除安全隐患； (3) 分析统计，查找原因，制定预防措施； (4) 跟踪验证
3	施工安全隐患 防范的主要内容	掌握各工程的安全技术规范，归纳总结安全隐患的主要表现形式，及时发现可能造成安全事故的迹象，抓住安全控制的要点，制定相应的安全控制措施等
4	施工安全隐患 防范的一般方法	一般方法包括： (1) 对施工人员进行安全意识的培训； (2) 对施工机具进行有序监管，投入必要的资源进行保养维护； (3) 建立施工现场的安全监督检查机制

二、本节考题精析

1. (2020-70) 对于施工现场易塌方的基坑部位，既设防护栏杆和警示牌，又设置照明和夜间警示灯，此措施体现了安全隐患处理中的(　　)原则。

A. 单项隐患处理原则　　　　　　　　B. 冗余安全度处理

C. 预防与减灾并重处理　　　　　　　D. 直接隐患与间接隐患并治

【答案】B. 冗余安全度处理原则是指：为确保安全，在处理安全隐患时应考虑设置多道防线，即使有一两道防线无效，还有冗余的防线可以控制事故隐患。例如：道路上有一个坑，既要设防护栏及警示牌，又要设照明及夜间警示红灯。因此，本题正确选项为 B。

2. (2018-51) 某建设工程施工现场发生一触电事故后，项目部对工人进行安全用电操作教育，同时对现场的配电箱、用电电路进行防护改造，设置漏电开关，严禁非专业电工乱接乱拉电线。这体现了施工安全隐患处理原则中的(　　)。

A. 直接隐患与间接隐患并治原则　　　B. 单项隐患综合处理原则

C. 预防与减灾并重处理原则　　　　　D. 动态处理原则

【答案】B. 单项隐患综合处理原则：人、机、料、法、环境五者任一环节产生安全隐患，都要从五者安全匹配的角度考虑，调整匹配的方法，提高匹配的可靠性。一件单项隐患问题的整改需综合（多角度）处理。人的隐患，既要治人也要治机具及生产环境等各环节。例如某工地发生触电事故，一方面要进行人的安全用电操作教育，同时现场也要设置漏电开关，对配电箱、用电电路进行防护改造，也要严禁非专业电工乱接乱拉电线。因此，本题正确选项为B。

3.（2017-50）施工安全隐患处理的单项隐患综合处理原则指的是（　　）。

A. 在处理安全隐患时应考虑设置多道防线

B. 人、机、料、法、环境任一环节的安全隐患，都要从五者匹配的角度考虑处理

C. 既对人机环境系统进行安全治理，又需治理安全管理措施

D. 既要减少肇发事故的可能性，又要对事故减灾做充分准备

【答案】B。单项隐患综合处理原则是指：人、机、料、法、环境五者任一环节产生安全隐患，都要从五者安全匹配的角度考虑，调整匹配的方法，提高匹配的可靠性。一件单项隐患问题的整改需综合（多角度）处理。人的隐患，既要治人也要治机具及生产环境等各环节。例如某工地发生触电事故，一方面要进行人的安全用电操作教育，同时现场也要设置漏电开关，对配电箱、用电电路进行防护改造，也要严禁非专业电工乱接乱拉电线。因此，本题正确选项为B。

4.（2016-52）某施工现场发生触电事故后，对现场人员进行了安全用电操作教育，并在现场设置了漏电开关，还对配电箱、电路进行了防护改造。这体现了施工安全隐患处理的（　　）原则。

A. 冗余安全处理　　　　　　　　B. 预防与减灾并重处理

C. 单项隐患综合处理　　　　　　D. 直接隐患与间接隐患并治

【答案】C。单项隐患综合处理原则：人、机、料、法、环境五者任一环节产生安全隐患，都要从五者安全匹配的角度考虑，调整匹配的方法，提高匹配的可靠性。一件单项隐患问题的整改需综合（多角度）处理。人的隐患，既要治人也要治机具及生产环境等各环节。例如某工地发生触电事故，一方面要进行人的安全用电操作教育，同时现场也要设置漏电开关，对配电箱、用电电路进行防护改造，也要严禁非专业电工乱接乱拉电线。因此，本题正确选项为C。

2Z105030　生产安全事故应急预案和事故处理

【近年考点统计】

内　　容	题　　号					合计分值
	2020 年	2019 年	2018 年	2017 年	2016 年	
高频考点 1　生产安全事故应急预案的内容	49	58	54		53	4
高频考点 2　生产安全事故应急预案的管理	58	59		51、52	54	5
高频考点 3　职业健康安全事故的分类和处理	31、83	91	53、89	53、89	89	13
合计分值	5	4	4	5	4	22

高频考点 1　生产安全事故应急预案的内容

一、本节高频考点总结

施工生产安全事故应急预案体系的构成

序号	项目	内容
1	综合应急预案	(1) 从总体上阐述的，是应对各类事故的综合性文件； (2) 生产规模小、危险因素少的施工单位，综合应急预案和专项应急预案可以合并编写
2	专项应急预案	(1) 是针对具体的事故类别、危险源和应急保障而制定的计划或方案，是综合应急预案的组成部分，并作为综合应急预案的附件； (2) 应制定明确的救援程序和具体的应急救援措施
3	现场处置方案	(1) 针对具体的装置、场所或设施、岗位所制定的应急处置措施； (2) 现场处置方案应具体、简单、针对性强； (3) 现场处置方案应根据风险评估及危险性控制措施逐一编制，并进行应急演练

施工生产安全事故应急预案编制原则和主要内容

序号	项目	内容
1	编制原则	(1) 重点突出、针对性强； (2) 统一指挥、责任明确； (3) 程序简明、步骤明确
2	主要内容	(1) 制定应急预案的目的、依据和适用范围； (2) 组织机构及其职责； (3) 危害辨识与风险评价； (4) 通告程序和报警系统； (5) 应急设备与设施； (6) 救援程序； (7) 保护措施程序； (8) 事故后的恢复程序； (9) 保障措施； (10) 培训与演练； (11) 应急预案的维护

二、本节考题精析

1.（2020·49）施工生产安全事故应急预案体系由（　　）构成。

A. 综合应急预案、单项应急预案、重点应急预案

B. 企业应急预案、项目应急预案、人员应急预案

C. 综合应急预案、专项应急预案、现场处置方案

D. 企业应急预案、职能部门应急预案、项目应急预案

【答案】C。施工生产安全事故应急预案体系的构成：综合应急预案、专项应急预案、

现场处置方案。因此，本题正确选项为 C。

2.（2019-58）根据应急预案体系的构成，针对深基坑开挖编制的应急预案属于（ ）。

A. 专项应急预案   B. 专项施工方案

C. 现场处置预案   D. 危大工程预案

【答案】A。专项应急预案是针对具体的事故类别（如基坑开挖、脚手架拆除等事故）、危险源和应急保障而制定的计划或方案，是综合应急预案的组成部分，应按照综合应急预案的程序和要求组织制定，并作为综合应急预案的附件。专项应急预案应制定明确的救援程序和具体的应急救援措施。因此，本题正确选项为 A。

3.（2018-54）某建设工程生产安全事故应急预案中，针对脚手架拆除可能发生的事故、相关危险源和应急保障而制定的方案，从性质上属于（ ）。

A. 综合应急预案   B. 专项应急预案

C. 现场应急预案   D. 现场处置方案

【答案】B。专项应急预案是针对具体的事故类别（如基坑开挖、脚手架拆除等事故）、危险源和应急保障而制定的计划或方案，是综合应急预案的组成部分，应按照综合应急预案的程序和要求组织制定，并作为综合应急预案的附件。专项应急预案应制定明确的救援程序和具体的应急救援措施。因此，本题正确选项为 B。

4.（2016-53）某项目部针对现场脚手架拆除作业而制定的事故应急预案称为（ ）。

A. 综合应急预案   B. 专项应急预案

C. 现场处置预案   D. 现场应急预案

【答案】B。专项应急预案是针对具体的事故类别（如基坑开挖、脚手架拆除等事故）、危险源和应急保障而制定的计划或方案，是综合应急预案的组成部分，应按照综合应急预案的程序和要求组织制定，并作为综合应急预案的附件。专项应急预案应制定明确的救援程序和具体的应急救援措施。因此，本题正确选项为 B。

高频考点 2   生产安全事故应急预案的管理

一、本节高频考点总结

施工生产安全事故应急预案的管理（包括评审、公布、备案、实施及监督管理）

序号	项目	内　容
1	应急预案的评审	（1）地方各级人民政府应急管理部门应当组织有关专家对本部门编制的应急预案进行审定，必要时召开听证会； （2）评审人员与所评审预案的施工单位有利害关系的，应当回避； （3）应急预案的评审或者论证应当注重基本要素的完整性、组织体系的合理性、应急处置程序和措施的针对性、应急保障措施的可行性、应急预案的衔接性等内容
2	应急预案的公布	（1）施工单位的应急预案经评审或者论证后，由本单位主要负责人签署公布，并及时发放到本单位有关部门、岗位和相关应急救援队伍； （2）事故风险可能影响周边其他单位、人员的，生产经营单位应当将有关事故风险的性质、影响范围和应急防范措施告知周边的其他单位和人员

続表

序号	项目	内 容
3	应急预案的备案	（1）地方各级人民政府应急管理部门的应急预案，应当报同级人民政府备案，同时抄送上一级人民政府应急管理部门，并依法向社会公布。 （2）地方各级人民政府其他负有安全生产监督管理职责的部门的应急预案，应当抄送同级人民政府应急管理部门。 （3）属于中央企业的，其总部（上市公司）的应急预案，报国务院主管的负有安全生产监督管理职责的部门备案，并抄送应急管理部；其所属单位的应急预案报所在地的省、自治区、直辖市或者设区的市级人民政府主管的负有安全生产监督管理职责的部门备案，并抄送同级人民政府应急管理部门。 （4）不属于中央企业的，其中非煤矿山、金属冶炼和危险化学品生产、经营、储存、运输企业，以及使用危险化学品达到国家规定数量的化工企业、烟花爆竹生产、批发经营企业的应急预案，按照隶属关系报所在地县级以上地方人民政府应急管理部门备案；前述单位以外的其他生产经营单位应急预案的备案，由省、自治区、直辖市人民政府负有安全生产监督管理职责的部门确定
4	应急预案的实施	（1）每年至少组织一次综合应急预案演练或者专项应急预案演练； （2）每半年至少组织一次现场处置方案演练； （3）施工单位应当组织开展本单位的应急预案、应急知识、自救互救和避险逃生技能的培训活动，使有关人员了解应急预案内容，熟悉应急职责、应急处置程序和措施
5	应急预案的监督管理	（1）各级人民政府应急管理部门和煤矿安全监察机构应当将生产经营单位应急预案工作纳入年度监督检查计划，明确检查的重点内容和标准，并严格按照计划开展执法检查。 （2）地方各级人民政府应急管理部门应当每年对应急预案的监督管理工作情况进行总结，并报上一级人民政府应急管理部门。 （3）对于在应急预案管理工作中做出显著成绩的单位和人员，各级人民政府应急管理部门、生产经营单位可以给予表彰和奖励

应急预案修订并归档情形

（1）依据的法律、法规、规章、标准及上位预案中的有关规定发生重大变化的；

（2）应急指挥机构及其职责发生调整的；

（3）面临的事故风险发生重大变化的；

（4）重要应急资源发生重大变化的；

（5）预案中的其他重要信息发生变化的；

（6）在应急演练和事故应急救援中发现问题需要修订的；

（7）编制单位认为应当修订的其他情况。

备注：施工单位应急预案修订涉及组织指挥体系与职责、应急处置程序、主要处置措施、应急响应分级等内容变更的，修订工作应当参照《生产安全事故应急预案管理办法》规定的应急预案编制程序进行，并按照有关应急预案报备程序重新备案。

二、本节考题精析

1.（2020-58）施工单位应根据本企业的事故预防重点，对综合应急预案每年至少演练（   ）次。

A. 1   B. 2

C. 3   D. 4

【答案】A。施工单位应当制定本单位的应急预案演练计划，根据本单位的事故预防重点，每年至少组织一次综合应急预案演练或者专项应急预案演练，每半年至少组织一次现场处置方案演练。因此，本题正确选项为A。

2.（2019-59）县级以上安全生产监督管理部门可给予本行政区域内施工企业警告，并处3万元以下罚款的情形是（　　）。

A. 未按规定编制应急预案　　　　　　B. 未按规定组织应急预案演练

C. 未按规定进行应急预案备案　　　　D. 未按规定公布应急预案

【答案】C。施工单位应急预案未按照本办法规定备案的，由县级以上安全生产监督管理部门给予警告，并处三万元以下罚款。施工单位未制定应急预案或者未按照应急预案采取预防措施，导致事故救援不力或者造成严重后果的，由县级以上安全生产监督管理部门依照有关法律、法规和规章的规定，责令停产停业整顿，并依法给予行政处罚。因此，本题正确选项为C。

3.（2017-51）根据《生产安全事故应急预案管理办法》，施工单位应当制定本企业的应急预案演练计划，每年至少组织现场处置方案演练（　　）次。

A. 1　　　　　　　　　　　　　　　B. 2

C. 3　　　　　　　　　　　　　　　D. 4

【答案】B。单位应当制定本单位的应急预案演练计划，根据本单位的事故预防重点，每年至少组织一次综合应急预案演练或者专项应急预案演练，每半年至少组织一次现场处置方案演练。因此，本题正确选项为B。

4.（2017-52）根据《生产安全事故应急预案管理办法》，施工单位应急预案未按照规定备案的，由县级以上安全生产监督管理部门给予（　　）的处罚。

A. 一万元以上三万元以下罚款　　　　B. 责令停产停业整顿并处三万元以下罚款

C. 三万元以上五万元以下罚款　　　　D. 责令停产停业整顿并处五万元以下罚款

【答案】A。施工单位应急预案未按照规定备案的，由县级以上安全生产监督管理部门给予警告，并处三万元以下罚款。因此，本题正确选项为A。

5.（2016-54）下列生产安全事故应急预案中，应报同级人民政府和上一级安全生产监督管理部门备案的是（　　）。

A. 地方建设行政主管部门的应急预案

B. 地方各级安全生产监督管理部门的应急预案

C. 中央管理的企业集团的应急预案

D. 特级施工总承包企业的应急预案

【答案】B。地方各级安全生产监督管理部门（现更名为应急管理部门，后同）的应急预案，应当报同级人民政府和上一级安全生产监督管理部门备案。其他负有安全生产监督管理职责的部门的应急预案，应当抄送同级安全生产监督管理部门。中央管理的总公司（总厂、集团公司、上市公司）的综合应急预案和专项应急预案，报国务院国有资产监督管理部门、国务院安全生产监督管理部门和国务院有关主管部门备案；其所属单位的应急预案分别抄送所在地的省、自治区、直辖市或者设区的市人民政府安全生产监督管理部门和有关主管部门备案。因此，本题正确选项为B。

高频考点3 职业健康安全事故的分类和处理

一、本节高频考点总结

按安全事故伤害程度分类

分类	内 容
轻伤	损失1个工作日至105个工作日以下的失能伤害
重伤	损失工作日等于和超过105个工作日最多不超过6000工日
死亡	损失工作日超过6000工日

按造成损失的程度分类

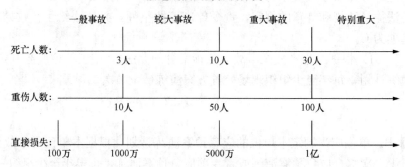

事故处理"四不放过"的原则

（1）事故原因没有查清不放过；
（2）责任人员没有受到处理不放过；
（3）整改措施没有落实不放过；
（4）有关人员没有受到教育不放过。

生产安全事故分类、处理、调查及法律责任

分类	监管部门的报告	事故报告内容	事故调查的管辖	事故调查报告的内容
特别重大	立即报告国务院	（1）事故发生的时间、地点和工程项目、有关单位名称； （2）事故的简要经过； （3）事故已经造成或者可能造成的伤亡人数（包括下落不明的人数）和初步估计的直接经济损失； （4）事故的初步原因； （5）事故发生后采取的措施及事故控制情况； （6）事故报告单位或报告人员； （7）其他应当报告的情况	国务院或者国务院授权有关部门组织事故调查组	（1）事故发生单位概况； （2）事故发生经过和事故救援情况； （3）事故造成的人员伤亡和直接经济损失； （4）事故发生的原因和事故性质； （5）事故责任的认定和对事故责任者的处理建议； （6）事故防范和整改措施
重大事故			分别由事故发生地省级人民政府、设区的市级人民政府、县级人民政府负责调查。可以直接调查，也可以授权或者委托有关部门组织事故调查组进行调查	
较大事故	逐级上报至国务院建设主管部门			
一般事故	逐级上报至省级建设主管部门			

192

生产安全事故报告的说明

项目	规　定
事故单位报告	（1）事故发生后，现场人员应立即向本单位负责人报告，单位负责人接到报告后，应当在1h内向事故发生地县级以上监管部门报告。 （2）情况紧急时，可以直接向事故发生地县级监管部门报告。 （3）实行施工总承包的建设工程，由总承包单位负责上报事故
监管部门报告	（1）必要时，建设主管部门可以越级上报事故情况。 （2）建设主管部门接到事故报告后，应通知生产监督部门、公安机关、劳动保障行政主管部门、工会和人民检察院。每级上报的时间不得超过2h。 （3）事故报告后出现新情况，以及事故发生之日起30日内伤亡人数发生变化的，应当及时补报

事故报告和调查处理的违法行为及责任

序号	违法行为种类	法律责任
1	不立即组织事故抢救	处上一年年收入40%～80%的罚款；属于国家工作人员的，并依法给予处分；构成犯罪的，依法追究刑事责任
2	在事故调查处理期间擅离职守	
3	迟报或者漏报事故	
4	谎报或者瞒报事故	对事故发生单位处100万元以上500万元以下的罚款；对主要负责人、直接负责的主管人员和其他直接责任人员处上一年年收入60%～100%的罚款；属于国家工作人员的，并依法给予处分；构成违反治安管理行为的，由公安机关依法给予治安管理处罚；构成犯罪的，依法追究刑事责任
5	伪造或者故意破坏事故现场	
6	转移、隐匿资金、财产，或者销毁有关证据、资料	
7	拒绝接受调查或者拒绝提供有关情况和资料	
8	在事故调查中作伪证或者指使他人作伪证	
9	事故发生后逃匿	
10	阻碍、干涉事故调查工作	有关地方人民政府、安全生产监督管理部门和负有安全生产监督管理职责的有关部门有上述1、3、4、8、10条违法行为之一的，对直接负责的主管人员和其他直接责任人员依法给予处分；构成犯罪的，依法追究刑事责任
11	对事故调查工作不负责任，致使事故调查工作有重大疏漏	依法给予处分；构成犯罪的，依法追究刑事责任
12	包庇、袒护负有事故责任的人员或者借机打击报复	
13	故意拖延或者拒绝落实经批复的对事故责任人的处理意见	由监察机关对有关责任人员依法给予处分

二、本节考题精析

1.（2020-31）某工程发生的质量事故导致2人死亡，直接经济损失4500万元，则该质量事故等级是（　　）。

A. 一般事故　　　　　　　　　　B. 重大事故

C. 特别重大事故　　　　　　　　D. 较大事故

【答案】D。生产安全事故（以下简称事故）造成的人员伤亡或者直接经济损失，事故一般分为以下等级：（1）特别重大事故，是指造成30人以上死亡，或者100人以上重伤（包括急性工业中毒，下同），或者1亿元以上直接经济损失的事故；（2）重大事故，是指造成 10 人以上 30 人以下死亡，或者 50 人以上 100 人以下重伤，或者 5000 万元以上 1 亿元以下直接经济损失的事故；（3）较大事故，是指造成 3 人以上 10 人以下死亡，或者 10 人以上 50 人以下重伤，或者 1000 万元以上 5000 万元以下直接经济损失的事故；（4）一般事故，是指造成 3 人以下死亡，或者 10 人以下重伤，或者 1000 万元以下 100 万元以上直接经济损失的事故。因此，本题正确选项为 D。

2.（2020-83）施工现场生产安全事故调查报告应包括的内容有（　　）。

A. 事故发生单位的概况
B. 事故发生的原因和事故性质
C. 事故责任的认定
D. 对事故责任者的处罚决定
E. 事故发生的经过和救援情况

【答案】A、B、C、E。事故调查报告的内容应包括：（1）事故发生单位概况；（2）事故发生经过和事故救援情况；（3）事故造成的人员伤亡和直接经济损失；（4）事故发生的原因和事故性质；（5）事故责任的认定和对事故责任者的处理建议；（6）事故防范和整改措施。因此，本题正确选项为 A、B、C、E。

3.（2019-91）关于生产安全事故报告和调查处理"四不放过"原则的说法，正确的有（　　）。

A. 事故原因未查清不放过
B. 事故责任人员未受到处理不放过
C. 防范措施没有落实不放过
D. 职工群众未受到教育不放过
E. 事故未及时报告不放过

【答案】A、B、C、D。施工项目一旦发生安全事故，必须实施"四不放过"的原则：（1）事故原因没有查清不放过；（2）责任人员没有受到处理不放过；（3）职工群众没有受到教育不放过；（4）防范措施没有落实不放过。因此，本题正确选项为 A、B、C、D。

4.（2018-53）根据《生产安全事故报告和调查处理条例》，下列建设工程施工生产安全事故中，属于重大事故的是（　　）。

A. 某基坑发生透水事件，造成直接经济损失 5000 万元，没有人员伤亡
B. 某拆除工程安全事故，造成直接经济损失 1000 万元，45 人重伤
C. 某建设工程脚手架倒塌，造成直接经济损失 960 万元，8 人重伤
D. 某建设工程提前拆模导致结构坍塌，造成 35 人死亡，直接经济损失 4500 万元

【答案】A。（1）特别重大事故，是指造成 30 人以上死亡，或者 100 人以上重伤（包括急性工业中毒，下同），或者 1 亿元以上直接经济损失的事故；（2）重大事故，是指造成 10 人以上 30 人以下死亡，或者 50 人以上 100 人以下重伤，或者 5000 万元以上 1 亿元以下直接经济损失的事故；（3）较大事故，是指造成 3 人以上 10 人以下死亡，或者 10 人以上 50 人以下重伤，或者 1000 万元以上 5000 万元以下直接经济损失的事故；（4）一般事故，是指造成 3 人以下死亡，或者 10 人以下重伤，或者 1000 万元以下 100 万元以上直接经济损失的事故。因此，本题正确选项为 A。

5.（2018-89）根据《生产安全事故报告和调查处理条例》，对事故发生单位主要负责人处上一年年收入 40%～80% 罚款的违法行为有（　　）。

A. 伪造或者故意破坏事故现场
B. 不立即组织事故抢救
C. 谎报或者瞒报事故
D. 在事故调查处理期间擅离职守
E. 迟报或者漏报事故

【答案】B、D、E。出现以下情形，对事故发生单位主要负责人处上一年年收入40％～80％罚款：（1）不立即组织事故抢救；（2）在事故调查处理期间擅离职守；（3）迟报或者漏报事故。因此，本题正确选项为B、D、E。

6.（2017-53）根据《生产安全事故报告和调查处理条例》，某工程因提前拆模导致垮塌，造成74人死亡，2人受伤的事故。该事故属于（　　）事故。

A. 特别重大　　　　　　　　　　B. 重大

C. 较大　　　　　　　　　　　　D. 一般

【答案】A。特别重大事故，是指造成30人以上死亡，或者100人以上重伤（包括急性工业中毒），或者1亿元以上直接经济损失的事故。因此，本题正确选项为A。

7.（2017-89）根据《生产安全事故报告和调查处理条例》，对事故发生单位处100万元以上500万元以下罚款的情形有（　　）。

A. 迟报或者漏报事故　　　　　　B. 谎报或者瞒报事故

C. 伪造事故现场　　　　　　　　D. 事故发生后逃匿

E. 在事故调查处理期间擅离职守

【答案】B、C、D。事故报告和调查处理中的违法行为，包括事故发生单位及其有关人员的违法行为，还包括政府、有关部门及有关人员的违法行为，其种类主要有以下几种：（1）不立即组织事故抢救；（2）在事故调查处理期间擅离职守；（3）迟报或者漏报事故；（4）谎报或者瞒报事故；（5）伪造或者故意破坏事故现场；（6）转移、隐匿资金、财产，或者销毁有关证据、资料；（7）拒绝接受调查或者拒绝提供有关情况和资料；（8）在事故调查中作伪证或者指使他人作伪证；（9）事故发生后逃匿；（10）阻碍、干涉事故调查工作；（11）对事故调查工作不负责任，致使事故调查工作有重大疏漏；（12）包庇、袒护负有事故责任的人员或者借机打击报复；（13）故意拖延或者拒绝落实经批复的对事故责任人的处理意见。事故发生单位及其有关人员有上述（4）～（9）条违法行为之一的，对事故发生单位处100万元以上500万元以下的罚款；对主要负责人、直接负责的主管人员和其他直接责任人员处上一年年收入60％～100％的罚款；属于国家工作人员的，并依法给予处分；构成违反治安管理行为的，由公安机关依法给予治安管理处罚；构成犯罪的，依法追究刑事责任。因此，本题正确选项为B、C、D。

8.（2016-89）关于施工生产安全事故报告的说法，正确的有（　　）。

A. 施工单位负责人在接到事故报告后，2h内向上级报告事故情况

B. 特别重大事故应逐级上报至国务院安全生产监督管理部门和负有安全生产监督管理职责的有关部门

C. 重大事故应逐级上报至省、自治区、直辖市人民政府安全生产监督管理部门和负有安全生产监督管理职责的有关部门

D. 一般事故应上报至设区的市级人民政府安全生产监督管理部门和负有安全生产监督管理职责的有关部门

E. 对于需逐级上报的事故，每级安全生产监督管理部门上报的时间不得超过2小时

【答案】B、D、E。施工单位事故报告要求：生产安全事故发生后，受伤者或最先发现事故的人员应立即用最快的传递手段，将发生事故的时间、地点、伤亡人数、事故原因等情况，向施工单位负责人报告；施工单位负责人接到报告后，应当在1h内向事故发生地县级

以上人民政府建设主管部门和有关部门报告。实行施工总承包的建设工程，由总承包单位负责上报事故。A选项说法错误。安全生产监督管理部门和负有安全生产监督管理职责的有关部门接到事故报告后，应当依照下列规定上报事故情况，并通知公安机关、劳动保障行政主管部门、工会和人民检察院：（1）特别重大事故、重大事故逐级上报至国务院安全生产监督管理部门和负有安全生产监督管理职责的有关部门。B选项说法正确，C选项说法错误。（2）较大事故逐级上报至省、自治区、直辖市人民政府安全生产监督管理部门和负有安全生产监督管理职责的有关部门。（3）一般事故上报至设区的市级人民政府安全生产监督管理部门和负有安全生产监督管理职责的有关部门。D选项说法正确。安全生产监督管理部门和负有安全生产监督管理职责的有关部门按照上述规定逐级上报事故情况时，每级上报的时间不得超过2h。E选项说法正确。因此，本题正确选项为B、D、E。

2Z105040　施工现场文明施工和环境保护的要求

【近年考点统计】

内　容	题　号					合计分值
	2020年	2019年	2018年	2017年	2016年	
高频考点1　施工现场文明施工的要求	15	66	55、56	54	55、56	7
高频考点2　施工现场环境保护的要求	41	14	57	55、56		5
合计分值	2	2	3	3		12

【高频考点精讲】

高频考点1　施工现场文明施工的要求

一、本节高频考点总结

施工现场文明施工的要求

1. 有整套的施工组织设计或施工方案，施工总平面布置紧凑、施工场地规划合理，符合环保、市容、卫生的要求
2. 有健全的施工组织管理机构和指挥系统，岗位分工明确；工序交叉合理，交接责任明确
3. 有严格的成品保护措施和制度，大小临时设施和各种材料构建、构件、半成品按平面布置堆放整齐
4. 施工场地平整，道路畅通，排水设施得当，水电线路整齐，机具设备状况良好，使用合理。施工作业符合消防和安全要求
5. 搞好环境卫生管理，包括施工区、生活区环境卫生和食堂卫生管理
6. 文明施工应贯穿施工结束后的清场

施工现场文明施工的措施

序号	项目	措施	内容
1	文明施工的组织措施	（1）建立文明施工的管理组织	项目经理为现场文明施工的第一责任人
		（2）健全文明施工的管理制度	包括建立各级文明施工岗位责任制、将文明施工工作考核列入经济责任制

序号	项目	措施	内容
2	文明施工的管理措施	（1）现场围挡设计	① 市区主要路段和其他涉及市容景观路段的工地设置围挡的高度不低于2.5m，其他工地的围挡高度不低于1.8m； ② 围挡材料要求坚固、稳定、统一、整洁、美观； ③ 结构外墙脚手架设置安全网
		（2）现场工程标志牌设计	"五牌一图"：工程概况牌、管理人员名单及监督电话牌、消防保卫（防火责任）牌、安全生产牌、文明施工牌和施工现场平面图
		（3）临设布置	① 临时建筑物、构筑物，包括办公用房、宿舍、食堂、卫生间及化粪池、水池皆用砖砌； ② 集体宿舍与作业区隔离，人均床铺面积不小于2m²； ③ 严禁任意拉线接电，严禁使用电炉和明火烧煮食物
		（4）成品、半成品、原材料堆放	账物相符，严格按平面布置图堆放成品、半成品和原材料，所有材料堆放整齐，并标明名称、规格等
		（5）现场场地和道路	场内道路要平整、坚实、畅通。主要场地应硬化，不允许有积水存在
		（6）现场卫生管理	① 明确施工现场各区域的卫生责任人； ② 食堂必须有卫生许可证，并应符合卫生标准，生、熟食操作应分开，熟食操作时应有防蝇间或防蝇罩； ③ 施工现场应设置卫生间，并有水源供冲洗，同时设简易化粪池或集粪池，加盖并定期喷药，每日有专人负责清洁； ④ 设置足够的垃圾池和垃圾桶，定期搞好环境卫生、清理垃圾，施药除"四害"； ⑤ 建筑垃圾必须集中堆放并及时清运； ⑥ 施工现场按标准制作有顶盖茶棚，茶桶必须上锁，茶水和消毒水有专人定时更换，并保证供水； ⑦ 夏季施工备有防暑降温措施； ⑧ 配备保健药箱，购置必要的急救、保健药品
		（7）文明施工教育	① 做好文明施工教育，管理者首先应为建设者营造一个良好的施工、生活环境。保障施工人员的身心健康； ② 开展文明施工教育，教育施工人员应遵守和维护国家的法律法规，防止和杜绝盗窃、斗殴及黄、赌、毒等非法活动的发生； ③ 现场施工人员均佩戴胸卡，按工种统一编号管理

二、本节考题精析

本节近年试题合并到下一考点。

高频考点2　施工现场环境保护的要求

一、本节高频考点总结

环境保护的原则和要求

序号	项目	内容
1	环境保护的原则	（1）经济建设与环境保护协调发展的原则； （2）预防为主、防治结合、综合治理的原则； （3）依靠群众保护环境的原则； （4）环境经济责任原则，即污染者付费的原则

序号	项目	内 容
2	环境保护的要求	(1) 工程的施工组织设计中应有防治扬尘、噪声、固体废物和废水等污染环境的有效措施，并在施工作业中认真组织实施； (2) 施工现场应建立环境保护管理体系，层层落实，责任到人，并保证有效运行； (3) 对施工现场防治扬尘、噪声、水污染及环境保护管理工作进行检查； (4) 定期对职工进行环保法规知识的培训考核

施工现场环境保护的措施

序号	项目	内 容
1	环境保护的组织措施	(1) 建立施工现场环境管理体系，落实项目经理责任制； (2) 加强施工现场环境的综合治理
2	环境保护的技术措施	(1) 妥善处理泥浆水，未经处理不得直接排入城市排水设施和河流； (2) 除设有符合规定的装置外，不得在施工现场熔融沥青等会产生有毒有害烟尘和恶臭气体的物质； (3) 使用密封式的圈筒或者采取其他措施处理高空废弃物； (4) 采取有效措施控制施工过程中的扬尘； (5) 禁止将有毒有害废弃物作土方回填； (6) 对产生噪声、振动的施工机械，应采取有效控制措施，减轻噪声扰民

施工现场环境污染的治理

序号	项目	内 容
1	大气污染的处理	(1) 施工现场外围围挡不得低于1.8m； (2) 清理多、高层建筑物的施工垃圾时，采用带盖铁桶吊运或利用永久性垃圾道，严禁随意抛撒； (3) 施工现场堆土，应合理选定位置进行存放堆土，并洒水覆膜封闭或表面临时固化或植草，防止扬尘污染； (4) 施工现场道路应硬化，有条件的可利用永久性道路，并指定专人定时洒水和清扫养护； (5) 易飞扬材料入库密闭存放或覆盖存放； (6) 施工现场易扬尘处使用密目式安全网封闭，并定人定时清洗粉尘； (7) 禁止施工现场焚烧有毒、有害烟尘和恶臭气体的物资； (8) 尾气排放超标的车辆，应安装净化消声器，防止噪声和冒黑烟； (9) 施工现场炉灶（如茶炉、锅炉等）采用消烟除尘型，烟尘排放控制在允许范围内； (10) 拆除旧有建筑物时，应适当洒水，并且在旧有建筑物周围采用密目式安全网和草帘搭设屏障； (11) 在施工现场建立集中搅拌站，在进料仓上方安装除尘器； (12) 在城区、郊区城镇和居民稠密区、风景旅游区、疗养区及国家规定的文物保护区内施工的工程，严禁使用敞口锅熬制沥青。凡进行沥青防水作业时，要使用密闭和带有烟尘处理装置的加热设备

序号	项目	内　　容
2	水污染的处理	（1）施工现场搅拌站的污水、水磨石的污水等须经排水沟排放和沉淀池沉淀后再排入城市污水管道或河流，污水未经处理不得直接排入城市污水管道或河流； （2）禁止将有毒有害废弃物作土方回填； （3）施工现场存放油料、化学溶剂等设有专门的库房，必须对库房地面和高250mm墙面进行防渗处理； （4）对于现场气焊用的乙炔发生罐产生的污水严禁随地倾倒，要求专用容器集中存放，并倒入沉淀池处理； （5）施工现场100人以上的临时食堂，污水排放时可设置简易有效的隔油池； （6）施工现场临时厕所的化粪池应采取防渗漏措施； （7）施工现场化学药品、外加剂等要妥善入库保存
3	噪声污染的处理	（1）合理布局施工场地，优化作业方案和运输方案，尽量降低施工现场附近敏感点的噪声强度； （2）人口密集区控制晚10时到次日早6时的作业，必须昼夜连续施工时，要尽量采取措施降低噪声； （3）夜间运输材料的车辆进入施工现场，严禁鸣笛和乱轰油门； （4）进入施工现场不得高声喊叫和乱吹哨，不得无故甩打模板、钢筋铁件和工具设备等，严禁使用高音喇叭、机械设备空转和不应当的碰撞其他物件； （5）加强各种机械设备的维修保养，缩短维修保养周期，降低机械设备噪声的排放； （6）施工现场昼间噪声限值70dB（A），夜间55dB（A），夜间噪声最大声级超过限值的幅度不得高于15dB（A）
4	固体废物污染的处理	（1）施工现场设立专门的固体废弃物临时贮存场所，用砖砌成池，废弃物应分类存放； （2）固体废弃物的运输应采取分类、密封、覆盖，送到政府批准的单位或场所进行处理； （3）施工现场应使用环保型的建筑材料、工器具、临时设施、灭火器和各种物质的包装箱袋等； （4）提高工程施工质量，减少或杜绝工程返工； （5）施工中及时回收使用落地灰和其他施工材料，做到工完料尽
5	光污染的处理	（1）对施工现场照明器具的种类、灯光亮度加以控制，不对着居民区照射，并利用隔离屏障（如灯罩、搭设排架密挂草帘或篷布等）； （2）电气焊应尽量远离居民区或在工作面设蔽光屏障

二、本节考题精析

1. （2020-15）下列施工现场文明施工措施中，属于组织措施的是（　　）。

A. 现场按规定设置标志牌　　　　　　B. 结构外脚手架设置安全网

C. 建立各级文明施工岗位责任制　　　D. 工地设置符合规定的围挡

【答案】C。文明施工的组织措施包括：（1）建立文明施工的管理组织。应确立项目经理为现场文明施工的第一责任人，以各专业工程师、施工质量、安全、材料、保卫、后勤等现场项目经理部人员为成员的施工现场文明管理组织，共同负责本工程现场文明施工工作。（2）健全文明施工的管理制度。包括建立各级文明施工岗位责任制、将文明施工工作考核列入经济责任制，建立定期的检查制度，实行自检、互检、交接检制度，建立奖惩制度，开展文明施工立功竞赛，加强文明施工教育培训等。C选项属于组织措施，A、B、D选项属于管理措施。因此，本题正确选项为C。

2. （2020-41）下列施工现场的环境保护措施中，正确的是（　　）。

A. 在施工现场围挡内焚烧沥青

B. 将有害废弃物作深层土方回填

C. 将泥浆水直接有组织排入城市排水设施

D. 使用密封的圆筒处理高空废弃物

【答案】D。禁止施工现场焚烧有毒、有害烟尘和恶臭气体的物资，如焚烧沥青、包装箱袋和建筑垃圾等。A选项说法错误。禁止将有毒有害废弃物作土方回填，避免污染水源。B选项说法错误。施工现场搅拌站的污水、水磨石的污水等须经排水沟排放和沉淀池沉淀后再排入城市污水管道或河流，污水未经处理不得直接排入城市污水管道或河流。C选项说法错误。因此，本题正确选项为D。

3. （2019-14）下列施工现场环境保护措施中，属于大气污染防治处理措施的是（　　）。

A. 工地临时厕所、化粪池采取防渗漏措施

B. 易扬尘处采用密目式安全网封闭

C. 禁止将有毒、有害废弃物用于土方回填

D. 机械设备安装消声器

【答案】B。A选项属于水污染的处理措施，B选项属于大气污染防治处理措施，C选项属于水污染的处理措施，D选项属于噪声污染的处理措施，因此，本题正确选项为B。

4. （2019-66）施工现场文明施工管理的第一责任人是（　　）。

A. 建设单位负责人　　　　　　　　　B. 施工单位负责人

C. 项目专职安全员　　　　　　　　　D. 项目经理

【答案】D。应确立项目经理为现场文明施工的第一责任人，以各专业工程师、施工质量、安全、材料、保卫、后勤等现场项目经理部人员为成员的施工现场文明管理组织，共同负责本工程现场文明施工工作。因此，本题正确选项为D。

5. （2018-55）关于建设工程施工现场文明施工措施的说法，正确的是（　　）。

A. 施工现场要设置半封闭的围挡

B. 施工现场设置的围挡高度不得低于1.5m

C. 施工现场主要场地应硬化

D. 专职安全员为现场文明施工的第一责任人

【答案】C。施工现场要设置封闭的围挡。A选项说法错误。施工现场设置的围挡高度不得低于1.8m，市区主要路段不得低于2.5m。B选项说法错误。项目负责人为现场文明施工的第一责任人。D选项说法错误。因此，本题正确选项为C。

6. （2018-56）根据建设工程文明工地标准，施工现场必须设置"五牌一图"，其中"一图"是指（　　）。

A. 施工进度横道图　　　　　　　　　B. 大型机械布置位置图

C. 施工现场交通组织图　　　　　　　D. 施工现场平面布置图

【答案】D。"五牌一图"，即工程概况牌、管理人员名单及监督电话牌、消防保卫（防火责任）牌、安全生产牌、文明施工牌和施工现场平面图。因此，本题正确选项为D。

7. （2018-57）关于建设工程施工现场环境污染处理措施的说法，正确的是（　　）。

A. 所有固体废弃物必须集中储存且有醒目标识

B. 存放化学溶剂的库房地面和高 250mm 墙面必须进行防渗处理

C. 施工现场搅拌站的污水可经排水沟直接排入城市污水管网

D. 现场气焊用的乙炔发生罐产生的污水应倾倒在基坑中

【答案】B。施工现场存放油料、化学溶剂等设有专门的库房，必须对库房地面和高250mm 墙面进行防渗处理，如采用防渗混凝土或刷防渗漏涂料等。油料使用时，要采取措施，防止油料跑、冒、滴、漏而污染水体。废弃物应分类存放，对有可能造成二次污染的废弃物必须单独贮存、设置安全防范措施且有醒目标识。对储存物应及时收集并处理，可回收的废弃物做到回收再利用。A 选项的说法是集中存储，是错误的。因此，本题正确选项为 B。

8.（2017-54）施工现场文明施工"五牌一图"中，"五牌"是指（　　）。

A. 工程概况牌、管理人员名单及监督电话牌、现场平面布置牌、安全生产牌、文明施工牌

B. 工程概况牌、管理人员名单及监督电话牌、消防保卫牌、安全生产牌、文明施工牌

C. 工程概况牌、现场危险警示牌、现场平面布置牌、安全生产牌、文明施工牌

D. 工程概况牌、现场危险警示牌、消防保卫牌、安全生产牌、文明施工牌

【答案】B。按照文明工地标准，严格按照相关文件规定的尺寸和规格制作各类工程标志牌。"五牌一图"，即工程概况牌、管理人员名单及监督电话牌、消防保卫（防火责任）牌、安全生产牌、文明施工牌和施工现场平面图。因此，本题正确选项为 B。

9.（2017-55）下列施工现场作业行为中，符合环境保护技术措施和要求的是（　　）。

A. 将未经处理的泥浆水直接排入城市排水设施

B. 在施工现场露天熔融沥青或者焚烧油毡

C. 在大门口铺设一定距离的石子路

D. 将有害废弃物用作深层土回填

【答案】C。施工单位应当采取下列防止环境污染的技术措施：（1）妥善处理泥浆水，未经处理不得直接排入城市排水设施和河流；（2）除设有符合规定的装置外，不得在施工现场熔融沥青或者焚烧油毡、油漆以及其他会产生有毒有害烟尘和恶臭气体的物质；（3）使用密封式的圈筒或者采取其他措施处理高空废弃物；（4）采取有效措施控制施工过程中的扬尘；（5）禁止将有毒有害废弃物用作土方回填；（6）对产生噪声、振动的施工机械，应采取有效控制措施，减轻噪声扰民。因此，本题正确选项为 C。

10.（2017-56）某施工现场存放水泥、白灰、珍珠岩等易飞扬的细颗粒散体材料，应采取的合理措施是（　　）。

A. 洒水覆膜封闭或表面临时固化或植草　　B. 周围采用密目式安全网和草帘搭设屏障

C. 安装除尘器　　　　　　　　　　　　　D. 入库密闭存放或覆盖存放

【答案】D。易飞扬材料入库密闭存放或覆盖存放。如水泥、白灰、珍珠岩等易飞扬的细颗粒散体材料，应入库存放。若室外临时露天存放时，必须下垫上盖，严密遮盖防止扬尘。运输水泥、白灰、珍珠岩粉等易飞扬的细颗粒粉状材料时，要采取遮盖措施，防止沿途遗洒、扬尘。卸货时，应采取措施，以减少扬尘。因此，本题正确选项为 D。

11. （2016-55）根据文明工地标准，施工现场必须设置"五牌一图"，其中的"一图"是(　　)。

A. 施工进度网络图 B. 大型施工机械布置图
C. 施工现场平面布置图 D. 安全管理流程图

【答案】C。见第 8 题解析。

12. （2016-56）关于施工现场文明施工和环境保护的说法，正确的是(　　)。

A. 施工现场要实行半封闭式管理
B. 沿工地四周连续设置高度不低于 1.5m 的围挡
C. 集体宿舍与作业区隔离，人均床铺面积不小于 1.5m²
D. 施工现场主要场地应硬化

【答案】D。施工现场要进行封闭式管理。A 选项说法错误。市区主要路段和其他涉及市容景观路段的工地设置围挡的高度不低于 2.5m，其他工地的围挡高度不低于 1.8m，围挡材料要求坚固、稳定、统一、整洁、美观。B 选项说法错误。集体宿舍与作业区隔离，人均床铺面积不小于 2m²，适当分隔、防潮、通风，采光性能良好。C 选项说法错误。施工现场主要场地应当进行硬化。D 选项说法正确。因此，本题正确选项为 D。

2Z106000　施工合同管理

2Z106010　施工发承包模式

内　容	题　号					合计分值
	2020 年	2019 年	2018 年	2017 年	2016 年	
高频考点 1　施工发承包的主要类型	47、86	37	59	57、90	57、59	10
高频考点 2　施工招标与投标	52	45、72	58、90	58、59	58、90	12
高频考点 3　施工总包与分包						
合计分值	4	4	4	5	5	22

【高频考点精讲】

高频考点 1　施工发承包的主要类型

一、本节高频考点总结

施工发承包方式的比较

序号	比较项目	施工发承包方式		
		平行承发包	施工总承包	施工总承包管理
1	含义	又称分别承发包，是指发包方根据建设工程项目的特点、项目进展情况和控制目标的要求等因素，将建设工程项目按照一定的原则分解，将其施工任务分别发包给不同的施工单位，各个施工单位分别与发包方签订施工承包合同	是指发包人将全部施工任务发包给一个施工单位或由多个施工单位组成的施工联合体或施工合作体，经发包人同意，施工总承包单位可以分包。施工总承包合同一般实行总价合同	意为"管理型承包"，施工总承包管理单位不参与具体工程的施工，具体工程的施工需要再进行分包单位的招标与发包。施工总承包管理单位通过投标才能承揽施工任务
2	图示			

序号	比较项目	施工发承包方式		
		平行承发包	施工总承包	施工总承包管理
3	费用控制特点	(1) 以施工图设计为基础发包，投标人投标报价有依据，不确定性程度降低，合同双方的风险也相对降低； (2) 每一部分工程施工，都可以通过招标选择最好的施工单位，对降低工程造价有利； (3) 业主要等最后一份合同签订后才知道整个工程的总造价，对投资的早期控制不利	(1) 一般都以施工图设计为投标报价的基础，投标人的投标报价较有依据； (2) 开工前就有较明确的合同价，有利于业主对总造价的早期控制； (3) 在施工过程中发生设计变更，可能发生索赔	(1) 一般都以施工图设计为投标报价的基础，投标人的投标报价较有依据； (2) 每一部分工程施工，都可以通过招标选择最好的施工单位，对降低工程造价有利； (3) 施工总承包管理单位招标时，只确定总承包管理费，没有合同总造价，业主要承担风险； (4) 多数情况下，业主方与分包人直接签约会加大业主方风险
4	进度控制特点	(1) 某一部分施工图完成后，即可开始该部分工程的招标，开工日期可提前，缩短建设周期； (2) 需多次招标，业主用于招标的时间较多； (3) 工程总进度计划的编制和控制由业主负责由不同单位承包的各部分工程之间的进度计划的协调及其实施的协调由业主负责； (4) 业主直接抓各个施工单位使矛盾集中，业主的管理风险大	(1) 一般要等施工图设计全部结束后，才能进行施工总承包单位的招标； (2) 开工日期较迟，建设周期势必较长，对进度控制不利	(1) 对施工总承包管理单位的招标不依赖于施工图设计，可以提前到初步设计阶段进行，从而可以提前开工，缩短建设周期； (2) 施工总进度计划的编制、控制和协调由施工总承包管理单位负责； (3) 项目总进度计划的编制、控制和协调，以及设计、施工、供货之间的进度计划协调由业主负责

序号	比较项目	施工发承包方式		
		平行承发包	施工总承包	施工总承包管理
5	质量控制特点	（1）符合质量控制上的"他人控制"原则，不同分包单位之间能够形成一定的控制和制约机制，对业主的质量控制有利； （2）合同交互界面多，应重视合同之间界面的定义，否则对项目的质量控制不利	（1）项目质量的好坏很大程度上取决于施工总承包单位的选择，取决于施工总承包单位的管理水平和技术水平； （2）业主对施工总承包单位的依赖较大	（1）对分包单位的质量控制主要由施工总承包管理单位进行； （2）对分包单位符合质量控制上的"他人控制"原则，对质量控制有利； （3）各分包合同交互界面的定义由施工总承包管理单位负责，减轻了业主方的工作量
6	合同管理特点	（1）业主招标工作量大，对业主不利； （2）业主签订的合同越多，业主的责任和义务就越多； （3）业主合同管理工作量较大	业主只需进行一次招标，招标及合同管理工作量大大减小，对业主有利	（1）一般所有分包合同由业主负责，业主方的招标及合同管理工作量大，对业主不利； （2）总承包管理单位支付分包单位工程款，可加大总承包管理单位对分包单位管理的力度
7	组织与协调特点	（1）业主直接控制所有工程的发包，可决定所有工程的承包商的选择； （2）业主要负责对所有承包商的组织与协调，工作量大，对业主不利； （3）业主方需要配备较多的人力，管理成本高	业主只负责对施工总承包单位的管理及组织协调，工作量大大减小，对业主比较有利	（1）由施工总承包管理单位负责对所有分包单位的管理及组织协调，减轻了业主的工作； （2）与分包单位的合同一般由业主签订，削弱了施工总承包管理单位对分包单位管理的力度
8	备注	选择该模式的考虑因素： （1）当项目规模很大，不可能选择一个施工单位进行施工总承包或施工总承包管理，也没有一个施工单位能够进行施工总承包或施工总承包管理； （2）项目建设的时间要求紧迫，业主急于开工，边设计、边施工； （3）业主有足够的经验和能力应对多家施工单位； （4）将工程分解发包，业主可以尽可能多地照顾各种关系	业主的投资控制难度减小，合同管理工作量减小，组织和协调工作量减小，协调比较容易。但建设周期可能比较长，对进度控制不利	

施工总承包管理模式与施工总承包模式的比较

对比项目	施工总承包管理模式	施工总承包模式
工作开展程序	招标可以提前到项目尚处于设计阶段进行，工程实体可以分别进行分包单位的招标	先进行项目的设计，待施工图设计结束后再进行施工总承包的招投标，然后再进行工程施工
合同关系	业主与分包直接签订合同或由总承包管理单位与分包签订合同	业主只进行一次招标，招标及合同管理工作量减小，对业主有利
对分包单位的选择和认可	分包人的选择及分包合同的签订要经过施工总承包管理单位的认可，否则不承担对其的管理责任	分包单位由总包单位选择，由业主认可
对分包单位的付款	通过施工总承包管理单位支付或由业主直接支付	由施工总承包单位负责
合同价格	（1）一般只确定总承包管理费，事先不确定建安工程总造价； （2）施工总承包管理单位只收取总包管理费，不赚总包与分包之间的差价	开工前有较明确的合同价，有利于业主对总造价的早期控制

二、本节考题精析

1.（2020-47）某地铁工程项目，发包人将14座车站的土建工程分别发包给14个土建施工单位，对应的机电安装工程分别发包给14个机电安装单位，该发承包模式属于（　　）模式。

A. 施工总承包　　　　　　　　　　B. 施工总承包管理

C. 施工平行发承包　　　　　　　　D. 项目总承包

【答案】C。施工平行发承包，又称为分别发承包，是指发包方根据建设工程项目的特点、项目进展情况和控制目标的要求等因素，将建设工程项目按照一定的原则分解，将其施工任务分别发包给不同的施工单位，各个施工单位分别与发包方签订施工承包合同。因此，本题正确选项为C。

2.（2020-86）施工总承包管理模式与施工总承包模式相同的方面有（　　）。

A. 工作开展顺序　　　　　　　　　B. 合同关系

C. 合同计价方式　　　　　　　　　D. 总包单位承担的责任和义务

E. 对分包单位的管理和服务

【答案】D、E。施工总承包管理模式与施工总承包模式有很多的不同，但两者也存在一些相同的方面，比如总包单位承担的责任和义务，以及对分包单位的管理和服务。两者都要承担相同的管理责任，对施工管理目标负责，负责对现场施工的总体管理和协调，负责向分包人提供相应的服务。因此，本题正确选项为D、E。

3.（2019-37）关于施工总承包管理模式特点的说法，正确的是（　　）。

A. 对分包单位的质量控制主要由施工总承包管理单位进行

B. 支付给分包单位的款项由业主直接支付，不经过总承包管理单位

C. 业主对分包单位的选择没有控制权

D. 总承包管理单位除了收取管理费以外，还可赚总包与分包之间的差价

【答案】A。施工总承包管理模式在质量控制上，对分包单位的质量控制主要由施工总承包管理单位进行；对分包单位来说，也有来自其他分包单位的横向控制，符合质量控制上的"他人控制"原则，对质量控制有利；各分包合同交界面的定义由施工总承包管理单位负责，减轻了业主方的工作量。A选项说法正确。对各个分包单位的各种款项可以通过施工总承包管理单位支付，也可以由业主直接支付。B选项说法错误。业主对分包单位的选择具有控制权。C选项说法错误。施工总承包管理单位只收取总包管理费，不赚总包与分包之间的差价。D选项说法错误。因此，本题正确选项为A。

4.（2018-59）与施工平行发包模式相比，施工总承包模式对业主不利的方面是（　　）。

A. 合同管理工作量增大

B. 组织协调工作量增大

C. 开工前合同价不明确，不利于对总造价的早期控制

D. 建设周期比较长，对项目总进度控制不利

【答案】D。施工总承包，在开工前就有较明确的合同价，有利于业主对总造价的早期控制。C选项说法错误。一般要等施工图设计全部结束后，才能进行施工总承包的招标，开工日期较迟，建设周期势必较长，对项目总进度控制不利。D选项说法正确。业主只需要进行一次招标，与一个施工总承包单位签约，招标及合同管理工作量大大减小，对业主有利。A选项说法错误。业主只负责对施工总承包单位的管理及组织协调，工作量大大减小，对业主比较有利。B选项说法错误。与平行发承包模式相比，采用施工总承包模式，业主的合同管理工作量大大减小了，组织和协调工作量也大大减小，协调比较容易。但建设周期可能比较长，对项目总进度控制不利。因此，本题正确选项为D。

5.（2017-57）施工平行发承包模式的特点是（　　）。

A. 对每部分施工任务的发包，都以施工图设计为基础，有利于投资的早期控制

B. 由于要进行多次招标，业主用于招标的时间多，建设工期会加长

C. 业主招标工作量大，对业主不利

D. 业主不直接控制所有工程的发包，但可决定所有工程的承包商

【答案】C。在费用控制上，对每一部分工程施工任务的发包，都以施工图设计为基础，投标人进行投标报价较有依据，工程的不确定性程度降低了，对合同双方的风险也相对降低了；对业主来说，要等最后一份合同签订后才知道整个工程的总造价，对投资的早期控制不利。A选项说法错误。在进度控制上，由于要进行多次招标，业主用于招标的时间较多；但是某一部分施工图完成后，即可开始这部分工程的招标，开工日期提前，可以边设计边施工，缩短建设周期。B选项说法错误。在组织协调上，业主直接控制所有工程的发包，可决定所有工程的承包商的选择；业主要负责对所有承包商的组织与协调，承担类似于总承包管理的角色，工作量大，对业主不利（业主的对立面多，各个合同之间的界面多，关系复杂，矛盾集中，业主的管理风险大）。D选项说法错误。因此，本题正确选项为C。

6.（2017-90）与施工总承包模式相比，施工总承包管理模式的优点有（　　）。

A. 整个项目的合同总额确定较有依据

B. 通过招标确定施工承包单位，有利于业主节约投资

C. 施工总承包管理单位只赚取总包与分包之间的差价

D. 业主对分包单位的选择具有控制权

E. 一般在施工图设计全部结束后，才能进行施工总承包管理的招标

【答案】A、B、D。施工总承包管理模式与施工总承包模式相比具有以下优点：（1）合同总价不是一次确定，某一部分施工图设计完成以后，再进行该部分工程的施工招标，确定该部分工程的合同价，因此整个项目的合同总额的确定较有依据；（2）所有分包合同和分供货合同的发包，都通过招标获得有竞争力的投标报价，对业主方节约投资有利；（3）施工总承包管理单位只收取总包管理费，不赚总包与分包之间的差价；（4）业主对分包单位的选择具有控制权；（5）每完成一部分施工图设计，就可以进行该部分工程的施工招标，可以边设计边施工，可以提前开工，缩短建设周期，有利于进度控制。因此，本题正确选项为 A、B、D。

7. （2016-57）关于施工总承包管理合同价格的说法，正确的是（　　）。

A. 施工总承包管理合同价应该在建安工程总造价确定后按费率进行计取

B. 施工总承包管理单位除收取总包管理费外，还需计取总包、分包单位的差价

C. 总承包管理合同总价不是一次确定，可在某一部分施工图设计完成后，确定该部分工程的合同价

D. 所有分包合同和分供货合同由总承包管理单位确定，不需进行投标报价

【答案】C。施工总承包管理合同中一般只确定总承包管理费（通常是按工程建安造价的一定百分比计取，也可以确定一个总价），而不需要事先确定建安工程总造价，这也是施工总承包管理模式的招标可以不依赖于施工图设计图纸出齐的原因之一。A 选项说法错误。分包合同价，由于是在该部分施工图出齐后再进行分包的招标，因此应该采用实价（即单价或总价合同）。由此可以看出，施工总承包管理模式与施工总承包模式相比具有以下优点：（1）合同总价不是一次确定，某一部分施工图设计完成以后，再进行该部分工程的施工招标，确定该部分工程的合同价，因此整个项目的合同总额的确定较有依据。（2）所有分包合同和分供货合同的发包，都通过招标获得有竞争力的投标报价，对业主方节约投资有利。D 选项说法错误。（3）施工总承包管理单位只收取总包管理费，不赚总包与分包之间的差价。B 选项说法错误。（4）业主对分包单位的选择具有控制权。（5）每完成一部分施工图设计，就可以进行该部分工程的施工招标，可以边设计边施工，可以提前开工，缩短建设周期，有利于进度控制。因此，本题正确选项为 C。

8. （2016-59）关于施工总承包模式特点的说法，正确的是（　　）。

A. 在开工前就有明确的合同价，有利于业主对总造价的早期控制

B. 施工总承包单位负责项目总进度计划的编制、控制、协调

C. 项目质量取决于业主的管理水平和施工总承包单位的技术水平

D. 业主需负责施工总承包单位和分包单位的管理和组织协调

【答案】A。施工总承包费用控制的特点：（1）在通过招标选择施工总承包单位时，一般都以施工图设计为投标报价的基础，投标人的投标报价较有依据。（2）在开工前就有较明确的合同价，有利于业主对总造价的早期控制。A 选项说法正确。（3）若在施工过程中发生设计变更，则可能发生索赔。施工总承包进度控制的特点：（1）一般要等施工图

设计全部结束后，才能进行施工总承包的招标，开工日期较迟，建设周期势必较长，对项目总进度控制不利。（2）施工总进度计划的编制、控制和协调由施工总承包单位负责，而项目总进度计划的编制、控制和协调，以及设计、施工、供货之间的进度计划协调由业主负责。B选项说法错误。施工总承包质量控制的特点：项目质量的好坏很大程度上取决于施工总承包单位的选择，取决于施工总承包单位的管理水平和技术水平。业主对施工总承包单位的依赖较大。C选项说法错误。施工总承包组织与协调的特点：业主只负责对施工总承包单位的管理及组织协调，工作量大大减小，对业主比较有利。业主的合同管理工作量大大减小了，组织和协调工作量也大大减小，协调比较容易。D选项说法错误。因此，本题正确选项为A。

高频考点2 施工招标与投标

一、本节高频考点总结

施工招标相关知识

序号	项目	内　　容	说　　明
1	招标应具备条件	（1）招标人已经依法成立； （2）初步设计及概算应当履行审批手续的，已经批准招标范围、招标方式和招标组织形式等应当履行核准手续的，已经核准； （3）有相应资金或资金来源已经落实； （4）有招标所需的设计图纸及技术资料	——
2	宜采用招标的方式确定承包人的范围	（1）大型基础设施、公用事业等关系社会公共利益、公众安全的项目； （2）全部或者部分使用国有资金投资或者国家融资的项目； （3）使用国际组织或者外国政府资金的项目	——
3	招标方式	公开招标	优点是招标人有较大的选择范围，可在众多的投标人中选择报价合理、工期较短、技术可靠、资信良好的中标人。但是公开招标的资格审查和评标的工作量比较大，耗时长、费用高
		邀请招标：邀请三个以上参加投标	下列项目经批准可以进行邀请招标： （1）项目技术复杂或有特殊要求，只有少量几家潜在投标人可供选择的； （2）受自然地域环境限制的； （3）涉及国家安全、国家秘密或者抢险救灾，适宜招标但不宜公开招标的； （4）拟公开招标的费用与项目的价值相比，不值得的

序号	项目	内 容	说 明
4	自行招标与委托招标的选择	招标人可自行办理招标事宜，也可以委托招标代理机构（可以跨省级行政区域承担工程招标代理业务）代为办理招标事宜，不具备自行招标能力的，必须委托招标	
5	招标信息的发布	自招标文件或者资格预审文件出售之日起至停止出售之日止，最短不得少于 5 日	招标文件或者资格预审文件的收费应当合理，不得以营利为目的。招标文件或者资格预审文件售出后，不予退还。不得擅自终止招标
6	招标信息的修正	澄清或者修改应当在招标文件要求提交投标文件截止时间至少 15 日前发出	所有澄清文件必须以书面形式直接通知所有招标文件收受人
7	资格审查	要求投标申请人提供有关资质、业绩和能力等证明进行资格审查	资格审查分为资格预审和资格后审
8	标前会议	将会议纪要用书面通知的形式发给每一个投标人，对问题的答复不需要说明问题来源。与招标文件具有同等法律效力	当补充文件与招标文件内容不一致时，应以补充文件为准
9	评标	（1）评标分为评标的准备、初步评审、详细评审、编写评标报告等过程； （2）详细评审是评标的核心，是对标书进行实质性审查，包括技术评审和商务评审，评标结束应该推荐中标候选人，限定在 1～3 人，并标明排列顺序	（1）投标文件大小写不一致的，以大写为准； （2）单价与数量的乘积之和与所报总价不一致的，以单价为准； （3）正副本不一致的，以正本为准

施工投标

序号	步骤	内容
1	研究招标文件	研究招标文件的重点应放在投标者须知、合同条款、设计图纸、工厂范围及工程量表上，还要研究技术规范要求，看是否有特殊的要求
2	进行各项调查研究	（1）市场宏观经济环境调查； （2）工程现场考察和工程所在地区的环境考察； （3）工程业主方和竞争对手公司的调查
3	复核工程量	总价合同中，业主在投标前对争议工程量不予更正，对投标者不利，投标者在投标时要附声明：工程量表中某项工程量有错误，施工结算应按实际完成量计算
4	选择施工方案	施工方案应由投标人的技术负责人主持制定
5	投标计算	（1）首先根据找文件复核或计算工程量； （2）预先确定施工方案和施工进度； （3）投标计算还必须与采用的合同计价形式相协调
6	确定投标策略	（1）以信誉取胜以低价取胜； （2）以缩短工期取胜； （3）以改进设计取胜； （4）以现金或特殊的施工方案取胜

序号	步骤	内容
7	正式投标	（1）注意投标的截止日期； （2）注意投标文件的完备性； （3）注意标书的标准； （4）注意投标的担保

二、本节考题精析

1.（2020-52）施工招标过程中，若招标人在招标文件发布后发现有问题，需要进一步澄清和修改，正确的做法是（　　）。

A. 在招标文件要求的提交投标文件截止时间至少 10 日前发出通知

B. 可以用间接方式通知所有招标文件收受人

C. 所有澄清和修改文件必须公示

D. 所有澄清文件必须以书面形式进行

【答案】D。如果招标人在招标文件已经发布之后，发现有问题需要进一步的澄清或修改，必须依据以下原则进行：（1）时限：招标人对已发出的招标文件进行必要的澄清或者修改，应当在招标文件要求提交投标文件截止时间至少 15 日前发出；（2）形式：所有澄清文件必须以书面形式进行；（3）全面：所有澄清文件必须直接通知所有招标文件收受人；由于修正与澄清文件是对于原招标文件的进一步的补充或说明，因此该澄清或者修改的内容应为招标文件的有效组成部分。因此，本题正确选项为 D。

2.（2019-45）关于建设工程施工招标中评标的说法，正确的是（　　）。

A. 投标书中单价与数量的乘积之和与总价不一致时，将作无效标处理

B. 投标书正本、副本不一致时，将作无效标处理

C. 初步评审是对投标书进行实质性审查，包括技术评审和商务评审

D. 评标委员会推荐的中标候选人应当限定在 1～3 人，并标明排列顺序

【答案】D。评标分为评标的准备、初步评审、详细评审、编写评标报告等过程。如果投标文件实质上不响应招标文件的要求，将作无效标处理，不必进行下一阶段的评审。另外还要对报价计算的正确性进行审查，如果计算有误，通常的处理方法是：大小写不一致的以大写为准，单价与数量的乘积之和与所报的总价不一致的应以单价为准；标书正本和副本不一致的，则以正本为准。这些修改一般应由投标人代表签字确认。A、B 选项说法错误。初步评审主要是进行符合性审查，即重点审查投标书是否实质上响应了招标文件的要求。详细评审是评标的核心，是对标书进行实质性审查，包括技术评审和商务评审。C 选项说法错误。评标结束应该推荐中标候选人。评标委员会推荐的中标候选人应当限定在 1～3 人，并标明排列顺序。D 选项说法正确。因此，本题正确选项为 D。

3.（2019-72）关于建设工程施工招标标前会议的说法，正确的有（　　）。

A. 标前会议是招标人按投标须知在规定的时间、地点召开的会议

B. 招标人对问题的答复函件须注明问题来源

C. 招标人可以根据实际情况在标前会议上确定延长投标截止时间

D. 标前会议纪要与招标文件内容不一致时，应以招标文件为准

E. 标前会议结束后，招标人应将会议纪要用书面通知形式发给每个投标人

【答案】A、C、E。标前会议也称为投标预备会或招标文件交底会，是招标人按投标须知规定的时间和地点召开的会议。A 选项说法正确。无论是会议纪要还是对个别投标意向者的问题的解答，都应以书面形式发给每一个获得投标文件的投标意向者，以保证招标的公平和公正。但对问题的答复不需要说明问题来源。B 选项说法错误。为了使投标单位在编写投标文件是有充分的时间考虑招标人对招标文件的补充或修改内容，招标人可以根据实际情况在标前会议上确定延长投标截止时间。C 选项说法正确。会议纪要和答复函件形成招标文件的补充文件，都是招标文件的有效组成部分。与招标文件具有同等法律效力。当补充文件与招标文件内容不一致时，应以补充文件为准。D 选项说法错误。标前会议上，招标人除了介绍工程概况以外，还可以对招标文件中的某些内容加以修改或补充说明，以及对投标意向者书面提出的问题和会议上即席提出的问题给以解答，会议结束后，招标人应将会议纪要用书面通知的形式发给每一个投标意向者。E 选项说法正确。因此，本题正确选项为 A、C、E。

4. (2018-58)某建设工程采用固定总价方式招标，业主在招投标过程中对某项争议工程量不予更正，投标单位正确的应对策略是(   )。

A. 修改工程量后进行报价

B. 按业主要求工程量修改单价后报价

C. 采用不平衡报价法提高该项工程报价

D. 投标时注明工程量表存在错误，应按实结算

【答案】D。对于总价合同，如果业主在投标前对争议工程量不予更正，而且是对投标者不利的情况，投标者应按实际工程量调整报价，或在投标时附上声明：工程量表中某项工程量有错误，施工结算应按实际完成量计算。因此，本题正确选项为 D。

5. (2018-90)关于建设工程施工招标标前会议的说法，正确的有(   )。

A. 标前会议是招标人按投标须知在规定的时间、地点召开的会议

B. 标前会议结束后，招标人应将会议纪要用书面形式发给每个投标人

C. 标前会议纪要与招标文件不一致时，应以招标文件为准

D. 招标人可以根据实际情况在标前会议上确定延长投标截止时间

E. 招标人的答复函件对问题的答复须注明问题来源

【答案】A、B、D。标前会议也称为投标预备会或招标文件交底会，是招标人按投标须知规定的时间和地点召开的会议。A 选项说法正确。标前会议上，招标人除了介绍工程概况以外，还可以对招标文件中的某些内容加以修改或补充说明，以及对投标意向者书面提出的问题和会议上即席提出的问题给以解答，会议结束后，招标人应将会议纪要用书面通知的形式发给每一个投标意向者。B 选项说法正确。无论是会议纪要还是对个别投标意向者的问题的解答，都应以书面形式发给每一个获得投标文件的投标意向者，以保证招标的公平和公正。但对问题的答复不需要说明问题来源。会议纪要和答复函件形成招标文件的补充文件，都是招标文件的有效组成部分。与招标文件具有同等法律效力。当补充文件与招标文件内容不一致时，应以补充文件为准。C 选项说法错误。为了使投标单位在编写投标文件时有充分的时间考虑招标人对招标文件的补充或修改内容，招标人可以根据实际情况在标前会议上确定延长投标截止时间。D 选项说法正确。因此，本题正确选项为 A、B、D。

6. （2017-58）关于建设工程施工招标评标的说法，正确的是（   ）。

A. 投标报价中出现单价与数量的乘积之和与总价不一致时，将作无效标处理

B. 投标书中投标报价正本、副本不一致时，将作无效标处理

C. 初步评审是对标书进行实质性审查，包括技术评审和商务评审

D. 评标委员会推荐的中标候选人应当限定在1～3人，并标明排列顺序

【答案】D。评标分为评标的准备、初步评审、详细评审、编写评标报告等过程。初步评审主要是进行符合性审查，即重点审查投标书是否实质上响应了招标文件的要求。C选项说法错误。如果投标文件实质上不响应招标文件的要求，将作无效标处理，不必进行下一阶段的评审。另外还要对报价计算的正确性进行审查，如果计算有误，通常的处理方法是：大小写不一致的以大写为准，单价与数量的乘积之和与所报的总价不一致的应以单价为准。A选项说法错误。标书正本和副本不一致的，则以正本为准。B选项说法错误。评标结束应该推荐中标候选人。评标委员会推荐的中标候选人应当限定在1～3人，并标明排列顺序。D选项说法正确。因此，本题正确选项为D。

7. （2017-59）关于施工投标的说法，正确的是（   ）。

A. 投标人在投标截止时间后送达的投标文件，招标人应移交评标委员会处理

B. 投标书需要盖有投标企业公章和企业法人的名章（签字）并进行密封，密封不满足要求的按无效标处理

C. 投标书在招标范围以外提出新的要求，可视为对投标文件的补充，由评标委员会进行评定

D. 投标书中采用不平衡报价时，应视为对招标文件的否定

【答案】B。投标人在招标截止日之前所提交的投标是有效的，超过该日期之后就会被视为无效投标。在招标文件要求提交投标文件的截止时间后送达的投标文件，招标人可以拒收。A选项说法错误。标书的提交要有固定的要求，基本内容是：签章、密封。如果不密封或密封不满足要求，投标是无效的。投标书还需要按照要求签章，投标书需要盖有投标企业公章以及企业法人的名章（或签字）。如果项目所在地与企业距离较远，由当地项目经理部组织投标，需要提交企业法人对于投标项目经理的授权委托书。B选项说法正确。投标不完备或投标没有达到招标人的要求，在招标范围以外提出新的要求，均被视为对于招标文件的否定，不会被招标人所接受。C选项说法错误。当投标人大体上确定了工程总报价以后，可适当采用报价技巧如不平衡报价法，对某些工程量可能增加的项目提高报价，而对某些工程量可能减少的可以降低报价。D选项说法错误。因此，本题正确选项为B。

8. （2016-58）关于招标信息发布与修正的说法，正确的是（   ）。

A. 招标人或其委托的招标代理机构只能在一家指定的媒介发布招标公告

B. 自招标文件出售之日起至停止出售之日止，最短不得少于3日

C. 招标人在发布招标公告或发出投标邀请书后，不得擅自终止招标

D. 招标人对已发出的招标文件进行修改，应当在招标文件要求提交投标文件截止时间至少5日前发出

【答案】C。招标人或其委托的招标代理机构应至少在一家指定的媒介发布招标公告。指定报刊在发布招标公告的同时，应将招标公告如实抄送指定网络。招标人或其委托的招

标代理机构在两个以上媒介发布的同一招标项目的招标公告的内容应当相同。A选项说法错误。招标人应当按招标公告或者投标邀请书规定的时间、地点出售招标文件或资格预审文件。自招标文件或者资格预审文件出售之日起至停止出售之日止，最短不得少于5日。B选项说法错误。招标人对已发出的招标文件进行必要的澄清或者修改，应当在招标文件要求提交投标文件截止时间至少15日前发出。D选项说法错误。因此，本题正确选项为C。

9. (2016-90) 根据现行规定，应该招标的建设工程经批准可以采用邀请招标方式确定承包人的项目有（　　）。

A. 有特殊要求，只有少量几家潜在投标人可供选择的

B. 受自然地域环境限制的

C. 涉及抢险救灾的

D. 公开招标费用过低的

E. 涉及国家秘密的

【答案】A、B、C、E。对于有些特殊项目，采用邀请招标方式确实更加有利。根据我国的有关规定，有下列情形之一的，经批准可以进行邀请招标：（1）项目技术复杂或有特殊要求，只有少量几家潜在投标人可供选择的；（2）受自然地域环境限制的；（3）涉及国家安全、国家秘密或者抢险救灾，适宜招标但不宜公开招标的；（4）拟公开招标的费用与项目的价值相比，不值得的；（5）法律、法规规定不宜公开招标的。招标人采用邀请招标方式，应当向三个以上具备承担招标项目的能力、资信良好的特定的法人或者其他组织发出投标邀请书。因此，本题正确选项为A、B、C、E。

高频考点3　施工总包与分包

一、本节高频考点总结

施工总包与分包

序号	项目	内容	说明
1	施工总包	施工总承包单位和施工总承包管理单位都可以简称为"施工总包"	在一个建设工程中，只能有一个"施工总包"
2	施工分包	（1）分包商与总承包商签订合同，所有的工程由总承包商对业主负责； （2）包括专业分包和劳务分包； （3）业主指定分包一般是专业分包； （4）施工总包可将工程发包给专业分包或劳务分包	业主指定分包，分包需与施工总包单位签订合同，业主和分包之间一般没有合同关系

二、本节考题精析
本节近年无试题。

2Z106020　施工合同与物资采购合同

内　　容	题　　号					合计分值
	2020 年	2019 年	2018 年	2017 年	2016 年	
高频考点 1　施工承包合同的主要内容	18、62、77	47	91	60、91	60、61、62、91	15
高频考点 2　施工专业分包合同的内容		28、53	60	61、62		5
高频考点 3　施工劳务分包合同的内容	27	38、80	61	63		6
高频考点 4　物资采购合同的主要内容			62			1
合计分值	5	6	5	6	5	27

【高频考点精讲】

高频考点 1　施工承包合同的主要内容

一、本节高频考点总结

施工承包合同发包人的部分责任

项目	内　　容
办理证件和批件	(1) 负责办理取得出入施工场地的专用和临时道路的通行权并承担费用； (2) 承包人应协助发包人办理上述手续
提供测量基准点等资料	通过监理人向承包人提供测量基准点、基准线和水准点及其书面资料并对真实性、准确性和完整性负责
发包人的施工安全责任	(1) 发包人应对其现场机构雇佣的全部人员的工伤事故承担责任，但由于承包人原因造成发包人人员工伤的，应由承包人承担责任。 (2) 发包人应负责赔偿以下情况造成的第三者人身伤亡和财产损失： ① 工程或工程的任何部分对土地的占用所造成的第三者财产损失； ② 由于发包人原因，在施工场地及其毗邻地带造成的第三者人身伤亡和财产损失
治安保卫的责任	一般由发包人负责治安保卫职责，发生治安事件的，发包人和承包人应立即向当地政府报告
事故处理	(1) 发生事故的，承包人应立即通知监理人，监理人应立即通知发包人； (2) 需要移动现场物品时，应作出标记和书面记录，妥善保管有关证据
提供地勘、水文资料	(1) 发包人应将其持有的现场地质勘探资料、水文气象资料提供给承包人，并对其准确性负责； (2) 承包人应对其阅读上述有关资料后所做出的解释和推断负责

施工合同发包人的责任

1. 遵守法律
2. 发出开工通知：发包人应委托监理人按合同约定向承包人发出开工通知
3. 提供施工场地
4. 协助承包人办理证件和批件
5. 组织设计交底
6. 支付合同付款
7. 组织竣工验收

施工合同发包人违约的情形

1. 发包人未能按合同约定支付预付款或合同价款，或拖延、拒绝批准付款申请和支付凭证，导致付款延误的
2. 发包人原因造成停工的
3. 监理人无正当理由没有在约定期限内发出复工指示，导致承包人无法复工的
4. 发包人无法继续履行或明确表示不履行或实质上已停止履行合同的

施工承包合同承包人的部分责任

项目	内　　容
一般责任	（1）遵守法律； （2）依法纳税； （3）完成各项承包工作； （4）对施工作业和施工方法的完备性负责； （5）保证工程施工和人员的安全； （6）负责施工场地及其周边环境与生态的保护工作； （7）避免施工对公众与他人的利益造成损害； （8）为他人提供方便； （9）工程的维护和照管
其他责任	（1）承包人不得将工程主体、关键性工作分包给第三人，承包人应与分包人就分包工程向发包人承担连带责任； （2）承包人应在接到开工通知后28d内，向监理人提交承包人在施工场地的管理机构以及人员安排的报告

进度控制的主要条款

项目		说　　明
进度计划	合同进度计划	（1）承包人应编制详细的施工进度计划和施工方案说明报送监理人批准； （2）合同进度计划是控制合同工程进度的依据； （3）要编制更为详细的分阶段或分项进度计划，报监理人审批
	合同进度计划的修订	（1）承包人提出申请报监理人审批或监理人直接向承包人作的指示； （2）监理人在批复前应获得发包人同意
开工日期与工期	开工日期	（1）监理人应在开工日期7d前向承包人发出开工通知； （2）监理人在发出开工通知前应获得发包人同意
	工期	工期自监理人发出的开工通知中载明的开工日期起计算
工期调整	发包人的工期延误	承包人有权要求发包人延长工期和（或）增加费用，并支付合理利润： （1）增加合同工作内容； （2）改变合同中任何一项工作的质量要求或其他特性； （3）发包人迟延提供材料、工程设备或变更交货地点的； （4）因发包人原因导致的暂停施工； （5）提供图纸延误； （6）未按合同约定及时支付预付款、进度款； （7）发包人造成工期延误的其他原因

项　目		说　明
工期调整	异常恶劣的气候条件	出现异常恶劣气候的条件导致工期延误的，承包人有权要求发包人延长工期
	承包人的工期延误	（1）承包人原因采取措施加快进度的，应承担所增加的费用； （2）造成工期延误，承包人应支付逾期竣工违约金，同时不免除承包人完成工程及修补缺陷的义务
	工期提前	（1）承包人提前竣工给发包人带来效益的，由监理人与承包人协商采取加快工程进度的措施和修订合同进度计划； （2）发包人应承担承包人由此增加的费用，并支付约定的奖金
暂停施工	发包人暂停施工的责任	由于发包人原因引起的暂停施工造成工期延误的，承包人有权要求发包人延长工期和（或）增加费用，并支付合理利润
	监理人暂停施工指示	（1）监理人认为有必要时，可向承包人作出暂停施工的指示，承包人应按监理人指示暂停施工； （2）暂停施工期间承包人应负责妥善保护工程并提供安全保障

质量控制的主要条款内容

项　目	内　容
承包人的质量管理	（1）承包人应在施工场地设置专门的质量检查机构，配备专职质量检查人员，建立完善的质量检查制度； （2）承包人应在合同约定的期限内，提交工程质量保证措施文件报送监理人审批
承包人的质量检查	承包人应按合同约定编制工程质量报表，报送监理人审查
施工质量检验制度	（1）未通知监理进行隐蔽验收的：一切后果自负（费用、工期、利润）； （2）通知验收（提前 48h） 　1）监理到场：合格与不合格，后果都由施工方承担 　2）监理未及时到场： 　　① 通知延迟（可延长 48h 的）：按 1）处理 　　② 未答复的：施工单位自行检验隐蔽并做好记录，如监理人重新要求打开检验，质量合格的后果由业主承担，不合格由施工单位自行承担

费用控制的主要条款内容

项　目	内　容
预付款	（1）预付款必须专用于合同工程； （2）预付款用于承包人为合同工程施工购置材料、工程设备、施工设备、修建临时设施以及组织施工队伍进场等； （3）承包人应在收到预付款的同时向发包人提交预付款保函，预付款保函的担保金额应与预付款金额相同； （4）保函的担保金额可根据预付款扣回的金额相应递减

项目		内　容
工程进度付款	付款周期	付款周期同计量周期
	进度付款证书和支付时间	（1）第一，审查。监理人在收到承包人进度付款申请单以及相应的支持性证明文件后的 14d 内完成核查，核查后经发包人审查同意，由监理人向承包人出具经发包人签认的进度付款证书。 （2）第二，付款。发包人应在监理人收到进度付款申请单后的 28d 内，将进度应付款支付给承包人
质量保证金	扣留	（1）监理人应从第一个付款周期开始按专用合同条款的约定扣留质量保证金； （2）质量保证金的计算额度不包括预付款的支付、扣回以及价格调整的金额
	返还	合同约定的缺陷责任期满时，承包人申请返还剩余的质量保证金，发包人应在 14d 内会同承包人核实承包人是否完成缺陷责任
竣工结算	审查	（1）监理人在收到承包人提交的竣工付款申请单后的 14d 内完成核查，提出发包人到期应支付给承包人的价款送发包人审核并抄送承包人； （2）发包人应在收到后 14d 内审核完毕，由监理人向承包人出具经发包人签认的竣工付款证书
	付款	发包人应在监理人出具竣工付款证书后的 14d 内支付给承包人
最终结清	最终结清申请单	缺陷责任期终止证书签发后，承包人可按专用合同条款约定的份数和期限向监理人提交最终结清申请单，并提供相关证明材料
	审查	（1）监理人收到承包人提交的最终结清申请单后的 14d 内，提出发包人应支付给承包人的价款送发包人审核并抄送承包人； （2）发包人应在收到后 14d 内审核完毕，由监理人向承包人出具经发包人签认的最终结清证书
	付款	发包人应在监理人出具最终结清证书后的 14d 内，将应支付款支付给承包人

竣工验收的有关规定

项目	内　容
竣工验收申请报告的条件	（1）合同范围内的全部单位工程以及有关工作，除监理人同意列入缺陷责任期内完成的尾工（甩项）工程和缺陷修补工作外，并符合合同要求； （2）按合同约定的内容和份数备齐了符合要求的竣工资料； （3）按监理人的要求编制了在缺陷责任期内完成的尾工（甩项）工程和缺陷修补工作清单以及相应施工计划； （4）监理人要求在竣工验收前应完成的其他工作； （5）监理人要求提交的竣工验收资料清单
验收	监理人分别以下不同情况进行处理： （1）审查后认为尚不备竣工验收条件的，应在 28d 内通知承包人； （2）审查后认为已具备竣工验收条件的，应在 28d 内提请发包人进行工程验收； （3）发包人经过验收后同意接受工程的，应在监理人收到竣工验收申请报告后的 56d 内，由监理人向承包人出具经发包人签认的工程接收证书； （4）发包人验收后不同意接收工程的，监理人应按照发包人的验收意见发出指示，要求承包人对不合格工程认真返工重作或进行补救处理，并承担由此产生的费用； （5）经验收合格工程的实际竣工日期，以提交竣工验收申请报告的日期为准，并在工程接收证书中写明； （6）发包人在收到承包人竣工验收申请报告 56d 后未进行验收的，视为验收合格，实际竣工日期以提交竣工验收申请报告的日期为准

项目	内 容
单位工程验收	(1) 在全部工程竣工前需要使用已经竣工的单位工程时，或承包人提出经发包人同意时，可进行单位工程验收； (2) 发包人在全部工程竣工前，使用已接收的单位工程导致承包人费用增加的，发包人应承担由此增加的费用和（或）工期延误，并支付承包人合理利润
施工期运行	需要投入施工期运行的，经发包人约定验收合格，证明能确保安全后，才能在施工期投入运行
试运行	(1) 除另有约定外，承包人承担全部试运行费用； (2) 发包人的原因导致试运行失败的，发包人承担产生的费用，并支付承包人合理利润，承包人应当采取措施保证试运行合格
竣工清场	(1) 工程接收证书颁发后，承包人应按要求对施工场地进行清理，直至监理人检验合格为止； (2) 竣工清场费用由承包人承担

缺陷责任与保修责任部分知识归纳

项 目	内 容
缺陷责任期的起算时间	缺陷责任期自实际竣工日期起计算
缺陷责任	(1) 缺陷责任期内，发包人对已接收使用的工程负责日常维护工作； (2) 属于承包人原因，承包人应当在合理时间内修复缺陷，否则发包人可自行修复或委托其他人修复，所需费用和利润的承担，根据缺陷和（或）损坏原因处理
缺陷责任期的延长	缺陷责任期最长不超过 2 年
保修责任	(1) 保修期自实际竣工日期起计算； (2) 提前验收的单位工程，其保修期的起算日期相应提前

二、本节考题精析

1. （2020-18）根据《标准施工招标文件》，缺陷责任期最长不超过（　　）年。

A. 2　　　　　　　　　　　　　　　B. 1

C. 3　　　　　　　　　　　　　　　D. 4

【答案】A。由于承包人原因造成某项缺陷或损坏使某项工程或工程设备不能按原定目标使用而需要再次检查、检验和修复的，发包人有权要求承包人相应延长缺陷责任期，但缺陷责任期最长不超过 2 年。因此，本题正确选项为 A。

2. （2020-62）根据《标准施工招标文件》与当地公安部门协商，在施工现场建立联防组织的主体是（　　）。

A. 承包人　　　　　　　　　　　　B. 监理人

C. 项目所在地街道　　　　　　　　D. 发包人

【答案】D。除合同另有约定外，发包人应与当地公安部门协商，在现场建立治安管理机构或联防组织，统一管理施工场地的治安保卫事项，履行合同工程的治安保卫职责。因此，本题正确选项为 D。

3. （2020-77）根据《标准施工招标文件》，关于工期调整的说法，正确的有（　　）。

A. 监理人认为承包人的施工进度不能满足合同工期要求，承包人应采取措施，增加费用由发包人承担

B. 出现合同条款规定的异常恶劣气候导致工期延误，承包人有权要求发包人延长工期

C. 承包人提前竣工建议被采纳的，由承包人自行采取加快工程进度的措施，发包人承担相应费用

D. 发包人要求承包人提前竣工的，应承担由此增加的费用，并根据合同条款约定支付奖金

E. 在合同履行过程中，发包人改变某项工作的质量特性，承包人有权要求延长工期

【答案】B、D、E。由于承包人原因，未能按合同进度计划完成工作，或监理人认为承包人施工进度不能满足合同工期要求的，承包人应采取措施加快进度，并承担加快进度所增加的费用。由于承包人原因造成工期延误，承包人应支付逾期竣工违约金。承包人支付逾期竣工违约金，不免除承包人完成工程及修补缺陷的义务。A选项说法错误。发包人要求承包人提前竣工，或承包人提出提前竣工的建议能够给发包人带来效益的，应由监理人与承包人共同协商采取加快工程进度的措施和修订合同进度计划。发包人应承担承包人由此增加的费用，并向承包人支付专用合同条款约定的相应奖金。C选项说法错误。其余三项说法正确。因此，本题正确选项为B、D、E。

4.（2019-47）根据《标准施工招标文件》，关于暂停施工的说法，正确的是（　　）。

A. 因发包人原因发生暂停施工的紧急情况时，承包人可以先暂停施工，并及时向监理人提出暂停施工的书面请求

B. 发包人原因造成暂停施工，承包人可不负责暂停施工期间工程的保护

C. 施工中出现意外情况需要暂停施工的，所有责任由发包人承担

D. 由于发包人原因引起的暂停施工，承包人有权要求延长工期和（或）增加费用，但不得要求补偿利润

【答案】A。由于发包人的原因发生暂停施工的紧急情况，且监理人未及时下达暂停施工指示的，承包人可先暂停施工，并及时向监理人提出暂停施工的书面请求。监理人应在接到书面请求后的24h内予以答复，逾期未答复的，视为同意承包人的暂停施工请求。A选项说法正确。监理人认为有必要时，可向承包人作出暂停施工的指示，承包人应按监理人指示暂停施工。不论由于何种原因引起的暂停施工，暂停施工期间承包人应负责妥善保护工程并提供安全保障。B选项说法错误。因下列暂停施工增加的费用和（或）工期延误由承包人承担：（1）承包人违约引起的暂停施工；（2）由于承包人原因为工程合理施工和安全保障所必需的暂停施工；（3）承包人擅自暂停施工；（4）承包人其他原因引起的暂停施工；（5）专用合同条款约定由承包人承担的其他暂停施工。C选项说法错误。由于发包人原因引起的暂停施工造成工期延误的，承包人有权要求发包人延长工期和（或）增加费用，并支付合理利润。D选项说法错误。因此，本题正确选项为A。

5.（2018-91）某建设工程因发包人提出设计图纸变更，监理人向承包人发出暂停施工指令60天后，仍未向承包人发出复工通知，则承包人正确的做法有（　　）。

A. 向监理人提交书面通知，要求监理人在接到书面通知后28d内准许已暂停的工程继续施工

B. 如监理人逾期不予批准承包人的书面通知，则承包人可以通知监理人，将工程受影响部分视为变更的可取消工作

C. 如暂停施工影响到整个工程，可视为发包人违约

D. 不受设计变更影响的部分工程，不论监理人是否同意，承包人都可进行施工

E. 要求发包人延长工期、支付合理利润

【答案】A、B、C、E。(1)暂停施工后，监理人应与发包人和承包人协商，采取有效措施积极消除暂停施工的影响。当工程具备复工条件时，监理人应立即向承包人发出复工通知。承包人收到复工通知后，应在监理人指定的期限内复工。(2)承包人无故拖延和拒绝复工的，由此增加的费用和工期延误由承包人承担；因发包人原因无法按时复工的，承包人有权要求发包人延长工期和(或)增加费用，并支付合理利润。E选项说法正确。(3)暂停施工持续56d以上：①监理人发出暂停施工指示后56d内未向承包人发出复工通知，除了该项停工属于由于承包人暂停施工的责任的情况外，承包人可向监理人提交书面通知，要求监理人在收到书面通知后28d内准许已暂停施工的工程或其中一部分工程继续施工。A选项说法正确。如监理人逾期不予批准，则承包人可以通知监理人，将工程受影响的部分视为按变更的可取消工作。B选项说法正确。如暂停施工影响到整个工程，可视为发包人违约，应按发包人违约办理。C选项说法正确。②由于承包人责任引起的暂停施工，如承包人在收到监理人暂停施工指示后56d内不认真采取有效的复工措施，造成工期延误，可视为承包人违约，应按承包人违约办理。因此，本题正确选项为A、B、C、E。

6.(2017-60)根据九部委《标准施工招标文件》，工程接收证书颁发后产生的竣工清场费用应由(   )承担。

A. 发包人
B. 承包人
C. 监理人
D. 主管部门

【答案】B。除合同另有约定外，工程接收证书颁发后，承包人应按要求对施工场地进行清理，直至监理人检验合格为止。竣工清场费用由承包人承担。因此，本题正确选项为B。

7.(2017-91)关于《标准施工招标文件》中缺陷责任的说法，正确的有(   )。

A. 发包人提前验收的单位工程，缺陷责任期按全部工程竣工日期起计算
B. 承包人应在缺陷责任期内对已交付使用的工程承担缺陷责任
C. 缺陷责任期内，承包人对已验收使用的工程承担日常维护工作
D. 监理人和承包人应共同查清工程产生缺陷和(或)损坏的原因
E. 承包人不能在合理时间内修复缺陷，发包人自行修复，承包人承担一切费用

【答案】B、D。缺陷责任期自实际竣工日期起计算。在全部工程竣工验收前，已经发包人提前验收的单位工程，其缺陷责任期的起算日期相应提前。A选项说法错误。承包人应在缺陷责任期内对已交付使用的工程承担缺陷责任。B选项说法正确。缺陷责任期内，发包人对已接收使用的工程负责日常维护工作。C选项说法错误。发包人在使用过程中，发现已接收的工程存在新的缺陷或已修复的缺陷部位或部件又遭损坏的，承包人应负责修复，直至检验合格为止。监理人和承包人应共同查清缺陷和(或)损坏的原因。D选项说法正确。经查明属承包人原因造成的，应由承包人承担修复和查验的费用。经查验属发包人原因造成的，发包人应承担修复和查验的费用，并支付承包人合理利润。承包人不能在合理时间内修复缺陷的，发包人可自行修复或委托其他人修复，所需费用和利润的承担，根据缺陷和(或)损坏原因处理。E选项说法错误。因此，本题正确选项为B、D。

8.(2016-60)下列暂停施工的情形中，不属于承包人应当承担责任的是(   )。

A. 为保证钢结构构件进场，暂停进场线路上的结构施工
B. 未及时发放劳务工工资造成的工程施工暂停

C. 迎接地方安全检查造成的工程施工暂停

D. 业主方提供设计图纸延误造成的工程施工暂停

【答案】D。根据施工合同双方权利义务的划分，只有 D 选项属于业主方应尽义务而未按时完成导致。因此，本题正确选项为 D。

9.（2016-61）关于缺陷责任和保修责任的说法，正确的是（　　）。

A. 在全部工程竣工验收前，已经发包人提前验收的单位工程，其缺陷责任期的起算日期按实际竣工验收日期起计算

B. 缺陷责任期内，承包人对已经接收使用的工程负责日常维护工作

C. 由于承包人原因造成某项工程设备无法按原定目标使用而需要再次修复的，发包人有权要求承包人相应延长缺陷责任期，最长不得超过 12 个月

D. 在缺陷责任期，包括根据合同规定延长的期限终止后 14d 内，由监理人向承包人出具经发包人签认的缺陷责任期终止证书，并退还剩余的质量保证金

【答案】D。缺陷责任期自实际竣工日期起计算。在全部工程竣工验收前，已经发包人提前验收的单位工程，其缺陷责任期的起算日期相应提前。A 选项说法错误。缺陷责任期内，发包人对已接收使用的工程负责日常维护工作。发包人在使用过程中，发现已接收的工程存在新的缺陷或已修复的缺陷部位或部件又遭损坏的，承包人应负责修复，直至检验合格为止。B 选项说法错误。由于承包人原因造成某项缺陷或损坏使某项工程或工程设备不能按原定目标使用而需要再次检查、检验和修复的，发包人有权要求承包人相应延长缺陷责任期，但缺陷责任期最长不超过 2 年。C 选项说法错误。在缺陷责任期，包括根据合同规定延长的期限终止后 14d 内，由监理人向承包人出具经发包人签认的缺陷责任期终止证书，并退还剩余的质量保证金。因此，本题正确选项为 D。

10.（2016-62）下列合同履约情形中，属于发包人违约的情形是（　　）。

A. 因地震造成工程停工的

B. 发包人支付合同进度款后，承包人未及时发放给民工的

C. 发包人提供的测量资料错误导致承包人工程返工的

D. 监理人无正当理由未在约定期限内发出复工指示，导致承包人无法复工的

【答案】D。在履行合同过程中发生的下列情形，属发包人违约：（1）发包人未能按合同约定支付预付款或合同价款，或拖延、拒绝批准付款申请和支付凭证，导致付款延误的；（2）发包人原因造成停工的；（3）监理人无正当理由没有在约定期限内发出复工指示，导致承包人无法复工的；（4）发包人无法继续履行或明确表示不履行或实质上已停止履行合同的；（5）发包人不履行合同约定其他义务的。因此，本题正确选项为 D。

11.（2016-91）根据《标准施工招标文件》通用合同条款，关于工程进度款支付的说法，正确的有（　　）。

A. 承包人应在每个付款周期末，向监理人提交进度付款申请单及相应的支持性证明文件

B. 监理人应在收到进度付款申请单和证明文件的 7d 内完成核查，并经发包人同意后，出具经发包人签认的进度付款证书

C. 监理人无权扣发承包人未按合同要求履行的工作的相应金额，应提交发包人进行裁决

D. 发包人应在签发进度付款证书后的 28d 内，将进度应付款支付给承包人

E. 监理人出具进度付款证书，不应视为监理人已同意、接受承包人完成的该部分工作

【答案】A、E。承包人应在每个付款周期末，按监理人批准的格式和专用合同条款约定的份数，向监理人提交进度付款申请单，并附相应的支持性证明文件。A选项说法正确。监理人在收到承包人进度付款申请单以及相应的支持性证明文件后的14d内完成核查，提出发包人到期应支付给承包人的金额以及相应的支持性材料，经发包人审查同意后，由监理人向承包人出具经发包人签认的进度付款证书。监理人有权扣发承包人未能按照合同要求履行任何工作或义务的相应金额。B、C选项说法都错误。发包人应在监理人收到进度付款申请单后的28d内，将进度应付款支付给承包人。发包人不按期支付的，按专用合同条款的约定支付逾期付款违约金。D选项说法错误。监理人出具进度付款证书，不应视为监理人已同意、批准或接受了承包人完成的该部分工作。E选项说法正确。因此，本题正确选项为A、E。

高频考点2 施工专业分包合同的内容

一、本节高频考点总结

施工专业分包合同承包人的主要责任和工作

项目	内　　容
主要责任	（1）承包人提供总包合同（有关承包工程的价格内容除外）供分包人查阅； （2）项目经理应按分包合同的约定，及时向分包人提供所需的指令、批准、图纸并履行其他约定的义务
主要工作	（1）向分包人提供与分包工程相关的各种证件、批件和各种相关资料； （2）向分包人提供具备施工条件的施工场地； （3）组织分包人参加发包人组织的图纸会审； （4）向分包人进行设计图纸交底； （5）提供本合同专用条款中约定的设备和设施，并承担因此发生的费用； （6）随时为分包人提供确保分包工程的施工所要求的施工场地和通道等，满足施工运输的需要，保证施工期间的畅通； （7）负责整个施工场地的管理工作，协调分包人之间关系； （8）确保分包人按照经批准的施工组织设计进行施工

施工专业分包合同分包人的主要责任和义务

项目	内　容　及　说　明
分包人对有关分包工程的责任	除本合同条款另有约定，分包人应履行并承担总包合同中与分包工程有关的承包人的所有义务与责任
分包人与发包人的关系	（1）分包人须服从承包人转发的发包人或工程师与分包工程有关的指令； （2）未经承包人允许，分包人不得以任何理由与发包人或工程师发生直接工作联系； （3）分包人不得直接致函发包人或工程师，也不得直接接受发包人或工程师的指令； （4）分包人与发包人或工程师发生直接工作联系，要承担违约责任
承包人指令	（1）分包工程范围内的有关工作，承包人随时可以向分包人发出指令； （2）分包人应执行承包人根据分包合同所发出的所有指令； （3）分包人拒不执行指令，承包人可委托其他施工单位完成该指令事项，发生的费用从应付给分包人的相应款项中扣除

项目	内 容 及 说 明
分包人的工作	（1）按约定对分包工程进行设计（分包合同有约定时）、施工、竣工和保修； （2）按约定时间完成规定的设计内容，报承包人确认后在分包工程中使用，承包人承担由此发生的费用； （3）按约定时间向承包人提供年、季、月度工程进度计划及相应进度统计报表； （4）按约定时间向承包人提交详细施工组织设计，承包人批准后，分包人方可执行； （5）按规定办理交通、施工噪声以及环境保护和安全文明生产有关手续，并以书面形式通知承包人，承包人承担由此发生的费用，因分包人责任造成的罚款除外； （6）分包人应允许承包人、发包人、工程师及其三方中任何一方授权的人员在工作时间内，合理进入分包工程施工场地或材料存放的地点； （7）已竣工工程未交付承包人之前，分包人应负责相关成品保护工作，分包人损坏自费修复

二、本节考题精析

1. （2019-28）根据《建设工程施工专业分包合同（示范文本）》GF—2003—0213，关于专业分包的说法，正确的是（　　）。

A. 分包工程合同价款与总包合同相应部分价款没有连带关系

B. 分包工程合同不能采用固定价格合同

C. 专业分包人应按规定办理有关施工噪音排放的手续，并承担由此发生的费用

D. 专业分包人只有在收到承包人的指令后，才能允许发包人授权的人员在工作时间内进入分包工程施工场地

【答案】A。分包合同价款与总包合同相应部分价款无任何连带关系。A选项说法正确。分包工程合同价款可以采用以下三种中的一种（应与总包合同约定的方式一致）：（1）固定价格，在约定的风险范围内合同价款不再调整。（2）可调价格，合同价款可根据双方的约定而调整，应在专用条款内约定合同价款调整方法。（3）成本加酬金。B选项说法错误。分包人的工作有：遵守政府有关主管部门对施工场地交通、施工噪音以及环境保护和安全文明生产等的管理规定，按规定办理有关手续，并以书面形式通知承包人，承包人承担由此发生的费用，因分包人责任造成的罚款除外。C选项说法错误，分包人应允许承包人、发包人、工程师（监理人）及其三方中任何一方授权的人员在工作时间内，合理进入分包工程施工场地或材料存放的地点，以及施工场地以外与分包合同有关的分包人的任何工作或准备的地点，分包人应提供方便。D选项说法错误。因此，本题正确选项为A。

2. （2019-53）根据《建设工程施工专业分包合同（示范文本）》GF—2003—0213，关于专业工程分包人做法，正确的是（　　）。

A. 须服从监理人直接发出的与专业分包工程有关的指令

B. 可直接致函监理人，要求对相关指令进行澄清

C. 不能以任何理由直接致函给发包人

D. 在接到监理人指令后，可不执行承包人的指令

【答案】C。分包人须服从承包人转发的发包人或工程师（监理人）与分包工程有关的指令。未经承包人允许，分包人不得以任何理由与发包人或工程师（监理人）发生直接工作联系，分包人不得直接致函发包人或工程师（监理人），也不得直接接受发包人或工程师（监理人）的指令。如分包人与发包人或工程师（监理人）发生直接工作联系，将被

视为违约，并承担违约责任。因此，本题正确选项为 C。

3.（2018-60）关于建设工程专业分包人的说法，正确的是(　　)。

A. 分包人须服从监理人直接发出的与分包工程有关的指令

B. 分包人可直接致函监理人，对相关指令进行澄清

C. 分包人不能直接致函给发包人

D. 分包人在接到监理人要求后，可不执行承包人的指令

【答案】C。分包人须服从承包人转发的发包人或工程师（监理人）与分包工程有关的指令。未经承包人允许，分包人不得以任何理由与发包人或工程师（监理人）发生直接工作联系，分包人不得直接致函发包人或工程师（监理人），也不得直接接受发包人或工程师（监理人）的指令。如分包人与发包人或工程师（监理人）发生直接工作联系，将被视为违约，并承担违约责任。就分包工程范围内的有关工作，承包人随时可以向分包人发出指令，分包人应执行承包人根据分包合同所发出的所有指令。分包人拒不执行指令，承包人可委托其他施工单位完成该指令事项，发生的费用从应付给分包人的相应款项中扣除。因此，本题正确选项为 C。

4.（2017-61）根据《建设工程施工专业分包合同（示范文本）》GF—2003—0213，关于分包人与项目相关方关系的说法，正确的是(　　)。

A. 须服从承包人转发的监理人与分包工程有关的指令

B. 就分包工程可与发包人发生直接工作联系

C. 就分包工程可与监理人发生直接工作联系

D. 就分包工程可直接致函给发包人或监理人

【答案】A。见第 3 题解析。

5.（2017-62）根据《建设工程施工专业分包合同（示范文本）》GF—2003—2013，关于施工专业分包的说法，正确的是(　　)。

A. 专业分包人应按规定办理有关施工噪音排放的手续，并承担由此发生的费用

B. 专业分包人只有在承包人发出指令后，允许发包人授权的人员在工作时间内进入分包工程施工场地

C. 分包工程合同不能采用固定价格合同

D. 分包工程合同价款与总包合同相应部分价款没有连带关系

【答案】D。承包人的工作：（1）向分包人提供与分包工程相关的各种证件、批件和各种相关资料，向分包人提供具备施工条件的施工场地；（2）组织分包人参加发包人组织的图纸会审，向分包人进行设计图纸交底；（3）提供本合同专用条款中约定的设备和设施，并承担因此发生的费用；（4）随时为分包人提供确保分包工程的施工所要求的施工场地和通道等，满足施工运输的需要，保证施工期间的畅通；（5）负责整个施工场地的管理工作，协调分包人与同一施工场地的其他分包人之间的交叉配合，确保分包人按照经批准的施工组织设计进行施工。A 选项说是专业分包人的工作，这种说法是错误的。分包人应允许承包人、发包人、工程师（监理人）及其三方中任何一方授权的人员在工作时间内，合理进入分包工程施工场地或材料存放的地点，以及施工场地以外与分包合同有关的分包人的任何工作或准备的地点，分包人应提供方便。B 选项说法错误。分包工程合同价款可以采用以下三种中的一种（应与总包合同约定的方式一致）：（1）固定价格，在约定

的风险范围内合同价款不再调整。（2）可调价格，合同价款可根据双方的约定而调整，应在专用条款内约定合同价款调整方法。（3）成本加酬金，合同价款包括成本和酬金两部分，双方在合同专用条款内约定成本构成和酬金的计算方法。C 选项说法错误。分包合同价款与总包合同相应部分价款无任何连带关系。因此，本题正确选项为 D。

高频考点 3　施工劳务分包合同的内容

一、本节高频考点总结

施工劳务分包合同承包人的主要义务

1. 组建与工程相适应的项目管理班子
2. 完成劳务分包人施工前期工作
  （1）向劳务分包人交付符合开工条件的施工场地
  （2）满足劳务作业所需的能源、通讯及道路需求
  （3）向劳务分包人提供相应的工程资料
  （4）向劳务分包人提供生产、生活临时设施
3. 负责编制施工组织设计等
4. 负责工程测量定位、沉降观测、技术交底，组织图纸会审，统一安排技术档案资料的收集整理及交工验收
5. 按时提供图纸，技术交付资料、设备，所提供的施工机械设备、周转材料、安全设施保证施工需要
6. 按合同约定，向劳务分包人支付劳动报酬
7. 负责与发包人、监理、设计及有关部门联系，协调现场工作关系

施工劳务分包合同劳务分包人的主要义务

1. 对劳务分包范围内的工程质量向工程承包人负责
2. 未经工程承包人授权或允许，不得擅自与发包人及有关部门建立工作联系
3. 严格按照要求施工
4. 自觉接受工程承包人及有关部门的管理、监督和检查
5. 劳务分包人须服从工程承包人转发的发包人及工程师的指令

施工劳务分包合同其他知识归纳

项目	内　容
保险	（1）工程承包人办理保险，劳务分包人不需支付保险费用： ① 工程承包人应获得发包人为施工场地内的自有人员及第三人人员生命财产办理的保险（劳务分包人施工开始前）； ② 运至施工场地用于劳务施工的材料和待安装设备； ③ 租赁或提供给劳务分包人使用的施工机械设备。 （2）劳务分包人办理并支付保险费用：为从事危险作业的职工办理意外伤害保险，并为施工场地内自有人员生命财产和施工机械设备办理保险
劳务报酬	劳务报酬，可以采用固定价格或变动价格，可采取如下方式之一： （1）固定劳务报酬（含管理费）； （2）约定不同工种劳务的计时单价（含管理费），按确认的工时计算； （3）约定不同工作成果的计件单价（含管理费），按确认的工程量计算

二、本节考题精析

1.（2020-27）根据《建设工程施工劳务分包合同（示范文本）》GF—2003—0214，下列合同规定的相关义务中属于劳务分包人义务的是（　　）。

A. 组建项目管理班子

B. 投入人力和物力，科学安排作业计划

C. 负责编制施工组织设计

D. 负责工程测量定位和沉降观测

【答案】B。对劳务分包合同条款中规定的劳务分包人的主要义务归纳如下：（1）对劳务分包范围内的工程质量向工程承包人负责，组织具有相应资格证书的熟练工人投入工作；未经工程承包人授权或允许，不得擅自与发包人及有关部门建立工作联系；自觉遵守法律法规及有关规章制度；（2）严格按照设计图纸、施工验收规范、有关技术要求及施工组织设计精心组织施工，确保工程质量达到约定的标准；科学安排作业计划，投入足够的人力、物力，保证工期；加强安全教育，认真执行安全技术规范，严格遵守安全制度，落实安全措施，确保施工安全；加强现场管理，严格执行建设主管部门及环保、消防、环卫等有关部门对施工现场的管理规定，做到文明施工；承担由于自身责任造成的质量修改、返工、工期拖延、安全事故、现场脏乱造成的损失及各种罚款；（3）自觉接受工程承包人及有关部门的管理、监督和检查；接受工程承包人随时检查其设备、材料保管、使用情况，及其操作人员的有效证件、持证上岗情况；与现场其他单位协调配合，照顾全局；（4）劳务分包人须服从工程承包人转发的发包人及工程师（监理人）的指令；（5）除非合同另有约定，劳务分包人应对其作业内容的实施、完工负责，劳务分包人应承担并履行总（分）包合同约定的、与劳务作业有关的所有义务及工作程序。因此，本题正确选项为B。

2. （2019-38）根据《建设工程施工劳务分包合同（示范文本）》GF－2003—0214，必须由劳务分包人办理并支付保险费用的是（　　）。

A. 为从事危险作业的职工办理意外伤害险

B. 为租赁使用的施工机械设备办理保险

C. 为运至施工场地用于劳务施工的材料办理保险

D. 为施工场地内的自有人员及第三方人员生命财产办理保险

【答案】A。劳务分包人施工开始前，工程承包人应获得发包人为施工场地内的自有人员及第三人人员生命财产办理的保险，且不需劳务分包人支付保险费用。运至施工场地用于劳务施工的材料和待安装设备，由工程承包人办理或获得保险，且不需劳务分包人支付保险费用。工程承包人必须为租赁或提供给劳务分包人使用的施工机械设备办理保险，并支付保险费用。劳务分包人必须为从事危险作业的职工办理意外伤害保险，并为施工场地内自有人员生命财产和施工机械设备办理保险，支付保险费用。因此，本题正确选项为A。

3. （2019-80）根据《建设工程施工劳务分包合同（示范文本）》GF—2003—0214，关于劳务分包人应承担义务的说法，正确的有（　　）。

A. 负责组织实施施工管理的各项工作，对工期和质量向发包人负责

B. 须服从工程承包人转发的发包人及工程师的指令

C. 自觉接受工程承包人及有关部门的管理、监督和检查

D. 未经工程承包人授权或许可，不得擅自与发包人建立工作联系

E. 应按时提交有关技术经济资料，配合工程承包人办理竣工验收

【答案】B、C、D、E。劳务分包人的主要义务：（1）对劳务分包范围内的工程质量向工程承包人负责，组织具有相应资格证书的熟练工人投入工作；未经工程承包人授权或允许，不得擅自与发包人及有关部门建立工作联系；自觉遵守法律法规及有关规章制度。（2）严格按照设计图纸、施工验收规范、有关技术要求及施工组织设计精心组织施工，确

保工程质量达到约定的标准；科学安排作业计划，投入足够的人力、物力，保证工期；加强安全教育，认真执行安全技术规范，严格遵守安全制度，落实安全措施，确保施工安全；加强现场管理，严格执行建设主管部门及环保、消防、环卫等有关部门对施工现场的管理规定，做到文明施工；承担由于自身责任造成的质量修改、返工、工期拖延、安全事故、现场脏乱造成的损失及各种罚款。（3）自觉接受工程承包人及有关部门的管理、监督和检查；接受工程承包人随时检查其设备、材料保管、使用情况，及其操作人员的有效证件、持证上岗情况；与现场其他单位协调配合，照顾全局。（4）劳务分包人须服从工程承包人转发的发包人及工程师（监理人）的指令。（5）除非合同另有约定，劳务分包人应对其作业内容的实施、完工负责，劳务分包人应承担并履行总（分）包合同约定的、与劳务作业有关的所有义务及工作程序。因此，本题正确选项为 B、C、D、E。

4.（2018-61）根据《建设工程施工劳务分包合同（示范文本）》GF—2003—0214，关于保险办理的说法，正确的是（　　）。

A. 劳务分包人施工开始前，应由工程承包人为施工场地内自有人员及第三人人员生命财产办理保险

B. 运至施工场地用于劳务施工的材料，由工程承包人办理保险并支付费用

C. 工程承包人提供给劳务分包人使用的施工机械设备由劳务分包人办理保险并支付费用

D. 工程承包人需为从事危险作业的劳务人员办理意外伤害险并支付费用

【答案】B。（1）劳务分包人施工开始前，工程承包人应获得发包人为施工场地内的自有人员及第三人人员生命财产办理的保险，且不需劳务分包人支付保险费用。（2）运至施工场地用于劳务施工的材料和待安装设备，由工程承包人办理或获得保险，且不需劳务分包人支付保险费用。（3）工程承包人必须为租赁或提供给劳务分包人使用的施工机械设备办理保险，并支付保险费用。（4）劳务分包人必须为从事危险作业的职工办理意外伤害保险，并为施工场地内自有人员生命财产和施工机械设备办理保险，支付保险费用。（5）保险事故发生时，劳务分包人和工程承包人有责任采取必要的措施，防止或减少损失。因此，本题正确选项为 B。

5.（2017-63）根据《建设工程施工劳务分包合同（示范文本）》GF—2003—0214，关于保险的说法，正确的是（　　）。

A. 施工前，劳务分包人应为施工场地内的自有人员及第三人人员生命财产办理保险，并承担相关费用。

B. 劳务分包人应为运至施工场地用于劳务施工的材料办理保险，并承担相关保险费用

C. 劳务分包人必须为租赁使用的施工机械设备办理保险，并支付相关保险费用

D. 劳务分包人必须为从事危险作业的职工办理意外伤害险，并支付相关保险费用

【答案】D。劳务分包人施工开始前，工程承包人应获得发包人为施工场地内的自有人员及第三人人员生命财产办理的保险，且不需劳务分包人支付保险费用。A 选项说法错误。运至施工场地用于劳务施工的材料和待安装设备，由工程承包人办理或获得保险，且不需劳务分包人支付保险费用。B 选项说法错误。工程承包人必须为租赁或提供给劳务分包人使用的施工机械设备办理保险，并支付保险费用。C 选项说法错误。劳务分包人必

须为从事危险作业的职工办理意外伤害保险，并为施工场地内自有人员生命财产和施工机械设备办理保险，支付保险费用。因此，本题正确选项为D。

高频考点4 物资采购合同的主要内容

一、本节高频考点总结

建筑材料采购合同的主要内容

项目	内 容
标的物质量 要求与标准	约定质量标准的一般原则： （1）按颁布的国家标准执行； （2）没有国家标准而有部颁标准的则按照部颁标准执行； （3）没有国家标准和部颁标准为依据时，可按照企业标准执行； （4）特殊情况下另行协商特定的质量标准
包装物	包装物的回收办法： （1）押金回收：适用于专用的包装物，如电缆卷筒、集装箱、大中型木箱等； （2）折价回收：适用于可以再次利用的包装器材，如油漆桶、麻袋、玻璃瓶等
验收依据	（1）采购合同； （2）供货方提供的发货单、计量单、装箱单及其他有关凭证； （3）合同约定的质量标准和要求； （4）产品合格证、检验单； （5）图纸、样品和其他技术证明文件； （6）双方当事人封存的样品
验收方式 （四种）	（1）驻厂验收：在制造时期，由采购方派人在供应的生产厂家进行材质检验； （2）提运验收：对加工订制、市场采购和自提自运的物资，由提货人在提取产品时检验； （3）接运验收：由接运人员对到达的物资进行检查，发现问题当场作出记录； （4）入库验收：是广泛采用的正式的验收方法，由仓库管理人员负责数量和外观检验
交货日期 确定方式	（1）供货方负责送货的，以采购方收货戳记的日期为准； （2）采购方提货的，以供货方按合同规定通知的提货日期为准； （3）交其他人承运的，一般以供货方发运产品时承运单位签发的日期为准
违约责任	（1）供货方的违约行为包括不能按期供货、不能供货、供应的货物有质量缺陷或数量不足等； （2）采购方的违约行为包括不按合同要求接受货物、逾期付款或拒绝付款等

二、本节考题精析

（2018-62）由采购方负责提货的建筑材料，交货期限应以（　　　）为准。

A. 采购方收货戳记的日期

B. 供货方按照合同规定通知的提货日期

C. 供货方发运产品时承运单位签发的日期

D. 采购方向承运单位提出申请的日期

【答案】B。交货日期的确定可以按照下列方式：供货方负责送货的，以采购方收货戳记的日期为准；采购方提货的，以供货方按合同规定通知的提货日期为准；凡委托运输部门或单位运输、送货或代运的产品，一般以供货方发运产品时承运单位签发的日期为准，不是以向承运单位提出申请的日期为准。因此，本题正确选项为B。

2Z106030　施工合同计价方式

【近年考点统计】

内容	题号					合计分值
	2020 年	2019 年	2018 年	2017 年	2016 年	
高频考点 1　单价合同	13	13	63	64	92	6
高频考点 2　总价合同	88	20、89	92	65、92	63	11
高频考点 3　成本加酬金合同	25	69	64、65		64、65	6
合计分值	4	5	5	4	5	23

【高频考点精讲】

高频考点 1　单价合同

一、本节高频考点总结

单价合同的含义及特点

项目	内容
含义	根据计划工程内容和估算工程量，在合同中明确每项工程内容的单位价格，实际支付时根据实际完成的工程量乘以合同单价计算应付的工程款
特点	(1) 单价合同的特点是单价优先，业主给出的工程量清单表中的数字是参考数字，而实际工程款则按实际完成的工程量和承包商投标时所报的单价计算； 　(2) 投标书中明显的数字计算错误，业主有权力先作修改再评标； 　(3) 当总价和单价的计算结果不一致时，以单价为准调整总价； 　(4) 采用单价合同对业主的不足之处是，业主需要安排专门力量来核实已经完成的工程量，实际投资容易超过计划投资，对投资控制不利
分类	(1) 单价合同分为固定单价合同和变动单价合同； 　(2) 固定单价合同：任何因素都不对单价进行调整，承包商存在一定的风险； 　(3) 变动单价合同：合同双方可以约定一个估计的工程量，当实际工程量、通货膨胀、国家政策发生变化时可对单价进行调整，承包商的风险相对较小

二、本节考题精析

1.（2020-13）某已标价工程量清单中钢筋混凝土工程的工程量是 $1000m^3$，综合单价是 600 元/m^3，该分部工程招标控制价为 70 万元。实际施工完成合格工程量为 $1500m^3$。则固定单价合同下钢筋混凝土工程价款为(　　)万元。

    A. 60.0　　　　　　　　　　　　　B. 90.0

    C. 65.0　　　　　　　　　　　　　D. 70.0

【答案】B。单价合同又分为固定单价合同和变动单价合同。固定单价合同条件下，无论发生哪些影响价格的因素都不对单价进行调整。实际施工完成合格工程量为 $1500m^3$，综合单价是 600 元/m^3，共计 90 万元。因此，本题正确选项为 B。

2.（2019-13）关于单价合同的说法，正确的是(　　)。

A. 实际工程款的支付按照估算工程量乘以合同单价进行计算

B. 单价合同又分为固定单价合同、变动单价合同、成本补偿合同

C. 固定单价合同适用于工期较短、工程量变化幅度不会太大的项目

D. 变动单价合同允许随工程量变化而调整工程单价，业主承担风险较小

【答案】C。业主给出的工程量清单表中的数字是参考数字，而实际工程款则按实际完成的工程量和承包商投标时所报的单价计算。A 选项说法错误。单价合同又分为固定单价合同和变动单价合同。B 选项说法错误。固定单价合同适用于工期较短、工程量变化幅度不会太大的项目。C 选项说法正确。当采用变动单价合同时，合同双方可以约定一个估计的工程量，当实际工程量发生较大变化时可以对单价进行调整，同时还应该约定如何对单价进行调整；当然也可以约定，当通货膨胀达到一定水平或者国家政策发生变化时，可以对哪些工程内容的单价进行调整以及如何调整等。因此，承包商的风险就相对较小。D 选项说法错误。因此，本题正确选项为 C。

3. (2018-63) 某土方工程采用单价合同方式，投标报价总价为 30 万元，土方单价为 50 元/m³，清单工程量为 6000m³，现场实际完成并经监理工程师确认的工程量为 5000m³，则结算工程款应为（   ）万元。

A. 20   B. 25

C. 30   D. 35

【答案】B。单价合同的特点是单价优先，业主给出的工程量清单表中的数字是参考数字，而实际工程款则按实际完成的工程量和承包商投标时所报的单价计算。因此，本题正确选项为 B。

4. (2017-64) 关于单价合同的说法，正确的是（   ）。

A. 对于投标书中出现明显数字计算错误时，评标委员会有权力先作修改再评标

B. 单价合同允许随工程量变化而调整工程单价，业主承担工程量方面的风险

C. 单价合同又分为固定单价合同、变动单价合同、成本补偿合同

D. 实际工程款的支付按照估算工程量乘以合同单价进行计算

【答案】A。单价合同的特点是单价优先，例如 FIDIC 土木工程施工合同中，业主给出的工程量清单表中的数字是参考数字，而实际工程款则按实际完成的工程量和承包商投标时所报的单价计算。虽然在投标报价、评标以及签订合同中，人们常常注重总价格，但在工程款结算中单价优先，对于投标书中明显的数字计算错误，业主有权力先作修改再评标，当总价和单价的计算结果不一致时，以单价为准调整总价。A 选项说法正确。由于单价合同允许随工程量变化而调整工程总价，业主和承包商都不存在工程量方面的风险，因此，对合同双方都比较公平。B 选项说法错误。单价合同又分为固定单价合同和变动单价合同。C 选项说法错误。实际工程款的支付要以实际完成工程量乘以合同单价进行计算。D 选项说法错误。因此，本题正确选项为 A。

5. (2016-92) 某单价合同的投标报价单中，钢筋混凝土工程量为 1000m³，投标单价为 300 元/m³，合价为 30000 元，投标报价单的总报价为 8100000 元。关于此投标报价单的说法，正确的有（   ）。

A. 钢筋混凝土的合价应该是 300000 元，投标人报价存在明显计算错误，业主可以先做修改再进行评标

B. 评标时应根据单价优先原则对总报价进行修正，正确报价应该为 8400000 元

C. 实际施工中工程量是 2000m³，则钢筋混凝土工程的价款金额应该是 600000 元

D. 该单价合同若采用固定单价合同，无论发生影响价格的任何因素，都不对该投标单价进行调整

E. 该单价合同若采用变动单价合同，双方可以约定在实际工程量变化较大时对该投标单价进行调整

【答案】A、C、D、E。单价合同的特点是单价优先，在工程款结算中单价优先，对于投标书中明显的数字计算错误，业主有权力先作修改再评标，当总价和单价的计算结果不一致时，以单价为准调整总价。A 选项说法正确。在合同中明确每项工程内容的单位价格（如每米、每平方米或者每立方米的价格），实际支付时则根据实际完成的工程量乘以合同单价计算应付的工程款。C 选项说法正确，B 选项计算错误，合价应该是 810 万减掉 3 万再加 30 万等于 837 万元。单价合同若采用固定单价合同，无论发生影响价格的任何因素，都不对该投标单价进行调整。D 选项说法正确。该单价合同若采用变动单价合同，双方可以约定在实际工程量变化较大时对该投标单价进行调整。E 选项说法正确。因此，本题正确选项为 A、C、D、E。

高频考点 2　总价合同

一、本节高频考点总结

总价合同的含义及特点

项目		内　　容
含义		(1) 根据施工招标时的要求和条件，当施工内容和有关条件不发生变化时，业主付给承包商的价款总额就不发生变化； (2) 因承包人的失误导致投标价计算错误，合同总价也不调整
分类	固定总价合同	(1) 以图纸及规定、规范为基础； (2) 工程任务和内容明确，业主的要求和条件清楚； (3) 合同总价一次包死，固定不变； (4) 不再因为环境的变化和工程量的增减而变化； (5) 承包商承担了全部的工作量和价格的风险，需在报价中增加不可预见风险费
	变动总价合同	因通货膨胀等原因而使所使用的工、料成本增加时，可以按照合同约定对合同总价进行相应的调整
特点		(1) 发包单位可以在报价竞争状态下确定项目的总造价，工程成本可以较早确定或预测； (2) 业主风险较小，承包人承担较多的风险； (3) 评标时易于迅速确定最低报价的投标人； (4) 在施工进度上能极大地调动承包人积极性； (5) 发包单位能更有效对项目进行控制； (6) 必须完整而明确地规定承包人的工作； (7) 必须将设计和施工方面的变化控制在最小限度内

固定总价合同适用的情况

1. 工程量小、工期短，估计在施工过程中环境因素变化小，工程条件稳定并合理

2. 工程设计详细，图纸完整、清楚，工程任务和范围明确

3. 工程结构和技术简单，风险小

4. 投标期相对宽裕，承包商可以有充足的时间详细考察现场，复核工程量，分析招标文件，拟订施工计划

5. 合同条件中双方的权利和义务十分清楚，合同条件完备

变动总价合同价款调整的条件

1. 法律、行政法规和国家有关政策变化影响合同价款
2. 工程造价管理部门公布的价格调整
3. 一周内非承包人原因停水、停电、停气造成的停工累计超过 8 小时
4. 双方约定的其他因素

二、本节考题精析

1.（2020-88）采用变动总价合同时，对于建设周期 2 年以上的工程项目，需考虑引起价格变化的因素有（　　）。

A. 劳务工资及材料费的上涨
B. 燃料费与电力价格的变化
C. 外汇汇率的变动
D. 法规变化引起的工程费上涨
E. 承包人用工制度的变化

【答案】A、B、C、D。对建设周期一年半以上的工程项目，则应考虑下列因素引起的价格变化问题：（1）劳务工资以及材料费用的上涨；（2）其他影响工程造价的因素，如运输费、燃料费、电力等价格的变化；（3）外汇汇率的不稳定；（4）国家或者省、市立法的改变引起的工程费用的上涨。因此，本题正确选项为 A、B、C、D。

2.（2019-20）在固定总价合同模式下，承包人承担的风险是（　　）。

A. 全部价格的风险，不包括工作量的风险
B. 全部工作量和价格的风险
C. 全部工作量的风险，不包括价格的风险
D. 工程变更的风险，不包括工程量和价格的风险

【答案】B。采用固定总价合同，双方结算比较简单，但是由于承包商承担了较大的风险，因此报价中不可避免地要增加一笔较高的不可预见风险费。承包商的风险主要有两个方面：一是价格风险，二是工作量风险。价格风险有报价计算错误、漏报项目、物价和人工费上涨等；工作量风险有工程量计算错误、工程范围不确定、工程变更或者由于设计深度不够所造成的误差等。因此，本题正确选项为 B。

3.（2019-89）根据《建设工程施工合同（示范文本）》GF—2017—0201，采用变动总价合同时，双方约定可对合同价款进行调整的情形有（　　）。

A. 承包人承担的损失超过其承受能力
B. 一周内非承包人原因停电造成的停工累计达到 7 小时
C. 外汇汇率变化影响合同价款
D. 工程造价管理部门公布的价格调整
E. 法律、行政法规和国家有关政策变化影响合同价款

【答案】C、D、E。根据《建设工程施工合同（示范文本）》GF—2017—0201，合同双方可约定，在以下条件下可对合同价款进行调整：（1）法律、行政法规和国家有关政策变化影响合同价款；（2）工程造价管理部门公布的价格调整；（3）一周内非承包人原因停水、停电、停气造成的停工累计超过 8h；（4）双方约定的其他因素。在工程施工承包招标时，施工期限一年左右的项目一般实行固定总价合同，通常不考虑价格调整问题，以签订合同时的单价和总价为准，物价上涨的风险全部由承包商承担。但是对建设周期一年半以上的工程项目，则应考虑下列因素引起的价格变化问题：（1）劳务工资以及材料费用的

上涨；（2）其他影响工程造价的因素，如运输费、燃料费、电力等价格的变化；（3）外汇汇率的不稳定；（4）国家或者省、市立法的改变引起的工程费用的上涨。因此，本题正确选项为 C、D、E。

4.（2018-92）若建设工程采用固定总价合同，承包商承担的风险主要有（　　）。

A. 报价计算错误的风险　　　　　　B. 物价、人工费上涨的风险

C. 工程变更的风险　　　　　　　　D. 设计深度不够导致误差的风险

E. 投资失控的风险

【答案】A、B、C、D。承包商的风险主要有两个方面：一是价格风险，二是工作量风险。价格风险有报价计算错误、漏报项目、物价和人工费上涨等；工作量风险有工程量计算错误、工程范围不确定、工程变更或者由于设计深度不够所造成的误差等。因此，本题正确选项为 A、B、C、D。

5.（2017-65）固定总价合同中，承包商承担的价格风险是（　　）。

A. 工程计量错误　　　　　　　　　B. 工程范围不确定

C. 工程变更　　　　　　　　　　　D. 漏报项目

【答案】D。采用固定总价合同，双方结算比较简单，但是由于承包商承担了较大的风险，因此报价中不可避免地要增加一笔较高的不可预见风险费。承包商的风险主要有两个方面：一是价格风险，二是工作量风险。价格风险有报价计算错误、漏报项目、物价和人工费上涨等；工作量风险有工程量计算错误、工程范围不确定、工程变更或者由于设计深度不够所造成的误差等。因此，本题正确选项为 D。

6.（2017-92）根据《建设工程施工合同（示范文本）》GF—2013—0201，采用变动总价合同时，一般可对合同价款进行调整的情形有（　　）。

A. 法律、行政法规和国家有关政策变化影响合同价款

B. 工程造价管理部门公布的价格调整

C. 承包方承担的损失超过其承受能力

D. 一周内非承包商原因停电造成的停工累计达到 7h

E. 外汇汇率变化影响合同价款

【答案】A、B、E。见第 3 题解析。

7.（2016-63）关于总价合同的说法，正确的是（　　）。

A. 总价合同适用于工期要求紧的项目，业主可在初步设计完成后进行招标，从而缩短招标准备时间

B. 固定总价合同中可以约定，在发生重大工程变更时可以对合同价格进行调整

C. 工程施工承包招标时，施工期限一年左右的项目一般采用变动总价合同

D. 变动总价合同中，通货膨胀等不可预见因素的风险由承包商承担

【答案】B。总价合同需要事先完成设计，才能进行总的报价，适合工期要求不紧的工程。A 选项说法错误。在固定总价合同中还可以约定，在发生重大工程变更、累计工程变更超过一定幅度或者其他特殊条件下可以对合同价格进行调整。因此，需要定义重大工程变更的含义、累计工程变更的幅度以及什么样的特殊条件才能调整合同价格，以及如何调整合同价格等。B 选项说法正确。在工程施工承包招标时，施工期限一年左右的项目一般实行固定总价合同，通常不考虑价格调整问题，以签订合同时的单价和总价为准，物

价上涨的风险全部由承包商承担。但是对建设周期一年半以上的工程项目，则应考虑一些因素引起的价格变化问题而采用变动总价合同。C 选项说法错误。变动总价合同在合同执行过程中，由于通货膨胀等原因而使所使用的工、料成本增加时，可以按照合同约定对合同总价进行相应的调整。D 选项说法错误。因此，本题正确选项为 B。

高频考点 3　成本加酬金合同

一、本节高频考点总结

成本加酬金合同的知识归纳

项目		内　容
含义		(1) 按照工程的实际成本加一定的酬金计算工程最终合同价格； (2) 承包商不承担任何价格变化或工程量变化的风险，承包商缺乏控制成本的积极性； (3) 风险主要由业主承担，对业主的投资控制不利
适用情形		(1) 工程特别复杂，工程技术、结构方案不能预先确定，或者尽管可以确定工程技术和结构方案，但是不可能进行竞争性的招标活动并以总价合同或单价合同的形式确定承包商； (2) 时间紧迫，如抢险、救灾工程，来不及进行详细的计划和商谈
优缺点	优点	(1) 对业主 ① 可以通过分段施工缩短工期，而不必等待所有施工图完成才开始招标和施工； ② 可以减少承包商的对立情绪，承包商对工程变更和不可预见条件的反应会比较积极和快捷； ③ 可以利用承包商的施工技术专家，帮助改进或弥补设计中的不足； ④ 业主可以根据自身力量和需要，较深入地介入和控制工程施工和管理； ⑤ 可以通过确定最大保证价格约束工程成本不超过某一限值，从而转移一部分风险。 (2) 对承包商 风险低，利润有保证，比较有积极性
	缺点	合同的不确定性大，由于设计未完成，无法准确确定合同的工程内容、工程量以及合同的终止时间，难以对工程计划进行合理安排
形式		(1) 成本加固定费用合同； (2) 成本加固定比例费用合同； (3) 成本加奖金合同； (4) 最大成本加费用合同
应用		当实行施工总承包管理模式或 CM 模式时，业主与施工总承包管理单位或 CM 单位的合同一般采用成本加酬金合同

三种合同计价方式的比较

对比项目	总价合同	单价合同	成本加酬合同
应用范围	广泛	工程量暂不确定的工程	紧急工程、保密工程等
业主的投资控制工作	容易	工作量较大	难度大
业主的风险	较小	较大	很大
承包商的风险	大	较小	无
设计深度要求	施工图设计	初步设计或施工图设计	各设计阶段

二、本节考题精析

1.（2020-25）发承包双方在合同中约定直接成本实报实销，发包方再额外支付一笔报酬，若发生设计变更或增加新项目，当直接费超过估算成本的10%时，固定的报酬也要增加。此合同属于成本加酬金合同中的(　　)。

A. 成本加固定比例合同　　　　　B. 成本加奖金合同

C. 成本加固定费用合同　　　　　D. 最大成本加费用合同

【答案】C。成本加固定费用合同是指：根据双方讨论同意的工程规模、估计工期、技术要求、工作性质及复杂性、所涉及的风险等来考虑确定一笔固定数目的报酬金额作为管理费及利润，对人工、材料、机械台班等直接成本则实报实销。如果设计变更或增加新项目，当直接费超过原估算成本的一定比例（如10%）时，固定的报酬也要增加。有时也可在固定费用之外根据工程质量、工期和节约成本等因素，给承包商另加奖金，以鼓励承包商积极工作。因此，本题正确选项为C。

2.（2019-69）下列建设工程项目中，宜采用成本加酬金合同的是(　　)。

A. 采用的技术成熟，但工程量暂不确定的工程项目

B. 时间特别紧迫的抢险、救灾工程项目

C. 工程结构和技术简单的工程项目

D. 工程设计详细、工程任务和范围明确的工程项目

【答案】B。成本加酬金合同通常用于如下情况：（1）工程特别复杂，工程技术、结构方案不能预先确定，或者尽管可以确定工程技术和结构方案，但是不可能进行竞争性的招标活动并以总价合同或单价合同的形式确定承包商，如研究开发性质的工程项目；（2）时间特别紧迫，如抢险、救灾工程，来不及进行详细的计划和商谈。因此，本题正确选项为B。

3.（2018-64）对于业主而言，成本加酬金合同的优点是(　　)。

A. 有利于控制投资　　　　　　　B. 可通过分段施工缩短工期

C. 不承担工程量变化的风险　　　D. 不需介入工程施工和管理

【答案】B。采用这种合同，承包商不承担任何价格变化或工程量变化的风险，这些风险主要由业主承担，对业主的投资控制很不利。A、C选项说法错误。业主可以根据自身力量和需要，较深入地介入和控制工程施工和管理。D选项说法错误。因此，本题正确选项为B。

4.（2018-65）下列合同计价方式中，对承包商来说风险最小的是(　　)。

A. 单价合同　　　　　　　　　　B. 固定总价合同

C. 变动总价合同　　　　　　　　D. 成本加酬金合同

【答案】D。采用这种合同，承包商不承担任何价格变化或工程量变化的风险，这些风险主要由业主承担，对业主的投资控制很不利。因此，本题正确选项为D。

5.（2016-64）关于成本加奖金合同的说法，正确的是(　　)。

A. 奖金是按照报价书的成本估算指标制定的，合同中对估算指标规定的底点为工程成本估算的50%～95%

B. 奖金是按照报价书的成本估算指标制定的，合同中对估算指标规定的顶点为工程成本估算的100%～155%

C. 承包商在估算成本底点以下完成工程时，也不能加大酬金值或酬金百分比

D. 承包商在估算成本顶点以上完成工程时，对承包商的最大罚款额度不超过原先商

定的最高酬金值

【答案】D。奖金是根据报价书中的成本估算指标制定的，在合同中对这个估算指标规定一个底点和顶点，分别为工程成本估算的 60%～75% 和 110%～135%。承包商在估算指标的顶点以下完成工程则可得到奖金，超过顶点则要对超出部分支付罚款。如果成本在底点之下，则可加大酬金值或酬金百分比。采用这种方式通常规定，当实际成本超过顶点对承包商罚款时，最大罚款限额不超过原先商定的最高酬金值。在招标时，当图纸、规范等准备不充分，不能据以确定合同价格，而仅能制定一个估算指标时可采用这种形式。因此，本题正确选项为 D。

6. (2016-65) 下列工程项目中，宜采用成本加酬金合同的是(   )。

A. 工程量暂不确定的工程项目

B. 时间特别紧迫的抢险、救灾工程项目

C. 工程设计详细，图纸完整、清楚，工程任务和范围明确的工程项目

D. 工程结构和技术简单的工程项目

【答案】B。成本加酬金合同通常用于如下情况：（1）工程特别复杂，工程技术、结构方案不能预先确定，或者尽管可以确定工程技术和结构方案，但是不可能进行竞争性的招标活动并以总价合同或单价合同的形式确定承包商，如研究开发性质的工程项目；（2）时间特别紧迫，如抢险、救灾工程，来不及进行详细的计划和商谈。因此，本题正确选项为 B。

2Z106040　施工合同执行过程的管理

【近年考点统计】

内　容	题　号					合计分值
	2020 年	2019 年	2018 年	2017 年	2016 年	
高频考点 1　施工合同跟踪与控制		54	93	93	66	6
高频考点 2　施工合同变更管理	54、89	12、79	66	66、67	67、93	12
合计分值	3	4	3	4	4	18

【高频考点精讲】

高频考点 1　施工合同跟踪与控制

一、本节高频考点总结

施工合同跟踪

项目	内　容
依据	(1) 合同以及依据合同而编制的各种计划文件； (2) 实际工程文件，如原始记录、报表、验收报告； (3) 管理人员对现场情况的直观了解

项目	内 容
对象	(1) 承包的任务; (2) 工程小组或分包人的工程和工作; (3) 业主及其委托的工程师的工作

合同实施的偏差分析及处理

项目		内 容
偏差 分析	产生偏差的 原因分析	可以采用鱼刺图、因果关系分析图（表）、成本量差、价差、效率差分析等方法定性或定量地进行
	合同实施偏差 的责任分析	责任分析必须以合同为依据，按合同规定落实双方的责任
	合同实施趋势分析	(1) 最终的工程状况，包括总工期的延误、总成本的超支、质量标准、所能达到的生产能力（或功能要求）等; (2) 承包商将承担什么样的后果，如被罚款、被清算，甚至被起诉，对承包商资信、企业形象、经营战略的影响等; (3) 最终工程经济效益（利润）水平
偏差 处理	组织措施	如增加人员投入，调整人员安排，调整工作流程和工作计划等
	技术措施	如变更技术方案，采用新的高效率的施工方案等
	经济措施	如增加投入，采取经济激励措施等
	合同措施	如进行合同变更，签订附加协议，采取索赔手段等

二、本节考题精析

1.（2019-54）下列合同实施偏差的调整措施中，属于组织措施的是（   ）。

A. 增加资金投入

B. 采取索赔手段

C. 增加人员投入

D. 变更合同条款

【答案】C。根据合同实施偏差分析的结果，承包商应该采取相应的调整措施，调整措施可以分为：（1）组织措施，如增加人员投入，调整人员安排，调整工作流程和工作计划等;（2）技术措施，如变更技术方案，采用新的高效率的施工方案等;（3）经济措施，如增加投入，采取经济激励措施等;（4）合同措施，如进行合同变更，签订附加协议，采取索赔手段等。因此，本题正确选项为 C。

2.（2018-93）下列工作内容中，属于合同实施偏差分析的有（   ）。

A. 产生偏差的原因分析

B. 实施偏差的费用分析

C. 实施偏差的责任分析

D. 合同实施趋势分析

E. 合同终止的原因分析

【答案】A、C、D。合同实施偏差分析的内容包括以下几个方面：产生偏差的原因分析、合同实施偏差的责任分析、合同实施趋势分析。因此，本题正确选项为 A、C、D。

3.（2017-93）下列工程任务或工作中，可作为施工合同跟踪对象的有（   ）。

A. 工程施工质量

B. 工程施工进度

C. 政府质量监督部门的质量检查

D. 业主工程款项支付

E. 施工成本的增加和减少

【答案】A、B、D、E。合同跟踪的对象包括：（1）承包的任务：① 工程施工的质量，包括材料、构件、制品和设备等的质量，以及施工或安装质量，是否符合合同要求等；② 工程进度，是否在预定期限内施工，工期有无延长，延长的原因是什么等；③ 工程数量，是否按合同要求完成全部施工任务，有无合同规定以外的施工任务等；④ 成本的增加和减少。（2）工程小组或分包人的工程和工作。（3）业主和其委托的工程师（监理人）的工作：① 业主是否及时、完整地提供了工程施工的实施条件，如场地、图纸、资料等；② 业主和工程师（监理人）是否及时给予了指令、答复和确认等；③ 业主是否及时并足额地支付了应付的工程款项。因此，本题正确选项为 A、B、D、E。

4.（2016-66）下列合同实施偏差分析的内容中，不属于合同实施趋势分析的是(　　)。

A. 总工期的延误　　　　　　　　　B. 总成本的超支

C. 最终工程经济效益水平　　　　　D. 项目管理团队绩效奖惩

【答案】D。合同实施偏差分析是针对合同实施偏差情况，可以采取不同的措施，应分析在不同措施下合同执行的结果与趋势，包括：（1）最终的工程状况，包括总工期的延误、总成本的超支、质量标准、所能达到的生产能力（或功能要求）等；（2）承包商将承担什么样的后果，如被罚款、被清算，甚至被起诉，对承包商资信、企业形象、经营战略的影响等；（3）最终工程经济效益（利润）水平。因此，本题正确选项为 D。

高频考点 2　施工合同变更管理

一、本节高频考点总结

施工合同变更管理的知识归纳

项目	内　　容
变更的范围和内容	（1）取消合同中任何一项工作； （2）改变合同中任何一项工作的质量或其他特性； （3）改变合同工程的基线、标高、位置或尺寸； （4）改变合同中任何一项工作的施工时间或改变已批准的施工工艺或顺序； （5）为完成工程需要追加的额外工作
变更权	（1）经发包人同意，监理人可按约定的变更程序向承包人作出变更指示，承包人应遵照执行； （2）没有监理人的变更指示，承包人不得擅自变更
变更指示	变更指示只能由监理人发出，承包人收到变更指示后，应按变更指示进行变更工作
承包人合理建议	降低合同价格、缩短工期或者提高工程经济效益，发包人可按规定、约定给予奖励
变更的估价原则	（1）已标价工程量清单中有适用于变更工作的子目的，采用该子目的单价； （2）已标价工程量清单中无适用于变更工作的子目，但有类似子目的，可在合理范围内参照类似子目的单价，由监理人商定或确定变更工作的单价； （3）已标价工程量清单中无适用或类似子目的单价，可按照成本加利润的原则，由监理人商定或确定变更工作的单价
计日工	（1）监理人通知承包人以计日工方式实施变更的零星工作； （2）计日工计价的工作，从暂列金额中支付，并每天提交报表和凭证报送监理人审批； （3）承包人汇总后，列入进度付款申请单，监理人复核经发包人同意后列入进度付款

二、本节考题精析

1.（2020-54）根据《标准施工招标文件》，关于变更权的说法，正确的是（　　）。

A. 没有监理人的变更指示，承包人不得擅自变更

B. 设计人可根据项目实际情况自行向承包人作出变更指示

C. 监理人可根据项目实际情况按合同约定自行向承包人作出变更指示

D. 总承包人可根据项目实际情况按合同约定自行向分包人作出变更指示

【答案】A。根据九部委《标准施工招标文件》中通用合同条款的规定，在履行合同过程中，经发包人同意，监理人可按合同约定的变更程序向承包人作出变更指示，承包人应遵照执行。没有监理人的变更指示，承包人不得擅自变更。因此，本题正确选项为A。

2.（2020-89）在施工过程中，引起工程变更的原因有（　　）。

A. 发包人修改项目图纸　　　　B. 设计错误导致图纸修改

C. 总承包人改变施工方案　　　D. 工程环境变化

E. 政府部门提出新的环保要求

【答案】A、B、D、E。工程变更一般主要有以下几个方面的原因：（1）业主新的变更指令，对建筑的新要求。如业主有新的意图，业主修改项目计划、削减项目预算等。（2）由于设计人员、监理方人员、承包商事先没有很好地理解业主的意图，或设计的错误，导致图纸修改。（3）工程环境的变化，预定的工程条件不准确，要求实施方案或实施计划变更。（4）由于产生新技术和知识，有必要改变原设计、原实施方案或实施计划，或由于业主指令及业主责任的原因造成承包商施工方案的改变。（5）政府部门对工程新的要求，如国家计划变化、环境保护要求、城市规划变动等。（6）由于合同实施出现问题，必须调整合同目标或修改合同条款。因此，本题正确选项为A、B、D、E。

3.（2019-12）根据《标准施工招标文件》，关于施工合同变更权和变更程序的说法，正确的是（　　）。

A. 发包人可以直接向承包人发出变更意向书

B. 承包人根据合同约定，可以向监理人提出书面变更建议

C. 承包人书面报告发包人后，可根据实际情况对工程进行变更

D. 监理人应在收到承包人书面建议后30d内做出变更指示

【答案】B。承包人收到监理人按合同约定发出的图纸和文件，经检查认为其中存在《标准施工招标文件》第15.1款约定情形的，可向监理人提出书面变更建议。变更建议应阐明要求变更的依据，并附必要的图纸和说明。监理人收到承包人书面建议后，应与发包人共同研究，确认存在变更的，应在收到承包人书面建议后的14d内作出变更指示。经研究后不同意作为变更的，应由监理人书面答复承包人。变更指示只能由监理人发出。变更指示应说明变更的目的、范围、变更内容以及变更的工程量及其进度和技术要求，并附有关图纸和文件。承包人收到变更指示后，应按变更指示进行变更工作。因此，本题正确选项为B。

4.（2019-79）根据《标准施工招标文件》，在合同履行中可以进行工程变更的情形有（　　）。

A. 改变合同工程的标高

B. 改变合同中某项工作的施工时间

C. 取消合同中某项工作，转由发包人实施

D. 为完成工程需要追加的额外工作

E. 改变合同中某项工作的质量标准

【答案】A、B、D、E。根据九部委联合编制的《标准施工招标文件》中的通用合同条款的规定，除专用合同条款另有约定外，在履行合同中发生以下情形之一，应按照本条规定进行变更：(1)取消合同中任何一项工作，但被取消的工作不能转由发包人或其他人实施；(2)改变合同中任何一项工作的质量或其他特性；(3)改变合同工程的基线、标高、位置或尺寸；(4)改变合同中任何一项工作的施工时间或改变已批准的施工工艺或顺序；(5)为完成工程需要追加的额外工作。在履行合同过程中，承包人可以对发包人提供的图纸、技术要求以及其他方面提出合理化建议。因此，本题正确选项为 A、B、D、E。

5. (2018-66)根据《标准施工招标文件》通用合同条款，承包人应该在收到变更指示最多不超过( )d内，向监理人提交变更报价书。

A. 7   B. 14

C. 28   D. 30

【答案】B。除专用合同条款对期限另有约定外，承包人应在收到变更指示或变更意向书后的 14 天内，向监理人提交变更报价书，报价内容应根据合同约定的估价原则，详细开列变更工作的价格组成及其依据，并附必要的施工方法说明和有关图纸。因此，本题正确选项为 B。

6. (2017-66)根据九部委《标准施工招标文件》，关于施工合同变更权和变更程序的说法，正确的是( )。

A. 承包人书面报告发包人后，可根据实际情况对工程进行变更

B. 发包人可以直接向承包人发出变更意向书

C. 承包人根据合同约定，可以向监理人提出书面变更建议

D. 监理人应在收到承包人书面建议后 30d 内做出变更指示

【答案】C。变更的提出：(1)在合同履行过程中，可能发生《标准施工招标文件》通用合同条款第 15.1 款约定情形的，监理人可向承包人发出变更意向书。B 选项说法错误。(2)在合同履行过程中，已经发生《标准施工招标文件》通用合同条款第 15.1 款约定情形的，监理人应按照合同约定的程序向承包人发出变更指示。(3)承包人收到监理人按合同约定发出的图纸和文件，经检查认为其中存在《标准施工招标文件》第 15.1 款约定情形的，可向监理人提出书面变更建议。C 选项说法正确。监理人收到承包人书面建议后，应与发包人共同研究，确认存在变更的，应在收到承包人书面建议后的 14d 内作出变更指示。D 选项说法错误。经研究后不同意作为变更的，应由监理人书面答复承包人。根据九部委《标准施工招标文件》中通用合同条款的规定，变更指示只能由监理人发出。A 选项说法错误。承包人收到变更指示后，应按变更指示进行变更工作。因此，本题正确选项为 C。

7. (2017-67)根据九部委《标准施工招标文件》，对于施工合同变更的估价，已标价工程量清单中无适用项目的单价，监理工程师确定承包商提出的变更工作单价时，应按照( )原则。

A. 固定总价   B. 固定单价

C. 可调单价 D. 成本加利润

【答案】D。变更的估价原则：除专用合同条款另有约定外，因变更引起的价格调整按照本款约定处理。(1) 已标价工程量清单中有适用于变更工作的子目的，采用该子目的单价。(2) 已标价工程量清单中无适用于变更工作的子目，但有类似子目的，可在合理范围内参照类似子目的单价，由监理人按《标准施工招标文件》第 3.5 款商定或确定变更工作的单价。(3) 已标价工程量清单中无适用或类似子目的单价，可按照成本加利润的原则，由监理人按《标准施工招标文件》第 3.5 款商定或确定变更工作的单价。因此，本题正确选项为 D。

8. (2016-67) 根据《建设工程工程量清单计价规范》GB 50500—2013，关于因变更引起的价格调整的说法，正确的是( )。

A. 已标价工程量清单中有适用于变更工作的子目的，承包人可根据当前市场价格进行重新报价

B. 已标价工程量清单中没有适用于变更工作的子目或类似子目的，承包人可以按照成本加利润的原则进行重新报价

C. 已标价工程量清单中没有适用于变更工作的子目的，但有类似子目的，由承包人参照类似子目确定变更工作单价

D. 已标价工程量清单中没有适用于变更工作的子目的，但有类似子目的，由发包人参照类似子目确定变更工作单价

【答案】B。除专用合同条款另有约定外，因变更引起的价格调整按照约定处理。(1) 已标价工程量清单中有适用于变更工作的子目的，采用该子目的单价。(2) 已标价工程量清单中无适用于变更工作的子目，但有类似子目的，可在合理范围内参照类似子目的单价，由监理人按商定或确定变更工作的单价。(3) 已标价工程量清单中无适用或类似子目的单价，可按照成本加利润的原则，由监理人按商定或确定变更工作的单价。因此，本题正确选项为 B。

9. (2016-93) 根据《标准施工招标文件》，合同履行中可以进行工程变更的情形有( )。

A. 改变合同工程的标高

B. 改变合同中某项工作的施工时间

C. 取消合同中某项工作，转由发包人实施

D. 改变合同中某项工作的质量标准

E. 为完成工程追加的额外工作

【答案】A、B、D、E。《标准施工招标文件》中的通用合同条款的规定，除专用合同条款另有约定外，在履行合同中发生以下情形之一，应按照本条规定进行变更：(1) 取消合同中任何一项工作，但被取消的工作不能转由发包人或其他人实施；(2) 改变合同中任何一项工作的质量或其他特性；(3) 改变合同工程的基线、标高、位置或尺寸；(4) 改变合同中任何一项工作的施工时间或改变已批准的施工工艺或顺序；(5) 为完成工程需要追加的额外工作。在履行合同过程中，承包人可以对发包人提供的图纸、技术要求以及其他方面提出合理化建议。因此，本题正确选项为 A、B、D、E。

2Z106050　施工合同的索赔

【近年考点统计】

内　　容	题　号					合计分值
	2020 年	2019 年	2018 年	2017 年	2016 年	
高频考点 1　施工合同索赔的依据和证据	10、66	87	69、94	68、94	94	12
高频考点 2　施工合同索赔的程序	48、87	27、29	67、68	69	68、69	10
合计分值	5	4	5	4	4	22

【高频考点精讲】

高频考点 1　施工合同索赔的依据和证据

一、本节高频考点总结

索赔的依据、证据和基本要求

项目	内　　容
索赔依据	索赔的依据主要有：合同文件，法律、法规，工程建设惯例
索赔证据	（1）各种合同文件； （2）经发包人或工程师批准的承包人的施工进度计划、施工方案、施工组织设计和现场实施情况记录； （3）施工日记和现场记录； （4）工程有关照片和录像； （5）备忘录； （6）发包人或者工程师签认的签证； （7）工程各种往来函件、通知、答复； （8）工程各项会议纪要； （9）发包人或工程师发布的各种书面指令和确认书，以及承包人的要求、请求、通知书； （10）气象报告和资料，如有关温度、风力、雨雪的资料； （11）投标前发包人提供的参考资料和现场资料； （12）各种验收报告和技术鉴定等； （13）工程核算资料、财务报告、财务凭证等； （14）其他，如官方发布的物价指数、汇率、规定
索赔证据的要求	真实性、及时性、全面性、关联性、有效性

索赔成立的事件和条件

项目	内　　容
构成施工项目 索赔条件的事件	（1）发包人违反合同给承包人造成时间、费用的损失； （2）因工程变更造成的时间、费用损失； （3）由于监理工程师对合同文件的歧义解释、技术资料不确切，或由于不可抗力导致施工条件的改变，造成了时间、费用的增加；

项 目	内　　容
构成施工项目索赔条件的事件	(4) 发包人提出提前完成项目或缩短工期而造成承包人的费用增加； (5) 发包人延误支付期限造成承包人的损失； (6) 合同规定以外的项目进行检验，且检验合格，或非承包人的原因导致项目缺陷的修复所发生的损失或费用； (7) 非承包人的原因导致工程暂时停工； (8) 物价上涨、法规变化及其他
索赔成立的前提条件	以下三个前提条件，缺一不可： (1) 与合同对照已经造成成本或者工期损失； (2) 原因按合同约定不属于承包人责任或风险责任； (3) 承包人按合同规定的程序和时间提交索赔意向通知和索赔报告

二、本节考题精析

1. (2020-10) 施工合同履行过程中发生如下事件承包人可以据此提出施工索赔的是（　　）。

A. 工程实际进展与合同预计的情况不符的所有事件

B. 实际情况与承包人预测情况不一致最终引起工期和费用变化的事件

C. 实际情况与合同约定不符且最终引起工期和费用变化的事件

D. 仅限于发包人原因引起承包人工期和费用变化的事件

【答案】C。索赔事件，又称为干扰事件，是指那些使实际情况与合同规定不符合，最终引起工期和费用变化的各类事件。因此，本题正确选项为C。

2. (2020-66) 某工程项目施工合同约定竣工日期为 2020 年 6 月 30 日，在施工中因持续下雨导致甲供材料未能及时到货，使工程延误至 2020 年 7 月 30 日竣工，由于 2020 年 7 月 1 日起当地计价政策调整，导致承包人额外支付了 30 万元工人工资，关于增加的 30 万元责任承担的说法正确的（　　）。

A. 持续下雨属于不可抗力，造成工期延误，增加的 30 万元由承包人承担

B. 发包人原因导致的工期延误，因此政策变化增加的 30 万元由发包人承担

C. 增加的 30 万元因政策变化造成，属于承包人的责任，由承包人承担

D. 工期延误是承包人的原因，增加的 30 万元是政策变化造成，由双方共同承担

【答案】B。工期延误期间因为计价政策调整导致的费用增加，应由责任方承担，此延误是在施工中因持续下雨导致甲供材料未能及时到货导致的，因此应当由发包人承担。因此，本题正确选项为B。

3. (2019-87) 建设工程施工合同索赔成立的前提条件有（　　）。

A. 与合同对照，事件已造成了承包人工程项目成本的额外支出或直接工期损失

B. 造成工程费用的增加，已经超出承包人所能承受的范围

C. 造成费用增加或工期损失的原因，按合同约定不属于承包人的行为责任或风险责任

D. 造成工期损失的时间，已经超出承包人所能承受的范围

E. 承包人按合同规定的程序和时间提交索赔意向通知和索赔报告

【答案】A、C、E。索赔的成立，应该同时具备以下三个前提条件：（1）与合同对照，事件已造成了承包人工程项目成本的额外支出，或直接工期损失；（2）造成费用增加或工期损失的原因，按合同约定不属于承包人的行为责任或风险责任；（3）承包人按合同规定的程序和时间提交索赔意向通知和索赔报告。以上三个条件必须同时具备，缺一不可。因此，本题正确选项为 A、C、E。

4.（2018-69）索赔事件是指实际情况与合同规定不符合，最终引起（   ）变化的各类事件。

A. 工期、费用　　　　　　　　　B. 质量、成本

C. 安全、工期　　　　　　　　　D. 标准、信息

【答案】A。索赔事件，又称为干扰事件，是指那些使实际情况与合同规定不符合，最终引起工期和费用变化的各类事件。因此，本题正确选项为 A。

5.（2018-94）建设工程索赔成立应当同时具备的条件有（   ）。

A. 与合同对照，事件已经造成承包人项目成本的额外支出

B. 造成费用增加的原因，按合同约定不属于承包人的行为责任

C. 造成的费用增加数额已得到第三方核认

D. 承包人按合同规定的程序、时间提交索赔意向通知书和索赔报告

E. 发包人按合同规定的时间回复索赔报告

【答案】A、B、D。见第 3 题解析。

6.（2017-68）承包商可以向业主提起索赔的情形是（   ）。

A. 监理工程师提出的工程变更造成费用的增加

B. 承包商为确保质量而增加的措施费

C. 分包商因返工造成费用增加、工期顺延

D. 承包商自行采购材料的质量有问题造成费用增加、工期顺延

【答案】A。通常承包商可以提起索赔的事件有：（1）发包人违反合同给承包人造成时间、费用的损失；（2）因工程变更（含设计变更、发包人提出的工程变更、监理工程师提出的工程变更，以及承包人提出并经监理工程师批准的变更）造成的时间、费用损失；（3）由于监理工程师对合同文件的歧义解释、技术资料不确切，或由于不可抗力导致施工条件的改变，造成了时间、费用的增加；（4）发包人提出提前完成项目或缩短工期而造成承包人的费用增加；（5）发包人延误支付期限造成承包人的损失；（6）合同规定以外的项目进行检验，且检验合格，或非承包人的原因导致项目缺陷的修复所发生的损失或费用；（7）非承包人的原因导致工程暂时停工；（8）物价上涨，法规变化及其他。因此，本题正确选项为 A。

7.（2017-94）下列信息和资料中，可以作为施工合同索赔证据的有（   ）。

A. 施工合同文件　　　　　　　　B. 监理工程师的口头指示

C. 工程各项会议纪要　　　　　　D. 相关法律法规

E. 施工日记和现场记录

【答案】A、C、E。常见的索赔证据主要有：（1）各种合同文件，包括施工合同协议书及其附件、中标通知书、投标书、标准和技术规范、图纸、工程量清单、工程报价单或者预算书、有关技术资料和要求、施工过程中的补充协议等；（2）经过发包人或者工程师

（监理人）批准的承包人的施工进度计划、施工方案、施工组织设计和现场实施情况记录；（3）施工日记和现场记录，包括有关设计交底、设计变更、施工变更指令，工程材料和机械设备的采购、验收与使用等方面的凭证及材料供应清单、合格证书，工程现场水、电、道路等开通、封闭的记录，停水、停电等各种干扰事件的时间和影响记录等；（4）工程有关照片和录像等；（5）备忘录，对工程师（监理人）或业主的口头指示和电话应随时用书面记录，并请给予书面确认；（6）发包人或者工程师（监理人）签认的签证；（7）工程各种往来函件、通知、答复等；（8）工程各项会议纪要；（9）发包人或者工程师（监理人）发布的各种书面指令和确认书，以及承包人的要求、请求、通知书等；（10）气象报告和资料，如有关温度、风力、雨雪的资料；（11）投标前发包人提供的参考资料和现场资料；（12）各种验收报告和技术鉴定等；（13）工程核算资料、财务报告、财务凭证等；（14）其他，如官方发布的物价指数、汇率、规定等。因此，本题正确选项为 A、C、E。

8.（2016-94）可以作为施工合同索赔证据的工程资料有（　　）。

A. 施工标准和技术规范 　　　　　B. 工程会议纪要

C. 业主的口头指示 　　　　　　　D. 施工技术交底书

E. 官方发布的物价指数

【答案】A、B、E。见第 7 题解析。

高频考点 2　施工合同索赔的程序

一、本节高频考点总结

施工合同索赔的有关内容

项目	内容
索赔意向通知	（1）先要提出索赔意向，在合同规定时间内将索赔意向用书面形式通知发包人或工程师； （2）索赔意向通知仅仅表明索赔的意向，涉及索赔内容，但不涉及索赔金额
承包人提出索赔的期限	（1）承包人按合同约定接受了竣工付款证书后，应被认为已无权再提出在合同工程接收书颁发前所发生的任何索赔； （2）承包人按合同约定提交的最终结清申请单中，只限于提出工程接收证书颁发后发生的索赔。提出索赔的期限自接受最终结清证书时终止
反索赔的基本内容	（1）抓对方的失误，直接向对方提出索赔； （2）针对对方的索赔报告，进行反击或反驳
对索赔报告的反击或反驳要点	（1）索赔要求或报告的时限性； （2）索赔事件的真实性； （3）干扰事件的原因、责任分析； （4）索赔理由分析； （5）索赔证据分析； （6）索赔值审核

索赔程序

项目	内容	时间
索赔意向通知	（1）提出索赔意向，这是索赔工作程序的第一步； （2）未在规定时间内提出，丧失要求追加付款和（或）延长工期的权利	索赔事件发生后 28d 内

项目	内容	时间
索赔通知书	（1）向监理人正式递交索赔通知书； （2）索赔通知书应详细说明索赔理由以及要求追加的付款金额和（或）延长的工期，并附必要的记录和证明材料	发出索赔意向通知书后 28d 内
中间索赔报告	（1）索赔事件具有连续影响的，承包人应按合理时间间隔继续递交延续索赔通知； （2）说明连续影响的实际情况和记录，列出累计的追加付款金额和（或）工期延长天数	每隔 28d 提交一份中间索赔报告
最终索赔文件	承包人应向监理人递交最终索赔通知书，说明最终要求索赔的追加付款金额和延长的工期，并附必要的记录和证明材料	在索赔事件影响结束后的 28d 内

二、本节考题精析

1.（2020-48）施工承包人向发包人索赔的第一步工作是(   )。

A. 向发包人递交索赔报告

B. 向监理人递交索赔意向通知书

C. 将索赔报告报监理工程师审查

D. 分析确定索赔额

【答案】B。根据合同约定，承包人认为有权得到追加付款和（或）延长工期的，应按以下程序向发包人提出索赔：（1）承包人应在知道或应当知道索赔事件发生后 28d 内，向监理人递交索赔意向通知书，并说明发生索赔事件的事由。承包人未在前述 28d 内发出索赔意向通知书的，丧失要求追加付款和（或）延长工期的权利。（2）承包人应在发出索赔意向通知书后 28d 内，向监理人正式递交索赔通知书。索赔通知书应详细说明索赔理由以及要求追加的付款金额和（或）延长的工期，并附必要的记录和证明材料。（3）索赔事件具有连续影响的，承包人应按合理时间间隔继续递交延续索赔通知，说明连续影响的实际情况和记录，列出累计的追加付款金额和（或）工期延长天数。（4）在索赔事件影响结束后的 28d 内，承包人应向监理人递交最终索赔通知书，说明最终要求索赔的追加付款金额和延长的工期，并附必要的记录和证明材料。因此，本题正确选项为 B。

2.（2020-87）根据《标准施工招标文件》，关于承包人索赔程序的说法，正确的是(   )。

A. 应在索赔事件发生后 28d 内，向监理人递交索赔意向通知书

B. 应在发出索赔意向通知书 28d 内，向监理人正式递交索赔通知书

C. 索赔事件具有连续影响的，应按合理时间间隔递交延续索赔通知书

D. 有连续影响的，应在递交连续索赔通知书 28d 内与发包人谈判确定当期索赔的额度

E. 有连续影响的，应在索赔事件影响结束后的 28d 内向监理人递交最终索赔通知书

【答案】A、B、C、E。根据合同约定，承包人认为有权得到追加付款和（或）延长工期的，应按以下程序向发包人提出索赔：（1）承包人应在知道或应当知道索赔事件发生

后 28d 内，向监理人递交索赔意向通知书，并说明发生索赔事件的事由。承包人未在前述 28d 内发出索赔意向通知书的，丧失要求追加付款和（或）延长工期的权利。(2) 承包人应在发出索赔意向通知书后 28d 内，向监理人正式递交索赔通知书。索赔通知书应详细说明索赔理由以及要求追加的付款金额和（或）延长的工期，并附必要的记录和证明材料。(3) 索赔事件具有连续影响的，承包人应按合理时间间隔继续递交延续索赔通知，说明连续影响的实际情况和记录，列出累计的追加付款金额和（或）工期延长天数。(4) 在索赔事件影响结束后的 28d 内，承包人应向监理人递交最终索赔通知书，说明最终要求索赔的追加付款金额和延长的工期，并附必要的记录和证明材料。因此，本题正确选项为 A、B、C、E。

3.（2019-27）在工程实施过程中发生索赔事件后，承包人首先应做的工作是在合同规定时间内（　　）。

A. 向工程项目建设行政主管部门报告　　B. 向造价工程师提交正式索赔报告

C. 收集完善索赔证据　　D. 向发包人发出书面索赔意向通知

【答案】D。在工程实施过程中发生索赔事件以后，或者承包人发现索赔机会，首先要提出索赔意向，即在合同规定时间内将索赔意向用书面形式及时通知发包人或者工程师（监理人），向对方表明索赔愿望、要求或者声明保留索赔权利，这是索赔工作程序的第一步。因此，本题正确选项为 D。

4.（2019-29）根据《标准施工招标文件》，对承包人提出索赔的处理程序，正确的是（　　）。

A. 发包人应在作出索赔处理结果答复后 28d 内完成赔付

B. 监理人收到承包人递交的索赔通知书后，发现资料缺失，应及时现场取证

C. 监理人答复承包人处理结果的期限是收到索赔通知书后 28d 内

D. 发包人在承包人接受竣工付款证书后不再接受任何索赔通知书

【答案】A。对承包人提出索赔的处理程序如下：(1) 监理人收到承包人提交的索赔通知书后，应及时审查索赔通知书的内容、查验承包人的记录和证明材料，必要时监理人可要求承包人提交全部原始记录副本。(2) 监理人应按《标准施工招标文件》第 3.5 款商定或确定追加的付款和（或）延长的工期，并在收到上述索赔通知书或有关索赔的进一步证明材料后的 42d 内，将索赔处理结果答复承包人。(3) 承包人接受索赔处理结果的，发包人应在作出索赔处理结果答复后 28d 内完成赔付。承包人不接受索赔处理结果的，按合同约定的争议解决办法办理。A 选项说法正确，B、C 选项说法错误。此外，注意承包人提出索赔的期限如下：(1) 承包人按合同约定接受了竣工付款证书后，应被认为已无权再提出在合同工程接收证书颁发前所发生的任何索赔。(2) 承包人按合同约定提交的最终结清申请单中，只限于提出工程接收证书颁发后发生的索赔。提出索赔的期限自接受最终结清证书时终止。D 选项说法错误。因此，本题正确选项为 A。

5.（2018-67）下列工作内容中，属于反索赔工作内容的是（　　）。

A. 防止对方提出索赔　　B. 收集准备索赔资料

C. 编写法律诉讼文件　　D. 发出最终索赔通知

【答案】A。反索赔的工作内容可以包括两个方面：一是防止对方提出索赔，二是反击或反驳对方的索赔要求。因此，本题正确选项为 A。

6.（2018-68）政府投资工程的承包人向发包人提出的索赔请求，索赔文件应该交由（　　）进行审核。

A. 造价鉴定机构　　　　　　　　　B. 造价咨询人

C. 监理人　　　　　　　　　　　　D. 政府造价管理部门

【答案】C。对于承包人向发包人的索赔请求，索赔文件应该交由工程师（监理人）审核。工程师（监理人）根据发包人的委托或授权，对承包人的索赔要求进行审核和质疑。因此，本题正确选项为C。

7.（2017-69）根据九部委《标准施工招标文件》，关于承包人索赔期限的说法，正确的是（　　）。

A. 按照合同约定接受竣工付款证书后，仍有权提出在合同工程接收证书颁发前发生的索赔

B. 按照合同约定接受竣工验收证书后，无权提出在合同工程接收证书颁发前发生的索赔

C. 按照合同约定提交的最终结清申请单中，只限于提出工程接收证书颁发前发生的索赔

D. 按照合同约定提交的最终结清申请单中，只限于提出工程接收证书颁发后发生的索赔

【答案】D。根据九部委《标准施工招标文件》中的通用合同条款，承包人提出索赔的期限如下：（1）承包人按合同约定接受了竣工付款证书后，应被认为已无权再提出在合同工程接收证书颁发前所发生的任何索赔。（2）承包人按合同约定提交的最终结清申请单中，只限于提出工程接收证书颁发后发生的索赔。提出索赔的期限自接受最终结清证书时终止。因此，本题正确选项为D。

8.（2016-68）关于施工合同索赔的说法，正确的是（　　）。

A. 业主必须通过监理单位向承包人提出索赔要求

B. 承包人可以直接向业主提出索赔要求

C. 承包人接受竣工付款证书后，仍有权提出在证书颁发前发生的任何索赔

D. 承包人提出索赔要求时，业主可以进行追加处罚

【答案】B。承包人可以直接向业主提出索赔要求。A选项说法错误，B选项说法正确。承包人按合同约定提交的最终结清申请单中，只限于提出工程接收证书颁发后发生的索赔。提出索赔的期限自接受最终结清证书时终止。C选项说法错误。承包人提出索赔要求时，业主可以进行反索赔。D选项说法错误。因此，本题正确选项为B。

9.（2016-69）关于对承包人索赔文件审核的说法，正确的是（　　）。

A. 监理人收到承包人提交的索赔通知书后，应及时转交发包人，监理人无权要求承包人提交原始记录

B. 监理人根据发包人的授权，在收到索赔通知书的60d内，将索赔处理结果答复承包人

C. 承包人接受索赔处理结果的，发包人应在索赔处理结果答复后28d内完成赔付

D. 承包人不接受索赔处理结果的，应直接向法院起诉索赔

【答案】C。根据九部委《标准施工招标文件》中的通用合同条款，对承包人提出索

赔的处理程序如下：（1）监理人收到承包人提交的索赔通知书后，应及时审查索赔通知书的内容、查验承包人的记录和证明材料，必要时监理人可要求承包人提交全部原始记录副本。A 选项说法错误。（2）监理人应按《标准施工招标文件》第 3.5 款商定或确定追加的付款和（或）延长的工期，并在收到上述索赔通知书或有关索赔的进一步证明材料后的 42d 内，将索赔处理结果答复承包人。B 选项说法错误。（3）承包人接受索赔处理结果的，发包人应在作出索赔处理结果答复后 28d 内完成赔付。C 选项说法正确。承包人不接受索赔处理结果的，按合同约定的争议解决办法办理。D 选项说法错误。因此，本题正确选项为 C。

2Z106060 建设工程施工合同风险管理、工程保险和工程担保

【近年考点统计】

内 容	题 号					合计分值
	2020 年	2019 年	2018 年	2017 年	2016 年	
高频考点 1 施工合同风险管理	35	35				2
高频考点 2 工程保险						
高频考点 3 工程担保	65	30				2
合计分值	2	2				4

【高频考点精讲】

高频考点 1 施工合同风险管理

一、本节高频考点总结

工程合同风险

项目	内 容
按合同风险产生的原因分	（1）分为合同工程风险和合同信用风险。 （2）合同工程风险是指客观原因和非主观故意导致的。如工程进展过程中发生不利的地质条件变化、工程变更、物价上涨、不可抗力等。 （3）合同信用风险是指主观故意原因导致的。表现为合同双方的机会主义行为，如业主拖欠工程款，承包商层层转包、非法分包、偷工减料、以次充好、知假买假等
按合同的不同阶段进行划分	合同风险分为合同订立风险和合同履约风险

工程合同风险产生的原因

项目	内 容
合同的不确定性	由于人的有限理性，对外在环境的不确定性是无法完全预期的，不可能把所有可能发生的未来事件都写入合同条款中，更不可能制定好处理未来事件的所有具体条款

项目	内 容
复杂性导致无法预测	一个工程的实施会存在各种各样的风险事件，人们很难预测未来事件，无法根据未来情况作出计划，往往是计划不如变化
合同文字的局限	合同的语句表达不清晰、不细致、不严密、矛盾等而可能造成合同的不完全，容易导致双方理解上的分歧而发生纠纷，甚至发生争端
双方疏忽	由于合同双方的疏忽未就有关的事宜订立合同，而使合同不完全
交易成本的存在	因为合同双方为订立某一条款以解决某特定事宜的成本超出了其收益而造成合同的不完全
信息的不对称	信息不对称是合同不完全的根源，多数问题都可以从信息的不对称中寻找到答案。建筑市场上的信息不对称主要表现为以下几个方面： （1）业主并不真正了解承包商实际的技术和管理能力以及财务状况； （2）承包商也并不真正了解业主是否有足够的资金保证，不知道业主能否及时支付工程款； （3）总承包商对于分包商是否真有能力完成，并不十分有把握，承包商对建筑生产要素掌握的信息远不如这些要素的提供者清楚
机会主义行为的存在	即用虚假的或空洞的，也就是非真实的威胁或承诺来谋取个人利益的行为

施工合同风险的类型

项目	内 容	示 例
项目外界环境风险	（1）在国际工程中，工程所在国政治环境的变化	如发生战争、禁运、罢工、社会动乱等造成工程施工中断或终止
	（2）经济环境的变化	如通货膨胀、汇率调整、工资和物价上涨。物价和货币风险在工程中经常出现，而且影响非常大
	（3）合同所依据的法律环境的变化	如新的法律颁布，国家调整税率或增加新税种，新的外汇管理政策等。在国际工程中，以工程所在国的法律为合同法律基础，对承包商的风险很大
	（4）自然环境的变化	如百年不遇的洪水、地震、台风等，以及工程水文、地质条件存在不确定性，复杂且恶劣的气候条件和现场条件，其他可能存在的对项目的干扰因素等
项目组织成员资信和能力风险	（1）业主资信和能力风险	例如，业主企业的经营状况恶化、濒于倒闭，支付能力差，资信不好，撤走资金，恶意拖欠工程款等；业主为了达到不支付或少支付工程款的目的，在工程中苛刻刁难承包商，滥用权力，施行罚款和扣款，对承包商的合理索赔要求不答复或拒不支付；业主经常改变主意，如改变设计方案、施工方案，打乱工程施工秩序，发布错误指令，非正常地干预工程但又不愿意给予承包商以合理补偿等；业主不能完成合同责任，如不能及时供应设备、材料，不及时交付场地，不及时支付工程款；业主的工作人员存在私心和其他不正之风等

项目	内 容	示 例
项目组织成员资信和能力风险	(2) 承包商（分包商、供货商）资信和能力风险	主要包括承包商的技术能力、施工力量、装备水平和管理能力不足，没有合适的技术专家和项目管理人员，不能积极地履行合同；财务状况恶化，企业处于破产境地，无力采购和支付工资，工程被迫中止；承包商信誉差，不诚实，在投标报价和工程采购、施工中有欺诈行为；设计单位设计错误（如钢结构深化设计错误），不能及时交付设计图纸或无力完成设计工作；国际工程中对当地法律、语言、风俗不熟悉，对技术文件、工程说明和规范理解不准确或出错等；承包商的工作人员不积极履行合同责任，罢工、抗议或软抵抗等
	(3) 其他方面	如政府机关工作人员、城市公共供应部门的干预、苛求和个人需求；项目周边或涉及的居民或单位的干预、抗议或苛刻的要求等
管理风险	(1) 对环境调查和预测的风险	对现场和周围环境条件缺乏足够全面和深入的调查，对影响投标报价的风险、意外事件和其他情况的资料缺乏足够的了解和预测
	(2) 合同条款不严密、错误、二义性，工程范围和标准存在不确定性	
	(3) 承包商投标策略错误，错误地理解业主意图和招标文件，导致实施方案错误、报价失误等	
	(4) 承包商的技术设计、施工方案、施工计划和组织措施存在缺陷和漏洞，计划不周	
	(5) 实施控制过程中的风险	合作伙伴争执、责任不明；缺乏有效措施保证进度、安全和质量要求；由于分包层次太多，造成计划执行和调整、实施的困难等

工程风险分配的原则

项目	内 容
从工程整体效益出发，最大限度发挥双方的积极性	(1) 谁能最有效地（有能力和经验）预测、防止和控制风险，或能有效地降低风险损失，或能将风险转移给其他方面，则应由他承担相应的风险责任； (2) 承担者控制相关风险是经济的，即能够以最低的成本来承担风险损失，同时他管理风险的成本、自我防范和市场保险费用最低，同时又是有效、方便、可行的； (3) 通过风险分配，加强责任，发挥双方管理和技术革新的积极性等
公平合理，责权利平衡	(1) 承包商提供的工程（或服务）与业主支付的价格之间应体现公平，这种公平通常以当地当时的市场价格为依据； (2) 风险责任与权利之间应平衡； (3) 风险责任与机会对等，即风险承担者同时应能享有风险控制获得的收益和机会收益； (4) 承担的可能性和合理性，即给风险承担者以风险预测、计划、控制的条件和可能性

项目	内 容
符合现代工程管理理念	
符合工程惯例，即符合通常的工程处理方法	

二、本节考题精析

1.（2020-35）施工合同履行过程中，发包人恶意拖欠工程款所造成的风险属于施工合同风险类型中的（　　）。

A. 项目外界环境风险　　　　　　　B. 管理风险

C. 合同信用风险　　　　　　　　　D. 合同工程风险

【答案】C。施工合同风险的类型包括：（1）项目外界环境风险；（2）项目组织成员资信和能力风险；（3）管理风险。项目组织成员资信和能力风险包括：业主资信和能力风险、承包商（分包商、供货商）资信和能力风险和其他方面。业主资信和能力风险。例如，业主企业的经营状况恶化、濒于倒闭，支付能力差，资信不好，撤走资金，恶意拖欠工程款等；业主为了达到不支付或少支付工程款的目的，在工程中苛刻刁难承包商，滥用权力，施行罚款和扣款，对承包商的合理索赔要求不答复或拒不支付；业主经常改变主意，如改变设计方案、施工方案，打乱工程施工秩序，发布错误指令，非正常地干预工程但又不愿意给予承包商以合理补偿等；业主不能完成合同责任，如不能及时供应设备、材料，不及时交付场地，不及时支付工程款；业主的工作人员存在私心和其他不正之风等。因此，本题正确选项为C。

2.（2019-35）下列施工工程合同风险产生的原因中，属于合同工程风险的是（　　）。

A. 物价上涨　　　　　　　　　　　B. 非法分包

C. 偷工减料　　　　　　　　　　　D. 恶意拖欠

【答案】A。按合同风险产生的原因分，可以分为合同工程风险和合同信用风险。合同工程风险是指客观原因和非主观故意导致的。如工程进展过程中发生不利的地质条件变化、工程变更、物价上涨、不可抗力等。合同信用风险是指主观故意原因导致的。表现为合同双方的机会主义行为，如业主拖欠工程款、承包商层层转包、非法分包、偷工减料、以次充好、知假买假等。因此，本题正确选项为A。

高频考点2　工程保险

一、本节高频考点总结

保险知识

项目	内 容
保险标的	（1）是保险保障的目标和实体，指保险合同双方当事人权利和义务所指向的对象，可以是财产或与财产有关的利益或责任，也可以是人的生命或身体； （2）根据保险标的的不同，保险可以分为财产保险（包括财产损失保险、责任保险、信用保险等）和人身保险（包括人寿保险、健康保险、意外伤害保险等）两大类，而工程保险既涉及财产保险，也涉及人身保险

项目	内 容
保险金额	(1) 保险金额是保险利益的货币价值表现，简称保额，是保险人承担赔偿或给付保险金责任的最高限额； (2) 当保险金额高于保险财产的实际价值，则称为超额保险。对超额部分，保险公司不负补偿责任，即不允许被保险人通过投保获得额外利益
保险费	(1) 简称保费，是投保人为转嫁风险支付给保险人的与保险责任相应的价金； (2) 投保人缴纳保费是保险合同生效和保险人承担保险责任的前提条件之一； (3) 保险费的多少由保险金额的大小和保险费率的高低两个因素决定
保险责任	(1) 是保险人根据合同的规定应予承担的责任； (2) 保险责任可以划分为基本责任和特约责任； (3) 基本责任是指标准化的保险合同中规定，保险人承担赔偿或给付的直接和间接责任； (4) 特约责任是指标准化保险合同规定属于除外责任的范围，而需另经双方协商同意后在保险合同内特别注明承保负担的一种责任

工程保险种类

项目	内 容
工程一切险	(1) 工程险包括建筑工程一切险、安装工程一切险两类； (2) 要求投保人办理保险时应以双方名义共同投保； (3) 国内工程通常由项目法人办理保险，国际工程一般要求承包人办理保险
第三者责任险	(1) 是指由于施工的原因导致项目法人和承包人以外的第三人受到财产损失或人身伤害的赔偿； (2) 第三者责任险的被保险人也应是项目法人和承包人； (3) 该险种一般附加在工程一切险中
人身意外伤害险	(1) 对从事危险作业的工人和职员办理意外伤害保险； (2) 此项保险义务分别由发包人、承包人负责对本方参与现场施工的人员投保
承包人设备保险	保险的范围包括承包人运抵施工现场的施工机具和准备用于永久工程的材料及设备。我国的工程一切险包括此项保险内容
执业责任险	以设计人、咨询人（监理人）的设计、咨询错误或员工工作疏漏给业主或承包商造成的损失为保险标的
CIP（"一揽子保险"）保险	(1) 由业主或承包商统一购买"一揽子保险"，保障范围覆盖业主、承包商及所有分包商，内容包括劳工赔偿、雇主责任险、一般责任险、建筑工程一切险、安装工程一切险； (2) CIP保险的优点是：以最优的价格提供最佳的保障范围；能实施有效的风险管理；降低赔付率，进而降低保险费率；避免诉讼，便于索赔

二、本节考题精析

本节近年无试题。

高频考点3 工程担保

一、本节高频考点总结

担保方式

项目	内 容
保证	保证担保，又称第三方担保，是指保证人和债权人约定，当债务人不能履行债务时，保证人按照约定履行债务或承担责任的行为
抵押	抵押是指债务人或者第三人不转移对所拥有财产的占有，将该财产作为债权的担保。债务人不履行债务时，债权人有权依法从该财产折价或者拍卖、变卖该财产的价款中优先受偿
质押	质押是指债务人或者第三人将其质押物移交债权人占有，将该物作为债权的担保。债务人不履行债务时，债权人有权依法从将该物折价或者拍卖、变卖的价款中优先受偿
留置	留置是指债权人按照合同约定占有债务人的动产，债务人不履行债务时，债权人有权依法留置该财产，以该财产折价或者以拍卖、变卖该财产的价款优先受偿
定金	当事人可以约定一方向另一方给付定金作为债权的担保，债务人履行债务后，定金应当抵作价款或者收回。给付定金的一方不履行约定债务的，无权要求返还定金；收受定金的一方不履行约定债务的，应当双倍返还定金

投标担保

项目	内 容
投标担保的含义	投标担保，是指投标人向招标人提供的担保，保证投标人一旦中标即按中标通知书、投标文件和招标文件等有关规定与业主签订承包合同
投标担保的形式	投标担保可以采用银行保函、担保公司担保书、同业担保书和投标保证金担保方式，多数采用银行投标保函和投标保证金担保方式，具体方式由招标人在招标文件中规定。未能按照招标文件要求提供投标担保的投标，可被视为不响应招标而被拒绝
担保额度和有效期	（1）根据《工程建设项目施工招标投标办法》规定，施工投标保证金的数额一般不得超过投标总价的2%，但最高不得超过80万元人民币。投标保证金有效期应当超出投标有效期三十天。投标人不按招标文件要求提交投标保证金的，该投标文件将被拒绝，作废标处理。 （2）根据《中华人民共和国招标投标法实施条例》，投标保证金不得超过招标项目估算价的2%。投标保证金有效期应当与投标有效期一致。 （3）根据《工程建设项目勘察设计招标投标办法》规定，招标文件要求投标人提交投标保证金的，保证金数额一般不超过勘察设计费投标报价的2%，最多不超过10万元人民币。 （4）国际上常见的投标担保的保证金数额为2%～5%

履约担保

项目	内 容
履约担保的含义	（1）履约担保，是指招标人在招标文件中规定的要求中标的投标人提交的保证履行合同义务和责任的担保。这是工程担保中最重要也是担保金额最大的工程担保。 （2）履约担保的有效期始于工程开工之日，终止日期则可以约定为工程竣工交付之日或者保修期满之日。由于合同履行期限应该包括保修期，履约担保的时间范围也应该覆盖保修期，如果确定履约担保的终止日期为工程竣工交付之日，则需要另外提供工程保修担保

项目	内　　容
履约担保的形式	可以采用银行保函、履约担保书和履约保证金的形式，也可以采用同业担保的方式，即由实力强、信誉好的承包商为其提供履约担保，但应当遵守国家有关企业之间提供担保的有关规定，不允许两家企业互相担保或多家企业交叉互保。在保修期内，工程保修担保可以采用预留质量保证金的方式

预付款担保

项目	内　　容
预付款担保的含义	建设工程合同签订以后，发包人往往会支付给承包人一定比例的预付款，一般为合同金额的 10%，如果发包人有要求，承包人应该向发包人提供预付款担保。预付款担保是指承包人与发包人签订合同后领取预付款之前，为保证正确、合理使用发包人支付的预付款而提供的担保
预付款担保的形式	（1）银行保函：预付款担保的主要形式是银行保函。预付款担保的担保金额通常与发包人的预付款是等值的。预付款一般逐月从工程付款中扣除，预付款担保的担保金额也相应逐月减少。承包人在施工期间，应当定期从发包人处取得同意此保函减值的文件，并送交银行确认。承包人还清全部预付款后，发包人应退还预付款担保，承包人将其退回银行注销，解除担保责任。 （2）发包人与承包人约定的其他形式

支付担保

项目	内　　容
支付担保的含义	支付担保是中标人要求招标人提供的保证履行合同中约定的工程款支付义务的担保
支付担保的形式	（1）支付担保通常采用银行保函、履约保证金或担保公司担保等形式。 （2）发包人的支付担保实行分段滚动担保。支付担保的额度为工程合同总额的 20%～25%。本段清算后进入下段。已完成担保额度，发包人未能按时支付，承包人可依据担保合同暂停施工，并要求担保人承担支付责任和相应的经济损失
支付担保有关规定	（1）除专用合同条款另有约定外，发包人要求承包人提供履约担保的，发包人应当向承包人提供支付担保。支付担保可以采用银行保函或担保公司担保等形式，具体由合同当事人在专用合同条款中约定。 （2）招标文件要求中标人提交履约担保的，中标人应当提交。招标人应当同时向中标人提供工程款支付担保

二、本节考题精析

1.（2020-65）根据《建设工程施工合同（示范文本）》GF—2017—0201，发包人累计扣留的质量保证金不得超过工程价款结算总额的（　　）。

A. 2%　　　　　　　　　　　B. 5%

C. 10%　　　　　　　　　　 D. 3%

【答案】D。根据《建设工程施工合同（示范文本）》GF—2017—0201 第 15.3.2 款，发包人累计扣留的质量保证金不得超过工程价款结算总额的 3%。如承包人在发包人签发竣工付款证书后 28d 内提交质量保证金保函，发包人应同时退还扣留的作为质量保证金的工程价款；保函金额不得超过工程价款结算总额的 3%。因此，本题正确选项为 D。

2.（2019-30）根据《建设工程施工合同（示范文本）》GF—2017—0201，招标人要求中标人提供履约担保时，招标人应同时向中标人提供的担保是（　　）。

A. 履约担保 　　　　　　　　　　　B. 工程款支付担保

C. 预付款担保 　　　　　　　　　　D. 资金来源证明

【答案】B。工程款支付担保的作用在于，通过对业主资信状况进行严格审查并落实各项担保措施，确保工程费用及时支付到位；一旦业主违约，付款担保人将代为履约。招标文件要求中标人提交履约担保的，中标人应当提交。招标人应当同时向中标人提供工程款支付担保。因此，本题正确选项为 B。

2Z107000　施工信息管理

2Z107010　施工信息管理的任务和方法

内　容	题　号					合计分值
	2020 年	2019 年	2018 年	2017 年	2016 年	
高频考点 1　施工信息管理的任务		36			70	2
高频考点 2　施工信息管理的方法	32			70		2
合计分值	1	1		1	1	4

【高频考点精讲】

高频考点 1　施工信息管理的任务

一、本节高频考点总结

施工项目相关的信息管理工作

项目		内　容
收集并整理相关公共信息		公共信息包括：法律、法规和部门规章信息，市场信息以及自然条件信息
收集并整理相关施工信息	施工记录信息	施工日志、质量检查记录、材料设备进场记录、用工记录表等
	施工技术资料信息	主要原材料、成品、半成品、构配件、设备出厂质量证明和试（检）验报告，施工试验记录，预检记录，隐蔽工程验收记录，基础、主体结构验收记录，设备安装工程记录，施工组织设计，技术交底资料，工程质量检验评定资料，竣工验收资料，设计变更洽商记录，竣工图等
收集并整理相关项目管理信息		项目管理规划（大纲）信息，项目管理实施规划信息，项目进度控制信息，项目质量控制信息，项目安全控制信息，项目成本控制信息，项目现场管理信息，项目合同管理信息，项目材料管理信息、构配件管理信息、工、器具管理信息，项目人力资源管理信息，项目机械设备管理信息，项目资金管理信息，项目技术管理信息，项目组织协调信息，项目竣工验收信息，项目考核评价信息等

信息管理手册的主要内容

序号	主　要　内　容
1	确定信息管理的任务（信息管理任务目录）

序号	主 要 内 容
2	确定信息管理的任务分工表和管理职能分工表
3	确定信息的分类
4	确定信息的编码体系和编码
5	绘制信息输入输出模型
6	绘制各项信息管理工作的工作流程图
7	绘制信息处理的流程图
8	确定信息处理的工作平台及明确其使用规定
9	确定各种报表和报告的格式,以及报告周期
10	确定项目进展的月度报告、季度报告、年度报告和工程总报告的内容及其编制原则和方法
11	确定工程档案管理制度
12	确定信息管理的保密制度,以及与信息管理有关的制度

二、本节考题精析

1.（2019-36）下列建设工程施工信息内容中,属于施工记录信息的是（　　）。

A. 施工试验记录　　　　　　　　　B. 隐蔽工程验收记录

C. 材料设备进场记录　　　　　　　D. 主体结构验收记录

【答案】C。施工信息内容包括:施工记录信息,施工技术资料信息等。施工记录信息包括:施工日志、质量检查记录、材料设备进场记录、用工记录表等。施工技术资料信息包括:主要原材料、成品、半成品、构配件、设备出厂质量证明和试（检）验报告,施工试验记录,预检记录,隐蔽工程验收记录,基础、主体结构验收记录,设备安装工程记录,施工组织设计,技术交底资料,工程质量检验评定资料,竣工验收资料,设计变更洽商记录,竣工图等。因此,本题正确选项为C。

2.（2016-70）国际工程管理领域中,信息管理的核心指导文件是（　　）。

A. 技术标准　　　　　　　　　　　B. 信息编码体系

C. 信息管理手册　　　　　　　　　D. 工程档案管理制度

【答案】C。在当今的信息时代,在国际工程管理领域产生了信息管理手册,它是信息管理的核心指导文件。期望我国施工企业对此引起重视,并在工程实践中得以应用。因此,本题正确选项为C。

高频考点2　施工信息管理的方法

一、本节高频考点总结

信息管理知识

序号	项　目	内　　容
1	实施国家信息化的总体思路	(1) 建设世界一流的网络基础设施; (2) 突出信息资源开发利用的中心地位; (3) 加快信息化向国民经济和社会各领域的渗透; (4) 提高信息技术研发和产业化水平; (5) 大力培养信息化人才; (6) 加快信息化法律法规和标准规范的建设

序号	项 目	内 容
2	工程管理的信息资源分类	(1) 组织类：建筑业的组织信息、项目参与方的组织信息、与建筑业有关的组织信息和专家信息等； (2) 管理类：与投资控制、进度控制、质量控制、合同管理和信息管理有关的信息等； (3) 经济类：建设物资的市场信息、项目融资的信息等； (4) 技术类：与设计、施工和物资有关的技术信息等； (5) 法规类信息等

注：《国家信息化发展战略纲要》指出：数字化、网络化、智能化是信息化浪潮的特征。

二、本节考题精析

1.（2020-32）下列工作内容中，不属于 BIM 技术应用方面的是（　　）。

A. 进行管线碰撞模拟　　　　　　　　B. 进行正向设计

C. 进行企业人力资源管理　　　　　　D. 进行可视化演示

【答案】C。2017 年 3 月住房和城乡建设部印发了《工程质量安全提升行动方案》，其中重点任务之三为提升技术创新能力，包括："推进信息化技术应用。加快推进建筑信息模型（BIM）技术在规划、勘察、设计、施工和运营维护全过程的集成应用。推进勘察设计文件数字化交付、审查和存档工作。加强工程质量安全监管信息化建设，推行工程质量安全数字化监管。"A、B、D 选项均属于 BIM 技术应用方面的工作。因此，本题正确选项为 C。

2.（2017-70）下列工程管理信息资源中，属于管理类工程信息的是（　　）。

A. 与建筑业有关的专家信息　　　　　B. 与合同有关的信息

C. 建设物资的市场信息　　　　　　　D. 与施工有关的技术信息

【答案】B。工程管理的信息资源包括：（1）组织类工程信息，如建筑业的组织信息、项目参与方的组织信息、与建筑业有关的组织信息和专家信息等；（2）管理类工程信息，如与投资控制、进度控制、质量控制、合同管理和信息管理有关的信息等；（3）经济类工程信息，如建设物资的市场信息、项目融资的信息等；（4）技术类工程信息，如与设计、施工和物资有关的技术信息等；（5）法规类信息等。因此，本题正确选项为 B。

2Z107020　施工文件归档管理

【近年考点统计】

内 容	题 号					合计分值
	2020 年	2019 年	2018 年	2017 年	2016 年	
高频考点 1　施工文件归档管理的主要内容	79		95	95		6
高频考点 2　施工文件的立卷						
高频考点 3　施工文件的归档		90	70		95	5
合计分值	2	2	3	2	2	11

【高频考点精讲】

高频考点1 施工文件归档管理的主要内容

一、本节高频考点总结

施工单位在建设工程档案管理中的职责

项目	职 责
档案管理职责	（1）实行技术负责人负责制，逐级建立、健全施工文件管理岗位责任制； （2）配备专职档案管理员，负责施工资料的管理工作； （3）工程项目的施工文件应设专门的部门（专人）负责收集和整理
档案移交规定	（1）总分包模式下分包→总包→建设单位→城市建设档案馆； （2）平行承发包下的各施工单位→建设单位→城市建设档案馆； （3）勘察、设计监理等单位→建设单位→城市建设档案馆
工程文件的归档	（1）归档的文件必须经过分类整理； （2）归档可以分阶段进行，可以在单位或分部工程通过竣工验收后进行； （3）勘察、设计单位应当在任务完成时，施工、监理单位应当在工程竣工验收前，将各自形成的有关工程档案向建设单位归档； （4）工程档案一般不少于两套，一套由建设单位保管，一套（原件）移交当地城建档案馆（室）； （5）向建设单位移交档案时，应编制移交清单，双方签字、盖章后方可交接
建设单位向城建档案馆移交规定	列入城建档案馆（室）接收范围的工程，建设单位在工程竣工验收后3个月内，必须向城建档案馆（室）移交一套符合规定的工程档案

施工文件档案管理的主要内容

类型	主 要 内 容
工程施工技术管理资料	（1）图纸会审记录文件； （2）工程开工报告相关资料（开工报审表、开工报告）； （3）技术、安全交底记录文件； （4）施工组织设计（项目管理规划）文件； （5）施工日志记录文件； （6）设计变更文件； （7）工程洽商记录文件； （8）工程测量记录文件； （9）施工记录文件； （10）工程质量事故记录文件； （11）工程竣工文件
工程质量控制资料	（1）工程项目原材料、构配件、成品、半成品和设备的出厂合格证及进场检（试）验报告； （2）施工试验记录和见证检测报告； （3）隐蔽工程验收记录文件； （4）交接检查记录

类型	主 要 内 容
工程施工质量验收资料	(1) 施工现场质量管理检查记录； (2) 单位（子单位）工程质量竣工验收记录； (3) 分部（子分部）工程质量验收记录文件； (4) 分项工程质量验收记录文件； (5) 检验批质量验收记录文件
竣工图	(1) 新建、扩建、改建、技术改造、技术引进项目，在项目竣工时要编制竣工图。 (2) 项目竣工图应由施工单位负责编制。 (3) 按施工图施工没有变动的，在施工图上加盖并签署竣工图章即可。 (4) 一般性图纸变更及符合杠改或划改要求的变更，可在原图上更改，加盖并签署竣工图章。 (5) 涉及结构形式、工艺、平面布置、项目等重大改变及图面变更面积超过35%的，应重新绘制竣工图。重绘图按原图编号，末尾加注"竣"字，或在新图图标内注明"竣工阶段"并签署竣工图章。 (6) 同一建筑物、构筑物重复的标准图、通用图可不编入竣工图中；不同建筑物、构筑物应分别编制

二、本节考题精析

1. （2020-79）根据《建设工程文件归档规范》GB/T 50328—2014，建设工程文件应包括（　　）。

A. 工程准备阶段文件　　　　　　B. 前期投资策划文件
C. 监理文件　　　　　　　　　　D. 施工文件
E. 竣工图和竣工验收文件

【答案】A、C、D、E。在《建设工程文件归档规范》GB/T 50328—2014 中明确建设工程文件指的是："在工程建设过程中形成的各种形式的信息记录，包括工程准备阶段文件、监理文件、施工文件、竣工图和竣工验收文件，也可简称为工程文件。"因此，本题正确选项为 A、C、D、E。

2. （2018-95）根据建设工程施工文件档案管理的要求，项目竣工图应（　　）。

A. 按规范要求统一折叠　　　　　B. 编制总说明及专业说明
C. 由建设单位负责编制　　　　　D. 有一般性变更时必须重新绘制
E. 真实反映项目竣工验收时实际情况

【答案】A、B、E。竣工图编制要求如下：（1）各项新建、扩建、改建、技术改造、技术引进项目，在项目竣工时要编制竣工图。项目竣工图应由施工单位负责编制。如行业主管部门规定设计单位编制或施工单位委托设计单位编制竣工图的，应明确规定施工单位和监理单位的审核和签认责任。（2）竣工图应完整、准确、清晰、规范，修改到位，真实反映项目竣工验收时的实际情况。（3）如果按施工图施工没有变动的，由竣工图编制单位在施工图上加盖并签署竣工图章。（4）一般性图纸变更及符合杠改或划改要求的变更，可在原图上更改，加盖并签署竣工图章。（5）涉及结构形式、工艺、平面布置、项目等重大改变及图面变更面积超过 35% 的，应重新绘制竣工图。重绘图按原图编号，末尾加注

"竣"字，或在新图图标内注明"竣工阶段"并签署竣工图章。（6）同一建筑物、构筑物重复的标准图、通用图可不编入竣工图中，但应在图纸目录中列出图号，指明该图所在位置并在编制说明中注明；不同建筑物、构筑物应分别编制。（7）竣工图图幅应按《技术制图 复制图的折叠方法》GB/T10609.3—2009要求统一折叠。（8）编制竣工图总说明及各专业的编制说明，叙述竣工图编制原则、各专业目录及编制情况。因此，本题正确选项为A、B、E。

3．（2017-95）下列施工文件档案中，属于工程质量控制资料的有（　　　）。

A．工程质量事故记录文件　　　　　B．工程项目原材料检验报告

C．施工试验记录　　　　　　　　　D．隐蔽工程验收记录文件

E．交接检查记录

【答案】B、C、D、E。工程质量控制资料是建设工程施工全过程全面反映工程质量控制和保证的依据性证明资料。应包括：（1）工程项目原材料、构配件、成品、半成品和设备的出厂合格证及进场检（试）验报告；（2）施工试验记录和见证检测报告；（3）隐蔽工程验收记录文件；（4）交接检查记录。工程质量事故记录文件属于工程施工技术管理资料。因此，本题正确选项为B、C、D、E。

高频考点2　施工文件的立卷

一、本节高频考点总结

立卷的有关知识归纳

项目	内　　容
立卷的基本原则	（1）建设工程由多个单位工程组成时，工程文件按单位工程立卷。 （2）施工文件资料应根据工程资料的分类和"专业工程分类编码参考表"进行立卷。 （3）卷内资料排列一般顺序为封面、目录、文件部分、备考表、封底。组成的案卷力求美观、整齐。 （4）多种资料时，同类资料按日期顺序排列，不同资料之间的排列顺序应按资料的编号顺序排列
立卷的具体要求	（1）施工文件可按单位工程、分部工程、专业、阶段等组卷。 （2）竣工验收文件按单位工程、专业组卷。 （3）竣工图可按单位工程、专业等进行组卷，每一专业根据图纸多少组成一卷或多卷。 （4）立卷过程中宜遵循下列要求： ① 案卷一般不超过40mm； ② 卷内不应有重份文件，不同载体文件分别组卷
卷内文件的排列	（1）文字材料按事项、专业顺序排列。 （2）同一事项的请示与批复、同一文件的印本与定稿、主件与附件不能分开。按批复在前、请示在后；印本在前、定稿在后；主件在前、附件在后顺序排列。 （3）图纸按专业排列，同专业图纸按图号顺序排列。既有文字又有图纸的，文字材料排前，图纸排后

项目	内　容
案卷的编目	(1) 编制卷内文件页号应符合下列规定： ① 每卷单独编号，页号从"1"开始； ② 单面书写的文件在右下角；双面书写的文件，正面在右下角，背面在左下角。折叠后的图纸一律写在右下角； ③ 成套图纸或印刷成册的科技文件材料，自成一卷的，原目录可代替卷内目录，不必重新编写页号； ④ 案卷封面、卷内目录、卷内备考表不编写页号。 (2) 卷内目录的编制应符合下列规定： ① 责任者：填写文件的直接形成单位和个人。有多个责任者时，选择两个主要责任者，其余用"等"代替； ② 卷内目录排列在卷内文件首页之前。 (3) 卷内备考表排列在卷内文件的尾页之后。 (4) 案卷封面的编制应符合下列规定： ① 案卷封面印刷在卷盒、卷夹的正表面，也可采用内封面形式； ② 案卷封面的内容应包括：档号、档案馆代号、案卷题名、编制单位、起止日期、密级、保管期限、共几卷、第几卷； ③ 保管期限分为永久（永久保存）、长期（该工程的使用寿命）、短期（保存 20 年以下），同一案卷内有不同保管期限的文件，该案卷保管期限应从长； ④ 密级分为绝密、机密、秘密三种。同一案卷内有不同密级的文件，应以高密级为本卷密级； ⑤ 编制单位应填写案卷内文件的形成单位或主要责任者； ⑥ 案卷题名应包括工程名称、专业名称、卷内文件的内容。 (5) 卷内目录、卷内备考表、案卷内封面应采用 70g 以上白色书写纸制作，采用 A4 幅面
案卷装订与 图纸折叠	(1) 案卷可采用装订与不装订两种形式。文字材料必须装订。既有文字材料，又有图纸的案卷应装订。装订时必须剔除金属物。 (2) 不同幅面的工程图纸统一折叠成 A4 幅面，图标栏外露在外面
卷盒、卷夹、 案卷脊背	(1) 案卷装具一般采用卷盒、卷夹两种形式。 (2) 案卷脊背的内容包括档号、案卷题名

二、本节考题精析

本节近年无试题。

高频考点 3　施工文件的归档

一、本节高频考点总结

施工文件的归档

项目	内　容
施工文件的 归档范围	(1) 与工程建设有关的重要活动。 (2) 记载工程建设主要过程和现状。 (3) 具有保存价值的各种载体文件

项 目	内 容
归档文件的部分质量要求	(1) 归档的文件应为原件。 (2) 内容及其深度必须符合国家有关工程勘察、设计、施工、监理等方面的技术规范、标准和规程。 (3) 文件的内容必须真实、准确，与工程实际相符合。 (4) 工程文件应采用耐久性强的书写材料，如碳素墨水、蓝黑墨水，不得使用易褪色的书写材料，如红色墨水、纯蓝墨水、圆珠笔、复写纸、铅笔等。 (5) 工程文件应字迹清楚，图样清晰，图表整洁，签字盖章手续完备。 (6) 工程文件文字材料幅面尺寸规格宜为 A4 幅面。 (7) 工程文件的纸张应采用能够长期保存的韧力大、耐久性强的纸张。图纸一般采用蓝硒图，竣工图应是新蓝图。计算机出图必须清晰，不得使用计算机出图的复印件。 (8) 所有竣工图均应加盖竣工图章
施工文件归档的时间和相关要求	(1) 归档可以分阶段分期进行，也可以在单位或分部工程通过竣工验收后进行。 (2) 施工单位应当在工程竣工验收前，将形成的有关工程档案向建设单位归档。 (3) 施工单位在收齐工程文件整理立卷后，建设单位、监理单位应根据城建档案管理机构的要求对档案文件进行审查。审查合格后向建设单位移交。 (4) 工程档案一般不少于两套，一套由建设单位保管，一套（原件）移交当地城建档案馆（室）。 (5) 施工单位向建设单位移交档案时，应编制移交清单，双方签字、盖章后方可交接

二、本节考题精析

1. （2019-90）下列施工归档文件的质量要求中，正确的有（　　）。

A. 归档文件应为原件

B. 工程文件文字材料尺寸宜为 A4 幅面，图纸采用国家标准图幅

C. 竣工图章尺寸为 60mm×80mm

D. 所有竣工图均应加盖竣工图章

E. 利用施工图改绘竣工图，必须标明变更修改依据

【答案】A、B、D、E。施工归档文件的质量要求：（1）归档的文件应为原件。（2）工程文件的内容及其深度必须符合国家有关工程勘察、设计、施工、监理等方面的技术规范、标准和规程。（3）工程文件的内容必须真实、准确，与工程实际相符合。（4）工程文件应采用耐久性强的书写材料，如碳素墨水、蓝黑墨水，不得使用易褪色的书写材料，如：红色墨水、纯蓝墨水、圆珠笔、复写纸、铅笔等。（5）工程文件应字迹清楚，图样清晰，图表整洁，签字盖章手续完备。（6）工程文件文字材料幅面尺寸规格宜为 A4 幅面（297mm×210mm）。图纸宜采用国家标准图幅。（7）工程文件的纸张应采用能够长期保存的韧力大、耐久性强的纸张。图纸一般采用蓝晒图，竣工图应是新蓝图。计算机出图必须清晰，不得使用计算机出图的复印件。（8）所有竣工图均应加盖竣工图章。①竣工图章的基本内容应包括："竣工图"字样、施工单位、编制人、审核人、技术负责人、编制日期、监理单位、现场监理、总监理工程师；②竣工图章尺寸为：50mm×80mm。③竣工图章应使用不易褪色的红印泥，应盖在图标栏上方空白处。（9）利用施工图改绘竣工图，必须标明变更修改依据；凡施工图结构、工艺、平面布置等有重大改变，或变更部分超过

图面 1/3 的，应当重新绘制竣工图。因此，本题正确选项为 A、B、D、E。

2.（2018-70）关于建设工程施工文件归档质量要求的说法，正确的是（　　）。

A. 归档文件用原件和复印件均可

B. 工程文件应签字手续完备，是否盖章不做要求

C. 利用施工图改绘竣工图，有重大改变时，不必重新绘制

D. 工程文件文字材料幅面尺寸规格宜为 A4 幅面

【答案】D。（1）归档的文件应为原件。A 选项说法错误。（2）工程文件应字迹清楚，图样清晰，图表整洁，签字盖章手续完备。B 选项说法错误。（3）利用施工图改绘竣工图，必须标明变更修改依据；凡施工图结构、工艺、平面布置等有重大改变，或变更部分超过图面 1/3 的，应当重新绘制竣工图。C 选项说法错误。（4）工程文件文字材料幅面尺寸规格宜为 A4 幅面（297mm×210mm）。图纸宜采用国家标准图幅。D 选项说法正确。因此，本题正确选项为 D。

3.（2016-95）关于施工文件归档的说法，正确的有（　　）。

A. 归档可以分阶段分期进行

B. 工程档案一般不少于两套

C. 工程档案原件由建设单位保管

D. 施工单位应在工程竣工验收后将工程档案向监理单位归档

E. 监理单位应对施工单位收齐的工程立卷文件进行审查

【答案】A、B、E。施工文件归档的规定：（1）根据建设程序和工程特点，归档可以分阶段分期进行，也可以在单位或分部工程通过竣工验收后进行。（2）施工单位应当在工程竣工验收前，将形成的有关工程档案向建设单位归档。（3）施工单位在收齐工程文件整理立卷后，建设单位、监理单位应根据城建档案管理机构的要求对档案文件完整、准确、系统情况和案卷质量进行审查。审查合格后向建设单位移交。（4）工程档案一般不少于两套，一套由建设单位保管，一套（原件）移交当地城建档案馆（室）。（5）施工单位向建设单位移交档案时，应编制移交清单，双方签字、盖章后方可交接。因此，本题正确选项为 A、B、E。